U0183013

本书为国家社科基金“十三五”规划 2016 年度教育学
国家一般课题（BCA160056）的研究成果

从口传到互联网

技术怎样改变了人类认知与教育

From the Oral Tradition to the Internet:
How does the Media Technology Transform
the Human Cognition and Educatio

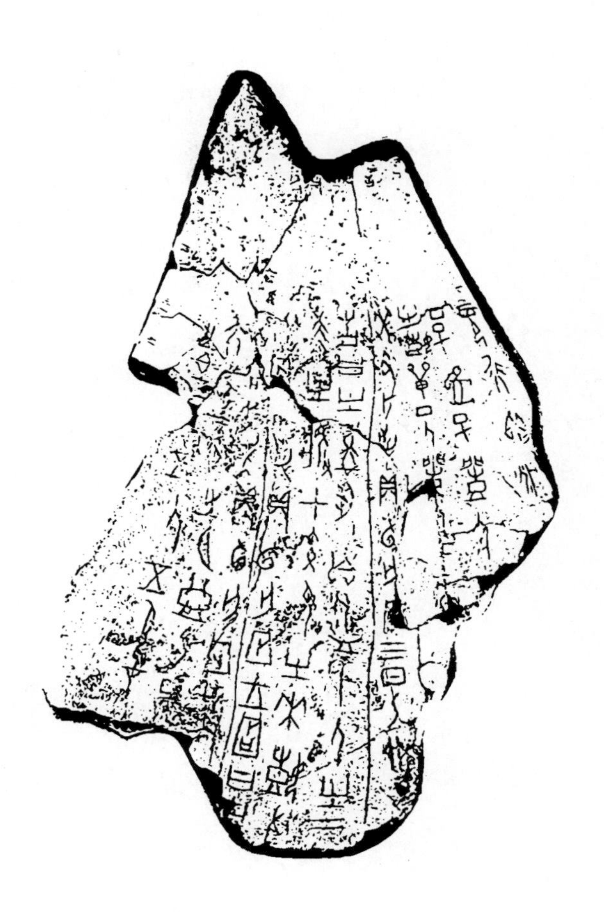

郭文茗　著

社会科学文献出版社
SOCIAL SCIENCES ACADEMIC PRESS (CHINA)

目　录

序一

迎接百年未有的教育技术变革

数字技术改变了人们的生活、学习和工作方式，人工智能技术的突破性进展正在改变社会各界对人才的需求。教育必须变革，才能顺应时代发展的要求。2019 年，我创办了北京大学未来教育管理研究中心，当时确定的六大研究领域中第一个就是“教育改革”，如何应对数字和智能技术带来的挑战，已经成为影响高等教育高质量发展、影响国家竞争力的一项重要课题。

几年来，郭文茗老师积极参与未来教育管理研究中心组织的学术研讨活动。每一次见面，她都说在写书。今年，在未来教育管理研究中心举办的“人工智能时代的高等教育”研讨会上，她表示终于写完了，并邀请我为此书写序。我也很好奇，这本写了好几年的书，对于当下人工智能时代的教育变革会说些什么。

近年来，高等教育的数字化、智能化变革是一个世界性的热点话题，世界一流大学纷纷召开各种论坛，讨论高等教育变革问题。在这些讨论中，对当下技术发展的关注比较多，但是，从哲学认识论的角度深入探讨技术与人类认知的关系，对教育技术变革历史的“长时段”梳理还比较欠缺。郭文茗教授这本专著补上了这一块短板。本书从哲学认识论的角度对技术影响人类认知发展的剖析，从“长时段”视角对教育变革历史的系统梳理，为认知和应对当下的教育数字化变革提供了系统的基本理论和历史参照。

一　历史上重大的教育发展，都处于技术变革时期

人类历史上文化和教育的两次重大跃迁，都处于媒介技术变革时期。第一次是从口语传播到手工抄写的技术变革过程中，诞生了古希腊文明。口语的“开口即逝”和文字书写可以“反复阅读”，为知识的生产和人的教育提供了两种不同技术的手段，催生了历史上第一次文明的大发展和教育的兴起。第二次是15~17世纪，在手工抄写向印刷技术的变革过程中，催生了文艺复兴、现代科学革命和工业革命，人类开始走进了现代社会。

这两次重大的知识和教育变革都涉及知识体系、教育教学方式的整体、系统性变革，这种系统性变革离不开新媒介技术营造的全新传播生态环境。本书第三章、第四章对新旧媒介技术特征的比较，对新媒介带来的系统变革过程的详细论述，值得关注教育数字化变革的教育管理者、研究者和实践者仔细阅读，从中领会技术影响教育变革的历史规律。

二　人类复杂知识体系的形成与知识危机

在现代学科分类体系下，认知、智能总是与脑和脑认知联系在一起，忽视了记录、表征技术在人类知识增长中的作用。本书回到人类认知的源头，从人类认知的两个约束条件出发，建立了一个媒介技术影响人类认知的认识论框架，清晰地解释了技术与人类知识增长之间的关系。

人类对世界的认知存在两个约束条件：（1）认知客体都是不能言说的，无论物理、化学还是生物的研究对象，都是“不言说”的对象。（2）人依赖自己的感知运动系统对外部世界的直接感知，范围有限。因此，具有表征、交流作用的媒介技术，就在人类认知和知识发展中发挥了重要而不可忽视的作用。这两个约束条件乍一看似乎都是常识，但在现有的哲学认识论、脑科学和人工智能的相关研究中，过于重视脑的认知功能，而忽视了人脑之外、依靠表征和交流媒介建立起来的“客观知识世界”的变迁和发展。

本书对每一种媒介技术作为认知工具的特征进行了详细的分析，也借此展现了大学中不同学科知识的形成过程。给我留下深刻印象是本书第四章对印刷技术时代，数学、几何学、地图学、解剖图等科学语言发展的详细梳理，以及图文并茂的技术小册子对推动近现代技术发展所起到的作用。例如，17 世纪，《对数表》的批量印刷和机械计算尺的出现，成倍增加了欧洲天文学家的“算力”，这是科学革命的重要条件。

本书第六章分析了人类复杂的知识体系中蕴藏的危机。大学作为传承、保存人类文明的机构，其内部知识体系的构成非常庞杂。大学各学科各专业出现在不同历史时期、建立在不同媒介生态环境下，在学术传统、学科范式、知识认同标准等方面存在很大的差异。今天，这个日益庞杂的知识体系与人有限的时间和经历、学术的专业化分工之间的矛盾越来越凸显。英国科学家查尔斯·斯诺的《两种文化》和 1996 年美国发生的“索卡尔事件”，都彰显了两者之间的矛盾和紧张关系。

人工智能是会进一步加剧知识不断增长与个体有限的时间之间的矛盾，还是为识别和梳理现有知识体系的问题，重构人类知识版图提供了一种新工具？这是个值得思考的问题。

三 站在新的历史起点，创造数字化教育的未来

对儿童和青少年的教育日益成为家庭和社会的一个焦虑的根源。站在当下这个人类历史的时间切面上来看，社会学家和教育学家提出了剧场效应、内卷等各类带有批判色彩的理论解释。如果把当代教育问题放到历史的长河中来观察，可能更容易看清楚其中的系统性原因。

人类知识的总量、知识在社会中发挥的作用、受教育人口规模，一直随着技术的变革而不断提高。在口传时代，知识依赖“记忆”保存，总量少，学习者依赖听和说获取知识和信息。在手工抄写时代，由于图书供应不足，中世纪大学的学生需要掌握速记和背诵的能力。印刷机发明以后，随着标准化教材的大量使用，读、写、算成为一个人具有文化素养的主要标志，由于

人类知识总量的增长，分科的专业化教学逐渐发展起来，在19世纪基本形成了今天大学的专业学科门类。19~20世纪电子通信技术的发展又进一步推动了知识门类的不断增加。

今天，随着数字和人工智能技术的发展，人类迎来了又一次“知识爆炸”，不断增长的知识与个人的有限经验之间的矛盾越来越激化，这是今天的教育改革必须正视的问题，也可以说，今天所有的社会问题和教育问题，都是复杂的系统性问题。解开这一团“乱麻”的途径，还是要回溯历史，从认知论和教学论相结合的角度，思考教育变革的问题。

在数字时代，面临数字化变革，教育的几个基本问题都有了新的含义。

第一，数字素养。从口传时代的口语素养，印刷时代的读写素养到今天的数字素养，人类表达、交流和获取知识的方式一直在发生变化。从这个角度看，人工智能进入通识教育是必然的趋势。

第二，教什么。即对可信知识和课程体系的裁剪和重构。人类知识体系的增长与人的有限经验、学术部落化之间的矛盾日益加剧。历史上，古希腊的“诗与哲学”之争、文艺复兴时期人文主义哲学对中世纪经院哲学的批判是两次新技术对旧知识体系的重构。数字技术带来了新的知识表征、组织和传播工具，可能对大学原有的知识分类体系带来重新梳理。本书第七章对人类现有知识分类的反思，值得思考。近年来，西方一些大学关停某些专业的做法，可能预示着人类的知识版图正在经历一轮数字化重构。

第三，怎么教。在这个知识爆炸的时代，遍历性地把“知识之树”的每一个“叶片”每一个知识点都教给学生显然已经不可能了。学校教育的目标应该从“授人以鱼”向“授人以渔”转变。教育需要回归认知论（也称知识论）的源头，从对事实的观察与表征（建模）、数据采集与分析以及知识表达和组织等方面，培养学生的探究“技艺”，让学生具有穿越知识丛林的能力，并使其勇于开拓人类知识的边界。

总之，在教育面临数字化变革的时候，这本书的出版恰逢其时。书中对媒介技术与人类认知关系的深入思考，对教育技术变革历史的细致梳理，为理解和应对这一场变革提供了全面、系统和深入的思考，值得每一位教育管理者、研究者和实践者认真阅读和深入思考。

林建华
北京大学未来教育管理研究中心创始主任
北京大学原校长，教授
2024 年 5 月

序二

教育史研究的一部开创力作

自从2011年，郭老师的论文《教育的“技术”发展史》在《北京大学教育评论》上发表，我就一直期盼这部专著的出版。在今天追求学术“快消品”的氛围下，郭老师对学术的严谨和认真，让我们在时隔十多年后，迎来了这部专著的出版。

长期以来，教育史研究一直深受苏联教育史编纂传统的影响，在方法上多局限于对经典文本的解读和少数比较研究。教育史教科书通常按时间顺序，以思想流派、重要教育家的教育思想等为主要线索，叙述和介绍教育发展的历史，很少关注教育思想与教育环境、教育实践的互动，忽视了思想在社会实践中的形成过程，没有展现出教育思想的生成、发展和变化的过程。

近几十年来，受到马克思主义唯物史观、法国年鉴学派的“长时段”历史观念、新文化史以及大历史研究等新范式的影响，教育史学科一直试图丰富研究主题、扩大研究范围、拓宽学科的研究边界。出于学科视野的局限以及跨学科研究人才不足等原因，教育史研究虽然开拓了很多新的方向，但突破性的研究成果还比较缺乏。

这本专著独辟蹊径，以媒介技术变革为“长时段”的教育史研究框架，在研究范式、研究视野、对教育实践素材的挖掘等方面，开辟了教育史研究和教育技术研究的新路径，是当代教育史研究的一部开创性力作。本书的出版对于教育史研究的创新和发展，对于推动教育的数字化变革，都具有重要意义。

本书以媒介技术的5阶段变化为主线，对在口传、手工抄写、印刷技术、电子媒介和数字媒介等不同的生态环境下，社会传播生态、知识生产环境、教育的发展进行了系统的梳理，全景式地呈现出在不同媒介技术构成的历史“舞台背景”下，人类认知和教育发生的合乎逻辑的、动态的变革过程。

本书第三章、第四章介绍了历史上两次重大的文明、知识和教育的变革，都发生在媒介技术变革时期。第一次是古希腊时期从口传到手工抄写的技术变革，出现了希腊哲学、柏拉图“学园”等教育组织。第二次在1450~1650年，在手工抄写到印刷技术的发明过程中，教学大纲、班级、课程、学科、教学法等一系列词汇才开始出现在欧洲教育词典上。这些历史事实表明，在漫长的人类历史上，教育发展存在阶段性的突变和飞跃。

本书还深入探讨了一些影响教育变革的历史细节。例如，对媒介与人类认知关系的理论梳理，对口语修辞表达特征的研究、对希腊书面语形成过程中三种Logographer的历史贡献、对中世纪手工抄写教材《句子集》和印刷时代拉米斯教材范式的研究，以及数字媒介时代在线教育发展历程的研究等，都是对传统教育史研究的一种丰富和拓展。

在教育面临数字技术和人工智能挑战的历史时刻，这部专著的出版对当下的教育变革实践，对推动教育史学研究和发展，都具有重要意义。我向教育领域的研究者、实践者和学习者推荐这部教育研究的佳作。

张斌贤

北京师范大学教授，长江学者特聘教授

中国教育学会教育史分会理事长

序三
人文学科的历史变革与新文科的未来

我在“人工智能时代的高等教育”上海研讨会的现场碰到了郭文茗老师，此前我们虽都在北京大学工作，但是北大这园子太大，大学科之间交流也不算多，所以谋面的机会很少。这次见面一聊，她说她写完了一本书，名字叫《从口传到互联网：技术怎样改变了人类认知与教育》，这与我正在做的科技人文跨学科研究相关，于是就有了共同语言。后来她说此前读过我的一些相关文章，这让我有些惭愧，这几年忙于管理工作，文章写得比较少，文章还有人读，于是心有戚戚。我自从8年前离开北大来到南方科技大学，主要关注的就是科技人文跨学科特色的新文科建设，有些言论在学界有点影响，但也不是人人赞同，我呢，只管自己说了就去做，别人如何说我不太在乎。聊天过程中，郭老师说想请我为她的书写个序，我推脱一阵无解，只好答应先看书稿，书稿发过来，开首就注意到郭老师提及人文学科在人类历史上并非无用之用，而是最早的实用信息技术。于是眼前一亮，感觉到此书的新意所在。

人文学科的边缘化一直是新世纪的恒久话题，迄今未见改善的机缘。近年来，关于“新文科”的讨论越来越热，这不仅是教育管理部门的倡导，也是大学文科教育发展的内在呼唤。在数字和人工智能技术的冲击下，人文学科如何发展？如何创新？大家都在思考和尝试。我们南方科技大学的科技人文尝试应该算是起步比较早的，不过也有许多理论和实践的问题有待探索。正如郭老师书中所言，今天遭遇数字和人工智能技术挑战的人文学科，实际上是人类历史上最早的实用信息技术。关于人文学科的技术起源，以及人文学科随着技术变革不断发展的历史路径，应该都是属于交叉学科研究的范畴，但人文学科的学者自身对此的研究明显不足。郭文茗博士的本科和硕士专业都是北京大学信息技术专业，她花费二十年时间，研究撰写的这本专著，对人文学科的起源，人文学科随技术变革不断创新发展的脉络，进行了详细的梳理，对“新文科”的未来发展显然有着重要的价值。

一　人文学科是几乎所有学科的基础

与当下对人文学科“无用”的观点相反，本书从哲学认识论出发，认为人文学科是一种基础学科，具有认知工具的作用。因为无论自然科学知识还是社会科学知识，都是用语言和修辞表达出来的。古希腊博雅技艺（Liberal Arts）的核心就是文法、修辞和逻辑等文科课程，是当时的知识分子必须掌握的技艺。从学习的角度来看，学生必须首先掌握语言和修辞的技艺，才能进一步研究高深知识。从这个角度看，文科才是“最有用”的学科，故而文科课程一直是通识教育的核心。在人类历史上，文法、修辞和逻辑受到表征媒介和传播环境的影响，一直随着技术变革不断发展变化。

如同本书所说，在文字发明以前，人类依靠口传和记忆来表达和传播内容。为了避免遗忘，吟诵诗人用富有韵律的套语来“编织”内容。荷马像流水线上的工人一样，使用一些固定的、反复使用的套语来组织内容。不仅诗歌，当时整个口语知识界或思想界都依靠这样的套语来编织内容。

古希腊修辞学和哲学是在莎草纸和手工抄写的技术环境下出现和发展起来的。希腊字母文字是一种表音文字，受到早期口传诗歌的影响。在希腊书面语的形成过程中，有三种 Logographer，分别是早期的语言书写者、中期的演讲撰稿人和用语言追求智慧的古希腊哲学家，他们就是早期的“编码”工程师，对希腊修辞学和哲学的发展做出了重要的贡献。荷马依赖“唱和记忆”创作的诗歌与维吉尔通过“写”创作的诗歌，在修辞和语言风格上存在明显的差异。

印刷机的大批量、精准印刷，培养出一种“静默地扫描书面讲解”的阅读行为，16世纪的人文主义学者按照印刷传播的特征，对亚里士多德的修辞学和逻辑学进行了大刀阔斧的改革，形成了今天读写教育的基础。基于印刷生态的书面表达修辞用词精准、逻辑结构严谨。吟诵诗人在演唱时丢掉一大段内容并不明显，但学生在阅读印刷教科书时一旦“串行”立刻就被察觉，这就体现了印刷时代修辞表达结构的特征。

19世纪，照相机取代了写实主义画家，变成记录客观历史事件的新工具，画家被迫转行，创造出非写实的、表达个人主观感受的现代绘画流派。格里菲斯在《一个国家的诞生》中，创造了不同景别、不同机位、移动摄影、圈入圈出、淡入淡出、闪回等一系列电影语言，让电影成为一种喜闻乐见的大众文学形式。

数字技术正在给人类的表达、修辞提供一系列新的可能性。在互联网环境下，自然语言处理，多模态等新的技术迭代，催生出了短视频、游戏、虚拟现实等新的表达修辞文体。从历史规律来看，不仅文学艺术，科学技术和社会、思想等各类内容的表达方式和组织方式，都将随之发生变革。

在数字媒介时代，作为一种基础学科和认知工具，新文科承担着为自然科学和社会科学的发展、为数字人才培养探索新的表达和修辞工具的历史使命。这恐怕正是数字时代新文科的“大用之处”。

二　人文学科作为数字时代“社会建构”的基础

与自然科学和社会科学的著作相比，人文学科的著作通常更受读者的欢迎，在市场上拥有更大的销量。在古希腊，《荷马史诗》的出版量远远超过柏拉图和亚里士多德的哲学著作。在印刷技术时代，伊拉斯谟、马丁·路德、拉伯雷和蒙田等人文主义学者的作品高居畅销书排行榜前列；而哥白尼、维萨里的科学著作则可以被列入“滞销书”的排行榜，哥白尼的《天体运行论》中包含冗长的运算，只有少数专家才能看懂，第一版印刷的400

本书过了23年还没有售完。

人文类著作受众广泛的特征使人文学科在奠定社会共同道德准则、建立社会基本规范方面发挥着不可替代的重要作用，具有“社会建构”技术的功用。尤瓦尔·赫拉利在《人类简史》中，就论述了口传“八卦”在社会协作中发挥的作用。后来，在手工抄写时代、印刷技术时代、电子媒介时代，诗歌、演讲、散文、文学、小说等文学作品都在引领社会思潮和建立社会共识方面发挥了重大作用。

今天，随着人类进入数字媒介时代，刷短视频、玩游戏、听书和看微信占据了人们大量的非工作时间，人的注意力从传统媒介转向新媒介和新修辞文体。站在新、旧文化交替的立场上，我们或许会像苏格拉底那样批判新媒介让人变得不认真读书，然而，如果从“长时段”历史变革的视角俯瞰人文学科与技术变革的大历史就会发现，数字媒介为修辞和表达带来了新的工具和表达手段，为人文学科迎来了新的发展契机。

三　新文科的未来使命

在当今数字媒介时代，新文科面临多方面的挑战与机遇。第一，新文科应该主动拥抱数字技术，以最新的数字化工具，创作出符合青年人成长、符合社会发展需求的优秀文化产品和研究批评著述，以此建立社会共识，引领时代向前发展。

第二，历史上两次重大的教育变革，都从修辞学开始。古希腊哲学家、修辞学家创造了手工抄写时代的传统修辞学；16世纪的人文主义学者则按照印刷传播环境，改造了旧修辞学、创造了以读写为基础的现代修辞学。今天，人们在用ChatGPT生成内容时，所使用的“提示词”仍然没有脱离创意、布局、风格等传统修辞学的核心要素。在数字媒介环境下，新文科有理由将数字修辞学和数字素养纳入其研究范畴，这对于培养具有数字素养的人才，对于建立数字媒介时代的社会共识和基本规范，都具有重要的意义。

第三，新文科研究者应该关注人工智能给社会各行各业带来的影响，研究和建立智能时代新的人类合作和交流的社会规范，为人类的长期可持续发展以及人类幸福奠定基础。

以上是我浏览该书的一些体会。郭文茗博士出身于信息技术专业，是一位跨界的新文科研究者，该书对于媒介技术与人文学科历史变革脉络的系统、详细的梳理是对新文科研究和发展的重要贡献。作为她的北大校友和同事，我非常荣幸地向新文科研究者推荐这部力作，相信其对新文科的研究和发展，必将会大有脾益。

陈跃红

南方科技大学人文社会科学学院院长，讲席教授

北京大学中文系原系主任，教授

引 论

人类正在面临数字技术带来的全面变革！微信取代面对面交谈，成为使用频率最高的社交空间；网店取代物理商场，成为购物的主渠道；订餐、打车、租房、购票、看病等日常事务也都通过网络 App 来完成；就连存款、理财也是通过手机银行的 App 来操作。利用手机，还可以读书、听课和在线学习。在 21 世纪的今天，一机在手，万事无忧。

不仅如此，人工智能的快速发展，还将推动社会各行各业发生进一步变革。在制造业领域，随着大批“无人工厂”或“黑灯工厂”的出现，机器人正在取代流水线上的工人，很可能在全球范围内引发新一轮的产业链调整和转移。远程办公降低了写字楼的出租率，也改变了家庭住宅的功能结构；2020 年以来大规模的在线教学实验，特别是以 ChatGPT 为代表的生成式人工智能的出现，正在改变原有的教学模式和课程结构，传统学校教育面临冲击；俄乌冲突和哈以冲突中，廉价无人机的大量使用改变了传统战争的对抗方式……这一系列变革让人类的未来充满了不确定性。已经有作家预言，人工智能将战胜人类智能，“奇点”将临！①

然而，倒回到 30 多年前，20 世纪 90 年代初，在中国信息化建设刚起步的时候，人们常常怀疑这项技术的作用，质疑“互联网/信息技术到底有什么用”。1994 年，财政部在全国推广会计电算化，为了验证新事

---

① 〔美〕Ray Kurzwell：《奇点临近：2045 年，当计算机智能超越人类》，李庆诚、董振华、田源译，机械工业出版社，2022。

物的可靠性，《会计电算化管理办法》（财会字〔1994〕27号）要求电子账与手工账并行3～6个月，这成倍地增加了会计手工劳动的工作负荷。在当时单机运行的情况下，电子账并未显示出明显的优势。单位的会计抱怨说：这系统有啥用呀？1999～2000年，教育部启动“现代远程教育试点工程”，在教育行业引起了“信息技术在教育中有什么用”的争论。2007年，第一代苹果智能手机发布的时候，现在手机上丰富多彩的App还一个都没出现，昂贵的智能手机也只能用来打电话。当时，有记者采访一位著名导演，问她苹果智能手机有什么用，导演沉吟了一下，幽默地回答：炫耀！

这项30多年前被认为无用的技术，今天已经成为每个人生活中如影随形的“体外器官”。

互联网和人工智能的发展，还颠覆了传统的人类思想和认知体系：虚拟空间能够取代物理空间吗？硅基智能是否会战胜碳基智能？人工智能会取代人类，生产新知识吗？这些问题不仅影响所有的学科领域，而且直接挑战了传统的哲学认识论，成为影响教育数字化变革的重大基础理论问题，引起了各学科研究者的关注和焦虑。

目前，关于数字化、智能化变革的研究还普遍存在盲目追逐短期热点的情况，缺乏对“长时段”教育技术变革历程的分析，也缺乏对技术影响社会、教育变革基础理论的深度研究。本书的研究起步于2003年，在20多年的研究过程中，通过跨时代、跨学科的艰苦探索，在采集多学科历史素材的基础上，全景式地描述了从口头语言、手工抄写、印刷技术、电子媒介到数字媒介的演变，以及媒介技术影响人类认知和教育变革的“长时段”画卷。从哲学认识论的高度对这一重大基础理论问题提出了系统的理论解释，为正确认识人工智能的本质、推动教育数字化变革提供了理论认知工具。

第一章
数字化变革的理论基础

本章首先从分析互联网的本质特征入手，提出了一个媒介技术定义；其次，从媒介技术作为智力技术、媒介技术作为社会建构技术、媒介技术作为“元认知”工具等三个方面，建立了本书的理论基础；最后，介绍了本书的内容结构。

第一节　互联网：一种传播媒介技术

在中国网络建设早期出现的对“互联网/信息技术有什么用”的质疑，表明互联网技术不像“更美的衣、更好的食、更舒适的房子、更快捷的交通”那样直观，它是与生产“衣食住行”等物质产品的技术不同的另一类技术。

一　两种技术

20世纪中叶，英国技术哲学家卡尔·波普尔（Karl Popper）构建了一个“三个世界”的哲学模型，为区分互联网技术和物质产品生产技术提供了一个理论框架。

卡尔·波普尔是20世纪富有洞见的技术哲学家。他打破西方哲学传统的“一元认知论”和“（主、客）二元认知论”框架，在物理自然世界（世界1）和人的主观认知世界（世界2）之外，建构出一个客观知识世界（世界3），从而形成了一个“三个世界”的多元认识论理论框架，如图1-1所示。

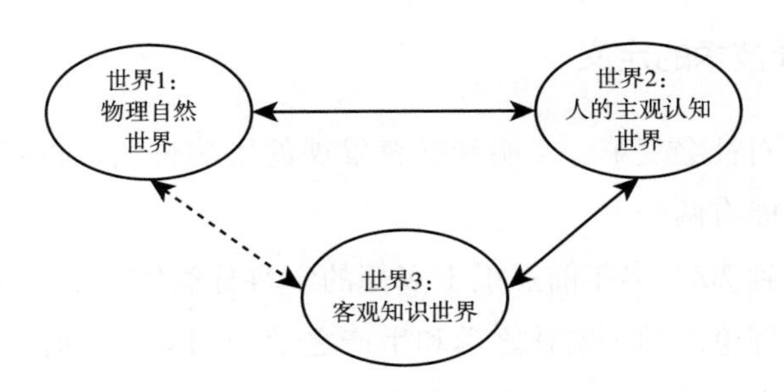

图1-1　“三个世界”理论框架

波普尔的世界3受到了柏拉图“观念世界”（Idea World）[①] 的启发，但是，世界3比柏拉图的“观念世界”更为宽泛。世界3的客观知识世界是由

① 〔英〕卡尔·波普尔：《客观知识——一个进化论的研究》，舒炜光、卓如飞、周柏乔、曾聪明等译，上海译文出版社，1987，第164页。

说出、写出、印出的各种陈述构成[①]的世界。这里的“说出、写出、印出”分别对应历史上的口头语言、手工书写和印刷技术等媒介技术。

按照波普尔的“三个世界”理论框架，人类发明的技术可以分成两大类：“世界 1”技术和“世界 3”技术。

- “世界 1”技术是指以“世界 1”的自然造物为原材料，通过改变其物理、化学或生物属性，生产出衣食住行等“人造物”或释放出能源电力，改善人们的物质生活条件的技术，属于物质技术。
- “世界 3”技术则是指“说出、写出、印出”这一类技术，这类技术并不直接产出人类生存所需的“衣食住行”等物质资料，它的主要作用是支持人类的表达、交流与沟通，属于传播媒介技术。英国人类学家杰克·古迪（Jack Goody）把这类技术称为智力技术（Technology of the Intellect）[②]。

从这个技术分类来看，互联网跟口传、文字书写和印刷技术等属于同类，是一种支持人类表达、交流与沟通的媒介技术，属于一种“世界 3”类的智力技术。

二　媒介技术的定义

媒介技术对社会变革、文明和教育发展的影响长期未得到应有的重视。其主要原因可能有两个。

第一，受到 2000 多年前亚里士多德的学科分类体系的影响。亚里士多德把知识分为理论之学、实践之学和生产之学。[③] 其中，理论之学即形而上学，是第一哲学。技术则属于生产之学，属于末位之学。亚里士多德的知识分类导致形而上学高高在上，忽视了技术对哲学以及技术对实践之学中的政

---

① 〔英〕卡尔·波普尔：《客观知识——一个进化论的研究》，舒炜光、卓如飞、周柏乔、曾聪明等译，上海译文出版社，1987，中译本序。

② 〔英〕玛丽亚·露西娅·帕拉蕾丝-伯克编《新史学：自白与对话》，彭刚译，北京大学出版社，2006，第 21 页。

③ C. Shields, Aristotle: The Stanford Encyclopedia of Philosophy, https://plato.stanford.edu/entries/aristotle.

治学、伦理学的影响。一直到 1845~1846 年马克思在《德意志意识形态》中论述了技术创新、生产方式变革在人类社会生活中的决定作用[①]，技术的作用才得到了研究者的重视和关注。

第二，人类历史上媒介技术的变革只有有限的几次，中间分别间隔数万年、上千年以及 400~500 年。数代人从生到死都生活在同一种媒介生态环境中，很容易忽视媒介技术的“存在”。以 15 世纪中叶至 20 世纪为例，人类教育一直依赖印刷技术，可观察的教育变革主要来自教育理念、教育内容、教学方法和学校组织等动态变量，人们很容易忽视媒介技术的影响。

一直到 20 世纪，媒介技术对社会发展的影响才进入多学科研究者的视野。其中，媒介环境学和教育技术学的研究对我们认知互联网技术的本质最具启发作用。

1. 媒介环境学派

19~20 世纪，随着电报、电话、电影、留声机、广播、电视等新媒介技术的快速创新，这种表征、交流技术受到了社会各界、各学科的广泛关注。20 世纪 60~80 年代，哈罗德·伊尼斯（Harold Innis）、马歇尔·麦克卢汉（Marshall Mcluhan）、埃里克·哈弗洛克（Eric Havelock）、沃尔特·翁（Walter Ong）、伊丽莎白·爱森斯坦（Elizabeth L. Eisenstein）和尼尔·波兹曼（Neil Postman）等媒介环境学家的著作相继出版；剑桥大学人类学家杰克·古迪和法国结构主义大师克劳德-列维·斯特劳斯（Claude Lévi-Strauss）等对口传与书写的研究成果也纷纷问世，在 20 世纪下半叶，在西方知识界引发了一场关于口传与书写（Orality and Literacy）、印刷技术变革、阅读史、图书史的研究热潮。

媒介环境学的研究将人类历史上的媒介技术发展历程分为五个阶段：口语传播、手工抄写、印刷技术、电子媒介和数字媒介。媒介环境学研究者把

① 《马克思恩格斯全集》（第三卷），人民出版社，1960，第三卷说明。

这些“间断”的巨变，以及其间发生的重大变革这些离散的历史时间点和事件连缀在一起，在“长时段”的视角下，勾勒出一幅媒介技术影响社会变革的全景式画卷。

媒介环境学家的思想受到马克思主义唯物史观的影响，他们将马克思关于生产力—生产关系的经典论述引入思想文化领域，分析媒介技术对人类思想、文化和社会发展的影响。以剑桥大学人类学家杰克·古迪为例，他对比了有文字和无文字的两种社会，以文字为变量，分析一种类型的社会如何过渡到另一种类型。[①] 杰克·古迪认为，文化并不是某种凝固的东西，文字的出现是推动社会形态变化的重要因素，他的思想就深受马克思主义唯物史观的影响。

2. 教育技术学对媒介技术的研究

20 世纪 80～90 年代，美国教育技术研究者罗伯特·考兹玛（Robert Kozma）和理查德·克拉克（Richard Clark）曾就“媒体是否会影响学习效果”开展了一次影响范围很广的大辩论[②]。2007 年，《经济学人》（*Economist*）杂志社邀请前英国开放大学校长约翰·丹尼尔（Sir John Daniel）和罗伯特·考兹玛在经济学人网站开展了一场关于“新技术是否改善了教育质量”的大辩论[③]。这两场辩论展现了世界著名的教育技术专家罗伯特·考兹玛对媒介技术（Media Technology）与教育、人类学习之间关系的思考。

考兹玛认为媒介可以通过技术、符号系统和处理能力等三个方面来定义（Media can be defined by their technology, their symbol systems, and their processing capabilities）。[④] 考兹玛强调，一种媒介最显著的特征是技术，如机械技术、电子技术等。然而，对教学效果的影响主要来自另外两个方面：

① 〔英〕玛丽亚·露西娅·帕拉蕾丝-伯克编《新史学：自白与对话》，彭刚译，北京大学出版社，2006，第 16+21+23 页。

② K. T. Yang, T. H. Wang, M. H. Chiu, “How Technology Fosters Learning: Inspiration from the ‘Media Debate’,” *Creative Education*, 2014, 5 (12): 1086-1090.

③ R. Cottrell, The Moderator's Statement, https://www.economist.com/news/2007/10/18/the-moderators-statement.

④ R. B. Kozma, Learning with Media, *Review of Educational Research*, 1991, 61 (2): 179-212.

支持什么样的符号系统、具有什么样的信息处理能力。考兹玛认为，提到一种媒介技术的时候，人们首先关注的是它的技术特征，但对社会政治、经济、贸易、文化和教育产生直接影响的是它所带来的符号表征体系，以及人机交互、人际交互等传播特征。

考兹玛的定义启示我们：当人们提到一种媒介技术时，并非指某一种单独的技术，而是指由符号、载体、复制技术等构成的一组技术的组合，以及由此带来的一系列传播特征。以印刷技术为例，当人们提到印刷技术的时候，指的是以文字、数字和图表等为表达符号，以纸张为记录载体，用印刷机批量复制内容的一组技术的组合。类比印刷技术，可以分析互联网的符号、载体、内容复制方式和传播特征，如表 1-1 所示。

表 1-1 印刷技术和互联网技术

	印刷技术	互联网技术
符号	文字、数字、图表等	物理符号:01 二进制数字电信号 表意符号:依靠显示器/声卡/VR 头显等输出的文字、数字、图表、声音、视频和 VR 等
载体	纸张等	芯片等
内容复制方式	印刷出版	上传/下载
传播特征	传播速度:交通工具的速度 传播特征:人与书的对话	传播速度:电信号的传播速度 传播特征:人机交互、人际交互

这表明，互联网不是一项单一的技术，而是一组技术的组合。无论互联网带来了多么深刻的社会变革，它本质上与印刷技术属于同一类，是一种支持人类表达、交流与沟通的媒介技术。

3. 媒介技术定义

综合媒介环境学派的研究和考兹玛的定义，本书将包括互联网在内的媒介技术定义为一类支持人类表达、交流与沟通的技术，它包含表达符号、载体、内容复制方式以及传播特征等 4 个子属性。

（1）符号指口头语言、字母文字、视听语言、电脉冲信号和01二进制信号等符号系统。符号是人类表达的基本单元，它决定了一种媒介技术所支持的表达方式。

（2）载体是指书写、存储、传播和显示内容的物质。莎草纸、羊皮纸、人造纸、磁带、CD、电视、计算机、光盘、硬盘、闪盘、芯片、显示器、声卡等都属于载体的范畴。

（3）内容复制方式包括口传、手工抄写、机器印刷、电视播送、互联网的上传/下载等。内容复制方式对于信息传播的准确性和传播速度有着决定性的影响。

（4）传播特征指由符号、载体和复制等“硬”技术带来不同的记录、复制、单向传播/双向传播、同步/异步等一系列人机交互、人际交互特征。

从这个定义可以看出，互联网不是一种前所未有的新技术，它与口头语言、手工抄写、印刷技术、广播、电视等媒介同属于一类。因此，可以从历史上曾经发生的媒介技术变革中，寻找媒介技术影响社会发展的变革规律，从而应对互联网带来的这场社会变革。

三 媒介技术的长时段变革

以上述媒介技术定义为基础，结合媒介环境学派对口传、手工抄写、印刷技术、电子媒介和数字媒介的相关研究，本书按照媒介技术的4个属性，梳理了人类历史上出现过的5种媒介技术的主要特征①，如表1-2所示。

表1-2 媒介技术“5阶段”发展框架

阶段	表达符号	载体	内容复制方式	传播特征
口传：公元前4世纪以前	口头音节	人	口传/记忆 人行走	同时在场，开口即逝 社会传播中介：吟诵诗人

① 郭文革：《教育的“技术”发展史》，《北京大学教育评论》2011年第3期，第137~157+192页。

续表

阶段	表达符号	载体	内容复制方式	传播特征
手抄文字:公元前4世纪到15世纪50年代	字母文字:希腊文、拉丁文、阿拉伯文字等	莎草纸、羊皮纸 中国造纸术	手工抄写 人行/马走	纸:异步、单向传播 社会传播中介:抄书匠
印刷技术:15世纪50年至今	字母文字:德语、英文、法语等各民族文字; 数字; 图表;图片等	人造纸	印刷 交通工具	纸:异步、双向传播 社会传播中介:图书出版、报纸、杂志、印刷、造纸等行业
电子媒介:19世纪30年代至今	模拟电信号:摩尔斯电码 表意符号	磁带/录像带CD、唱片、电视等	电台、电视台; 视频转录等	广播/电视:单向传播 社会传播中介:电视采/编/播/导/演等
数字媒介:20世纪90年代至今	数字电路:01二进制码 表意符号	芯片、硬盘、显示器、声卡等	拷贝/粘贴;上传/下载	异步/同步:大规模双向传播 社会传播中介:互联网

从这个跨越长时段的媒介技术变革框架可以看出，人类历史上第一次信息技术变革是从口传到手工抄写的变革，发生在古希腊时期，书写新媒介技术推动了古希腊、古罗马文明的出现。人类历史上第二次信息技术变革是从手工抄写到印刷技术的变革，发生在公元15世纪中叶的欧洲，印刷技术推动了文艺复兴、宗教改革和近代科学革命的发展。

在20世纪末至21世纪初，随着数字技术和互联网的出现，我们这代人又在亲历从印刷技术、电子媒介到数字媒介、人工智能的历史变革。

媒介技术怎样影响了社会和人的发展？综合已有研究成果，笔者认为，媒介技术在人类社会发展中的作用主要有三个方面：（1）作为人类认知发展的“智力技术”；（2）作为一种“社会建构技术”；（3）作为人类探究知识的“元认知”工具。

第二节　媒介技术：智力技术

人的智能不仅是个体脑内神经系统对外界的感知，而且离不开与他人的交流。交流需要借助表征符号和传播媒介，于是，作为表达、交流与沟通中介的媒介技术就成为人的智能发展不可缺少的智力技术。法国 18 世纪发现的“野孩子”[①]，20 世纪 80~90 年代在中国河北、山东等地流行的“沙袋育儿法”[②] 等事例都表明，在婴幼儿发育早期，如果缺乏足够的外部语言刺激，幼儿的智力发育将处于停滞或迟缓的状态。

为了进一步分析智力技术在人的认知发展中的重要作用，本书首先通过比较一个文盲和一个受教育者的差别，来考察媒介技术对人的认知发展的影响。之后，提出了一个跨媒介的一个人的受教育公式，重新定义了什么是教育。

一　文盲和受教育者的差别

一个文盲和一个受过良好教育的人在生物构造和体貌方面并不存在显著的差别，两者的差别主要体现在脑内对世界的认知的差别，这种差别包括以下两个方面。

第一，符号读写能力即所谓的文化素养（Literacy）的差别。这里的符号指的是文字、数字、图表等表达符号。文盲就是不具有符号读写能力的人。

第二，两者对世界的认知途径不同。一个文盲头脑中对世界的认知主要来自他/她的一手经验，即亲身经历。例如，他/她出生在什么样的家庭、父母是谁，到过什么地方，从事过什么工作，接触过什么样的人和事等。而一个受过良好教育的人头脑中对世界的认知只有少部分来自亲身经历的一手经验，大部分来自二手阅读。对于一个受过良好教育的人来说，“地球是圆的”是一个基本常识，但这并非他/她亲眼所见。不仅如此，人类在确认“地球是圆的”这个基本常识之后，又过了数百年，才用先进技术把人类中的个体——航天员送到外太空，亲眼见证了“地球是圆的”这个经验事实。

---

① 约翰-保罗·戴维森导演《语言星球》（*Fry's Planet Word*）第 1 集，2011。

② 梅建：《“沙袋养育儿”的智力分析研究》，《心理科学》1991 年第 1 期，第 44~46 页。

上述“二手”指的是“他人”所见、所思和所想的符号化表达。“他人”包括时间意义上的他人，如古希腊的苏格拉底、柏拉图和亚里士多德等；空间意义上的他人，如当代的美国人、英国人和欧洲人等；“他人”还可以指人类中一个特殊的群体，如哥白尼、开普勒、伽利略和牛顿等科学家，他们以超越常人的专注，通过跨时空的合作生产出关于物理世界的“超验”的理论知识体系。二手阅读使受教育者对世界的认知大大超越了个体生命的时空局限，极大地拓展了个人的认知空间。

二手阅读是一手经验表征、传输和分享的信息传播过程。在这个过程中，第一个人把所见、所思、所想以某种形式“编码”（Encode）说出来或写出来；然后，借助特定的传播通路把符号传播给第二个人；第二个人通过聆听或阅读，去“解码”（Decode）前者所描述的事实和洞见。按照香农的传播模型，二手阅读的传播过程为：

$人_1$ 的观察思考 — 编码 — 传播通路 — 解码 — $人_2$ 的理解

这个传播模型表明，人类受教育的本质就是阅读，学会学习就约等于学会阅读，阅读则离不开媒介技术。媒介技术居于两者之间，没有媒介技术，就没有人类教育。

二 重新定义教育：一个人的受教育公式

把上述传播过程和表 1-2 的媒介技术的 5 个发展阶段结合在一起可以看出，在不同的媒介技术生态环境下，“文化素养”一词有着不同的含义。在口传时代、印刷技术时代和数字时代，“文化素养”的含义如表 1-3 所示。

表 1-3 不同媒介技术阶段“文化素养”的不同概念和含义

	文化素养概念	含义
口传时代	能听会说(Oracy)	一个人需要能听会说，才能分享他人的经验和认知

续表

媒介技术	文化素养概念	含义
印刷技术时代	能读会写(Literacy)	一个人需要习得读、写、算的能力,才能完成书本学习
数字时代	数字素养(Digital Literacy)	一个人需要具备数字素养,才能成为互联网时代具有自主学习能力的终身学习者

在人类历史上，每一次媒介技术变革都把同样的一种生物——人——分成了能听会说/不会听说（口传）、能读会写/不能读写（印刷）、具备数字素养/不具有数字素养（互联网）等不同类型。如果把一个人通过听说、读写、互联网等不同的媒介渠道获取信息和知识的经历累积在一起，就可以提炼出一个人的“跨媒介”的受教育公式。

$$K = \varphi(\text{到的地方,接触的人,读的书,看的视频,浏览过的网页,网上交流等})$$

其中，K 代表一个人脑内对世界的认知（知识）；φ 是一个认知计算函数；括号中“到的地方”指一个人通过直接观察获得的“一手经验”，“接触的人”指通过口语交流获得的“二手认知”，“读的书”指通过阅读手工抄写时代的莎草卷和羊皮卷、印刷技术时代的图书获得的知识，“看的视频”代表从电视媒介获得的认知，“浏览过的网页”“网上交流”则代表通过互联网阅读和交流获得的对世界的认知。

一个人的“跨媒介”的受教育公式融合了口头语言、手工抄写、印刷技术、广播电视和数字媒介等广义阅读；将“一手经验”和“二手阅读”融合在一起；从一个可操作的视角重新定义了教育与媒介技术的关系。这个受教育公式简明、直观地描述了媒介技术与教育的关系，凸显了媒介技术在人类教育发展中的核心作用。

第三节　媒介技术：社会建构技术

自亚里士多德将技术归入“生产之学”开始，2000 多年来，整个西方学术史一直“压制技术的作用”[1]，强调思想是影响人类社会发展的主要驱动力。受到思想史偏好的影响，社会科学研究者不问“启蒙思想”怎样传播、传播给了谁，就欣然接受“启蒙思想影响了法国大革命”的观点，而对“媒介技术影响社会变革”嗤之以鼻，批判说这是一种“技术决定论”的谬论。即使像哈耶克（Friedrich von Hayek）这样伟大的“先知”[2]，在构建他的“自发秩序”理论时，也完全忽视了社会秩序所依赖的媒介技术基础。

社会由人组成，严格地说，社会是由相互交流、相互合作的人组成。一群人如果既不相互交流，也不相互协作，就无法构成一个社会群体。只有当多个人借助口头语言或其他媒介技术相互交流、相互协作的时候，才能组成一个带有社群意义的群体。从这个角度来看，媒介技术是社会建构的基础，是社会建构的技术工具。

一 媒介技术影响社会变革的逻辑路径

在“媒介技术—社会变革”之间建立直接的影响关系，很容易被视作“技术决定论”。然而，如果在“媒介技术”和“社会变革”之间加上“传播特征、社会传播结构、交易成本”等中介变量，就形成了一个合乎逻辑的媒介技术影响社会变革的理论框架，如图 1-2 所示。[3]

这个逻辑框架中的关键要素如下。

1. 媒介技术

媒介技术，即本章定义的，支持人类表达、交流与沟通的传播技术。

2. 传播特征

传播特征，即媒介技术在记录、复制、传播速度和传播范围等方面的不

① Wikipedia，Bernard Stiegler，https：//en. wikipedia. org/wiki/Bernard_ Stiegler.

② 李子秦：《七十年前的先知》，《读书》2014 年第 3 期，第 88~93 页。

③ 郭文革：《教育变革的动因：媒介技术影响》，《教育研究》2018 年第 4 期，第33~39 页。

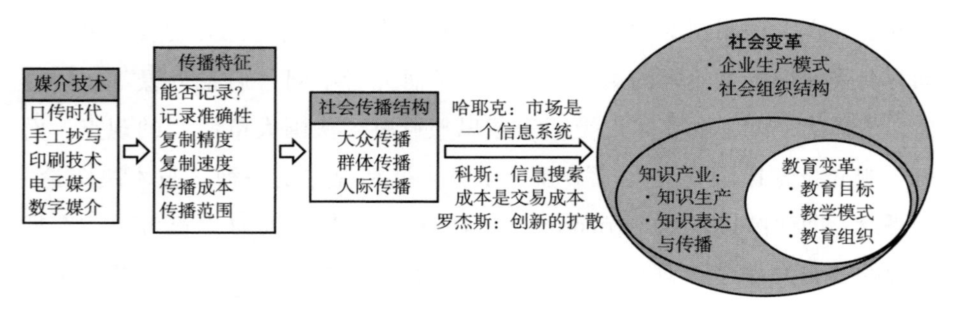

图 1-2　媒介技术影响社会变革的逻辑路径

同特征。例如，在前语言时代，一个人的所见所想是无法被记录下来的。口语出现以后，依靠人脑的记忆来记录发生过的事情，但容易被遗忘。手工抄写的文字记录比口语更准确，但转抄可能会出现笔误，所以，其复制精度、准确性以及速度等又不如后来出现的印刷技术。印刷品的传送依赖交通工具，其传播速度和传播范围又比不上后来的广播、电视和互联网。

3. 社会传播结构

一种特定媒介技术的传播范围、传播速度、单向/双向等特征，决定了当时社会的传播结构。口传时代典型的社会传播场景是：同时在场，开口即逝。这一特征与口传时代的部落化社会组织形态相辅相成。类似地，报纸与民族国家的诞生、广播电视与地球村、互联网与全球经济一体化等，都存在一种相辅相成的关系。从长时段历史变革来看，人类社会组织规模与媒介技术所营造的社会传播结构，存在着显著的正相关关系。

4. 社会传播结构—社会变革

从“社会传播结构—社会变革”这个核心环节的理论解释，来自哈耶克、科斯（Ronald H. Coase）和埃弗雷特·罗杰斯（Everett M. Rogers）的理论。经济学有一个著名的“供需法则”，“供需法则”实施的前提条件是“供给信息”与“需求信息”的相互匹配。只有当买卖双方知道“你需要什么”“我能提供什么”的时候，才有可能达成一项交易。哈耶克以锡的价格为例，论证了市场本身就是一个商品信息传播、匹配的信息系统。[①]科斯把一种产品的生产成本分为两类：一类是直接成本；另一类是交易成本。[②] 信息搜索成本就是一项重要的“交易成本”。罗杰斯的“创新的扩散”理论[③]指出，“知晓”是创新被采纳的首要条件，“创新的扩散”的S形曲线描述了信息传播渠道对创新扩散速度的影响。例如，在口语传播环境中，希腊字母文字耗费了300~400年的时间才被广泛采纳；而在互联网时代，ChatGPT上线仅2个月每日活跃用户数就超过了1亿。这种新的“创新的扩散”模式，是理解互联网时代“全球经济一体化”变革以及当下全球贸易争端的基础。

5. 社会各类组织的变革

在媒介技术所营造的社会传播结构中，个体和组织按照获得的信息，来选择各自的发展路径。无数个体和组织的选择合在一起，就建构了一个时代的社会组织和运作模式。当媒介技术发生变革时，原有的社会传播结构被打破，个体和组织获取信息的交易成本发生变化，导致了企业组织和生产方式的流程重构，形成了成本更优的社会组织和协作模式。知识和教育产业作为社会大系统的“子系统”，也随之发生调整和变革。

综上所述，以上5个步骤合在一起构成了一个媒介技术影响社会变革的完整的、合乎逻辑的理论框架。下文以美国总统竞选的筹款方式为例，进一步介绍这个逻辑框架的解释力。

二 媒介技术变革对总统竞选的影响

小布什和奥巴马筹集总统竞选经费的两种不同方式显示了信息技术变革对美国总统竞选的影响。

---

① 〔英〕哈耶克编著《个人主义与经济秩序》，贾湛等译，北京经济学院出版社，1989，第81~82页。

② R. H. Coase, “The Nature of the Firm.” *Economica*, 1937, 4 (16): 386-405.

③ 〔美〕埃弗雷特·M. 罗杰斯：《创新的扩散》，辛欣译，中央编译出版社，2002。

小布什采取了举办“面对面”宴会的筹款方式。小布什的家乡在得克萨斯州，美国有钱人则主要居住在东、西海岸。假定小布什在得克萨斯州举办了一场筹款晚宴，为此，他先花钱租赁了场地、安排餐饮和接待服务，这些预先花出去的费用是小布什筹款的交易成本。出席宴会的名流从东、西两岸飞到得克萨斯州，需要订酒店，准备晚宴的服装等，这里的交通、住宿、服装成本属于名流捐赠的交易成本。在面对面晚宴的筹款方式下，如果每位来宾仅捐赠 200 美元的话，可能都无法抵消小布什筹款的交易成本。因此，通过晚宴捐款的基本上是富人，富人也可以借此向总统候选人表达自己的主张和利益诉求。

奥巴马则采用互联网来筹集竞选资金。奥巴马招募了一批 20 岁左右的大学生作为助选人，他们在 Facebook 上设置账号，宣传奥巴马的政治主张，号召奥巴马的支持者为总统竞选捐款。这些资金直接打进一个账号，不存在餐饮、服务、交通、住宿等交易成本，每一分钱都可以用于奥巴马后续的竞选活动。因此，尽管奥巴马 80%的捐款在 200 美元以下，他仍然创造了美国总统候选人个人筹款的新纪录，被称为美国历史上第一位“互联网总统”。

小布什和奥巴马采取的两种不同的筹款方式，凸显了“面对面”和互联网两种筹资方式下交易成本的变化。这种变化一方面改变了捐款人的构成，普通人有了更多参与、表达的机会；另一方面也显示了互联网给美国民主政治带来的挑战。在随后唐纳德 · 特朗普（Donald Trump）的总统选举中，又进一步凸显了大数据对美国民主政治的影响。

三　媒介技术与社会治理

媒介技术是社会治理的工具。在经济贸易中，供给信息与需求信息的相互匹配是实现商品交易的前提条件。同样，社会治理的各项事务也离不开媒介技术的支持。以科层制组织的公文为例，公文是组织任务向下传达、基层落实情况向上汇报的工具，离开了公文的上传下达，科层制组织就无法运转。

媒介技术的性能影响了社会组织的规模。以军队为例，军队的规模最能反映出当时的信息传播状况。军队是一个流动的团体，需要实时保持与大本营之间、军队各分支之间，以及军队与后勤补给之间的通信联系。受媒介技术性能的影响，早期军队的规模都很小。公元前5世纪至公元前4世纪，古希腊将军和作家色诺芬在《远征记》中描述了一支“万军”远征波斯的故事。这支军队只有1万人，2年后回到希腊只剩下6000人。按照伊朗人记载，公元前334年亚历山大大帝第一次向亚洲进发的时候只带领了3000名左右的希腊和马其顿兵士。

社会治理的方式也受到媒介技术的影响。古罗马帝国的治理严重依赖莎草纸公文和罗马大道。埃及莎草纸被大量用于记载罗马帝国治理的公文、法规、书信、统计表和账单等。迄今出土的数万张莎草纸文献中，大多数是罗马帝国治理的公文和贸易往来合同，只有10%用于图书出版。埃及莎草纸一旦歉收，整个罗马世界的商贸往来和国家事务就将陷入瘫痪。[①] 由于通信条件的限制，古罗马对各行省的控制比较薄弱。公元3世纪，多位罗马将军拥兵自重，自立为王，帝国治理陷入了危机。罗马皇帝戴克里先被迫实施“四权制”，由四位皇帝分别治理不同的区域。

从“长时段”历史变革的视角来看，作为社会组织治理的工具，媒介技术与人类社会的组织规模之间存在明显的相关关系，如表1-4所示。

表1-4　媒介技术与人类社会组织规模之间的关系

媒介技术	社会的组织规模
口头语言	休戚与共的小部落
手工抄写	希腊城邦，古罗马“松散”大帝国等
印刷技术	现代民族国家与“想象的共同体”
电子媒介	远距离的广播、电视网络，将世界连成了一个“地球村”
数字媒介	以互联网、航空网、海运网、世界贸易组织（WTO）、国际资金清算系统（SWIFT）等为基础，形成了一个大一统的产品制造、销售和贸易的全球网络。国际社会日益成为一个你中有我、我中有你、相互依存的“人类命运共同体”

① 〔美〕约翰·高德特：《法老的宝藏：莎草纸与西方文明的兴起》，陈阳译，社会科学文献出版社，2020，第184页。

这个“长时段”框架，一方面展示了媒介生态环境与社会组织规模之间的相关关系；另一方面也显示，人类历史上每一次媒介技术变革都会改变原有的人类社会组织规模，交流、竞争与协作的方式，因而引起世界政治格局的变化。本书第二章至第六章将详细介绍不同媒介生态环境下的社会组织方式。

第四节　媒介技术:“元认识”工具

一　人类认知的两个约束条件

人类对真实世界的认知存在两个天然的约束条件。

首先，认知客体都是“不能言说的”。大自然从不说话，不言明“事实”。社会事件中的个体虽然会发出不同的声音，但客观的“社会事件”自身也是不说话的。关于事实和真理的“猜想与反驳”主要发生在人与人之间。认知客体的“不能言说”表明，人类要认知真实世界，就必须首先“创造”对真实世界的语言表征——用符号为世界“建模”，用语言来表征真实世界里那张无缝的网络。[①] 符号对真实世界的表征是人类认知的起点。

其次，个体的神经感知系统对外界的直接感知范围有限，人从直接感知中获得的认知非常有限。语言学家乔姆斯基曾在一个演讲中说，人天生自带一套感知运动系统，人脑中肯定在思考着某种东西。但在前语言（Pre-linguistic）时代，这种思考完全是内在的（Internally）[②]、“缄默”的和“具身”的。既无法分享予他人，也无法获得他人头脑中的经验感知。当一个人的生命终止的时候，其积累的这种缄默的、具身的认知也就随之消失，不复存在，既无法保存也无法积累。

---

① 〔美〕沃尔特·翁：《口语文化与书面文化：语词的技术化》，何道宽译，北京大学出版社，2008，第 51 页。

② 《乔姆斯基谈语言的进化》，https：//www. bilibili. com/video/BV1N24y1V79B/？ spm_ id_ from = 333. 788. recommend_ more_ video. 1&vd_ source = f1ef6cdd1e3bbe57305b44f2ecb90291。

人类认知的两个天然约束条件表明，人类并非仅仅依靠赤裸裸的脑力来认知世界，而是借助媒介技术所提供的表征、数据汇集、分析和修辞表达工具来认知世界和生产知识。就像培根在《新工具》中所说的："在机械力的事物方面，如果人们赤手从事而不借助于工具的力量，同样，在智力的事物方面，如果人们也一无凭借而仅靠赤裸裸的理解力去进行工作，那么，纵使他们联合起来尽最大的努力，他们所能成就的东西恐怕总是有限的。"①

培根所讨论的"工具"就包括口头对话、文字和印刷技术等，即本书所讨论的"世界3"。无论是对认知客体的表征，还是将个体认知汇集成群体认知，都离不开媒介技术这个工具。

二　对认知客体的表征

表征在人类知识生产中占据着不可替代的重要位置。1969年，"人工智能之父"赫伯特·西蒙（Herbert A. Simon）出版了《人工科学》（*The Sciences of the Artificial*）一书②，在这本书中，西蒙把"表征"称为"在自然中嵌入人工"（Embedding Artifice in Nature）。"在自然中嵌入人工"的最典型例子就是地球的经、纬坐标。地球表面并不存在这一条条经线和纬线。当人类在地球表面"嵌入"经线、纬线之后，就可以"把世界绘进地图"，按照两点的经纬度及高差等，计算"弹道导弹轨迹"，并在这个过程中发明了计算机。

托马斯·库恩在谈到物理学新范式时，也提到"以空间、时间、物质、力等为绳线编织的整个概念网络都必须变换并用以重新网住自然"③。这句话的含义是，新范式意味着用一套新的概念体系替代旧概念体系，重新表征自然世界——重新网住自然。

概念对自然的表征意味着人类对自然世界的认知中，存在两个"本体

① 〔英〕培根：《新工具》，许宝骙译，商务印书馆，1984，第3~4页。

② 〔美〕司马贺：《人工科学：复杂性面面观》，武夷山译，上海科技教育出版社，2004。另外，司马贺即赫伯特·西蒙，目前已不用"司马贺"这个译法。——作者注。

③ 〔美〕托马斯·库恩：《科学革命的结构》，金吾伦、胡新和译，北京大学出版社，2022，第125页。

论”：一是自然界“不能言说”的“本体论”；二是在人与人之间通过表达、讨论和辩论所形成的，用概念表征的“本体论”。如果说前者是大自然“不能言说”的本质特征的话，后者则是人类认知到并用符号表征的世界的本质特征，是一种“认识论中的‘本体论’”。

关于人类对真实世界的表征——认识论中的“本体论”，17～18世纪意大利哲学家维柯曾有一个形象的比喻：“神的真实是事物的立体像，正如雕塑；人的真实则是素描或平面像，犹如绘画。”[①] 维柯的比喻并不准确，“人的真实”并不总是一幅“平面像”。在口传时代，“人的真实”是“一串高低起伏、抑扬顿挫的声音流”；在印刷技术时代，“人的真实”是一个概念框架、一个物理公式或一个化学方程式；在数字时代，知识图谱用实体和关系等来表征和组织知识，“人的真实”又变成人工智能、VR或者游戏的表征形态。

表征是媒介技术作为“认知工具”的首要功能，媒介技术对认知客体的表征是“世界3：客观知识世界”的基础。对于不同媒介技术的表征功能，媒介环境学家做过一系列的研究。例如，米尔曼·帕利对口传史诗的研究，埃里克·哈弗洛克对柏拉图哲学的分析，苏联学者卢利亚对文盲、半文盲和识字人的思维特征谱系的田野调查，以及伊丽莎白·爱森斯坦对印刷技术与现代科学革命“范式”转移的研究等。这些研究表明，对认知客体的表征离不开字、词、句、段等修辞表达“构件”[②]，而能用什么符号、以什么结构来表征则受到特定媒介技术的影响和制约。

三　从个体认知到社会（群体）认知

人的“感知运动系统”对外界的直接感知受到生命的时间、空间范围的限制，在前语言时代，一个人所能获得的对外界的认知和知识非常有限。

① 〔意〕维柯：《论意大利最古老的智慧——从拉丁语源发掘而来》，张小勇译，上海人民出版社，2019，第8页。

② “构件”这一词来自卡尔·波普尔在《客观知识——一个进化论的研究》一书的第四章多次出现，并描述了在客观知识情境中这一词的含义。

口头语言的发明带来了人类历史上第一次认知革命。

口头语言从两方面改变了人类认知。一是口头语言拓展了个体的认知途径。一个人不仅可以通过亲身观察和感知来认知外部世界，还可以通过口语交流，分享其他个体对世界的观察和认知。二是产生了基于个体但又不同于每一个体的社会（群体）认知。[①] 当两个以上的人借助口头语言交流、分享他们对世界的观察和看法的时候，他们对同一事件的不同观察和表达就可能引起争论；借助“以口头语言为中介”的表征、汇集和辩论，就产生了一种超越个体认知、属于群体共有的关于真实世界的看法。这种社会（群体）认知是一种独立于个体的、外在的知识，可以通过口口相传、代代传递，形成一个独立存在的客观知识世界。

从个体认知到社会（群体）认知再到客观知识世界的建构离不开媒介技术提供的表征、交流、辩论、传承等功能，这是媒介技术作为认知工具的主要功能，也是哲学认识论和方法论的技术基础。

四　媒介技术作为一种“元认识”框架

16 世纪面临印刷技术变革的欧洲人文主义哲学家率先提出了关于媒介技术对人类认知的影响的一些富有启发的洞见。培根指出，人类的认知并非仅凭“赤裸裸的理解力”，还依靠工具的辅助。法国人文主义哲学家、印刷技术时代的教育改革先锋彼得·拉米斯认识到，“学生在阅读亚里士多德的物理学或普林尼的自然历史时，他们并没有考察自然或历史，而是研究古人对自然事物的看法”[②]。用今天的话来说，学生无论学习哪一门功课，都是在跟印刷书（“硬”技术），跟文字、数字、图片等（“软”修辞技艺）打交道。为此，拉米斯提出了一套适合所有科目教学的、可以用来解释知识与

---

① 社会认知论最早是由美国图书馆学家谢拉于 20 世纪 50 年代提出的，20 世纪 80 年代后成为哲学认识论的一个重要研究领域。见 J. M. 巴德《杰西·谢拉社会认识论和实践》，《国外社会科学》2003 年第 1 期，第 105～107 页。

② Sellberg E. Petrus Ramus，The Stanford Encyclopedia of Philosophy，https：//plato. stanford. edu/archives/win2020/entries/ramus/.

现实，展示知识的不同分支之间的关系的通用框架方法（*a universal formula*）[①]——用于指导教材编写和安排教学过程的拉米斯主义方法[②]。

19~20世纪，面对电报、电话、广播、电视等新媒介技术的不断涌现，学术界才再次关注媒介技术对人类发展的影响。各学科研究者从哲学、语言学、社会学、传播学、信息论、技术哲学等不同的视角切入对媒介与传播进行研究。维特根斯坦（Ludwig Wittgenstein）的语言哲学、海德格尔（Martin Heidegger）对技术的追问、福柯（Michel Foucault）的《词与物》和《知识考古学》、约翰·杜威（John Dewey）的“相互影响论”（Transactionalism）、哈贝马斯（Jürgen Habermas）的社会交往理论以及布尔迪厄（Pierre Bourdieu）的“场域理论”等，都把人类的交流语言、交流结构等作为社会科学的重要研究变量。其中，最富有洞见的是进化认识论学派的研究。

进化认识论的奠基人是英国技术哲学家卡尔·波普尔，他在1972年出版的《客观知识——一个进化论的研究》中提出了“三个世界”的框架。波普尔打破了西方哲学传统中的一元认知论、二元认知论观念，在物理世界和人的主观认知世界之外，建构了一个“说出、写出、印出”的客观知识世界。美国哲学家唐纳德·坎贝尔（Donald Campbell）创造了“进化认知论”（Evolutionary epistemology）这个术语[③]；美国媒介哲学家保罗·莱文森（Paul Levinson）则将波普尔的“世界2”修正为“世界2：人”，以突出“以媒介技术为中介”的人类交流的重要作用[④]。

---

① “A universal formula to explain reality and to demonstrate the relatedness of all branches of knowledge”，见 P. Sharratt Peter Ramus，“Walter Ong，and the Tradition of Humanistic Learning”，*Oral Tradition*，1987，2（1）：174.

② W. J. Ong，Rhetoric，Romance，and Technology. Ithaca：Cornell University Press. 1971：84-85. 转引自 Sharratt P. Peter Ramus，“Walter Ong，and the Tradition of Humanistic Learning”，*Oral Tradition*，1987，2（1）：172-187.

③ Michael Bradie，William Harms，Evolutionary Epistemology，https：//plato. stanford. edu/entries/epistemology-evolutionary.

④ 〔美〕保罗·莱文森：《思想无羁：技术时代的认识论》，何道宽译，南京大学出版社，2003，第96~101页。

把进化认识论和拉米斯方法结合起来就会发现，拉米斯提出的“通用框架方法”（a Universal Formula）是对进化认识论学说中“世界3：客观知识世界”的一种细化和拓展，表明媒介技术在人类认知中充当了一种“元认知”工具。

这里的“元认知”包含两层含义。

第一，媒介技术具有“元学科”（Meta-disciplinary）的性质。任何科目的知识都依赖某一种媒介“硬”技术，以及在这种媒介生态下建构的表征、修辞等“软”技艺来表征与传播。

第二，“通用框架方法”是一套适合所有科目教学的，可以用来解释知识与现实、展示知识的不同分支之间的关系的体系和工具。拉米斯方法中包含的媒介“硬”技术（Media Technology）、文法与修辞“软”技艺、逻辑和思维特征以及知识编制与组织的教材“范式”等，不仅适用于解释口头语言、手工抄写、印刷技术、电子媒介和数字媒介等单一媒介技术对人类认知的影响，也可以用来解释从“旧”媒介到“新”媒介的技术变革对人类认知和知识产业的影响。从这个意义上来看，“通用框架方法”是一个解释媒介技术影响人类认知和知识演变的“元认知”工具。

综合以上讨论，本章将进化认识论和拉米斯的“通用框架方法”整合在一起，建构出一个扩展的“三个世界”框架，如图1-3所示，图中显示了扩展后的波普尔“世界3”①。

“通用框架方法”包括4个层次：第一，媒介“硬”技术（符号、载体、复制与传播）；第二，与特定媒介“硬”技术相适应的文法与修辞“技艺”；第三，在特定媒介“硬”技术生态环境下，在记录和数据采集的基础上，形成的一套逻辑推理和思维框架；第四，对内容编排、组织教学方法。这个处理各类知识的“通用框架方法”就是本章的媒介技术“元认知”工具。

① 郭文革：《彼得·拉米斯与印刷技术时代的教育变革——媒介技术作为一种“元认知”框架》，《教育学报》2022年第3期，第184~195页。

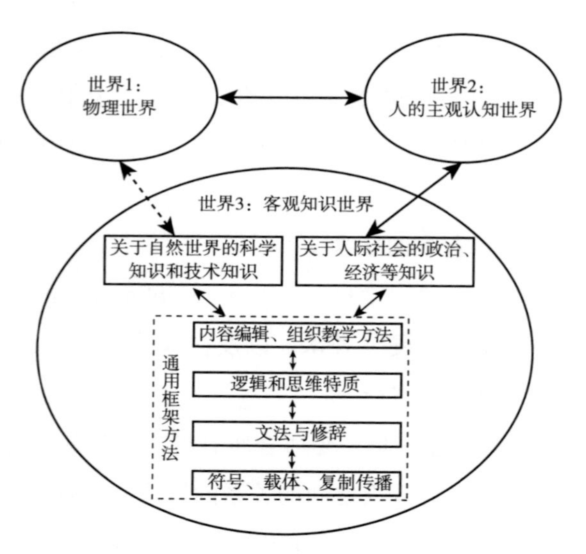

图 1-3　一个扩展的“三个世界”框架及“通用框架方法”体系

第五节　本书的结构

本书的结构包含两个维度。

一　纵向上，按照时间顺序安排章节结构

本书的内容主要包括三部分，如图 1-4 所示。

第一部分是理论基础，包括第一章的内容。理论基础部分提出了媒介技术定义，建构了媒介技术作为“智力技术”、媒介技术作为社会建构技术、媒介技术作为人类“元认知”工具的理论框架，为全书的叙述奠定了理论基础。

第二部分是从口传到互联网的变革脉络，包括第二章到第六章。这部分按照媒介技术“5 阶段”发展框架，分别介绍了在口语传播、手工抄写、印刷技术、电子媒介和数字媒介等传播生态环境下，人类社会知识生产、表达与传播和教育教学的历史演变。

第三部分是反思与展望，包括第七章的内容。在梳理 5000 多年来媒介

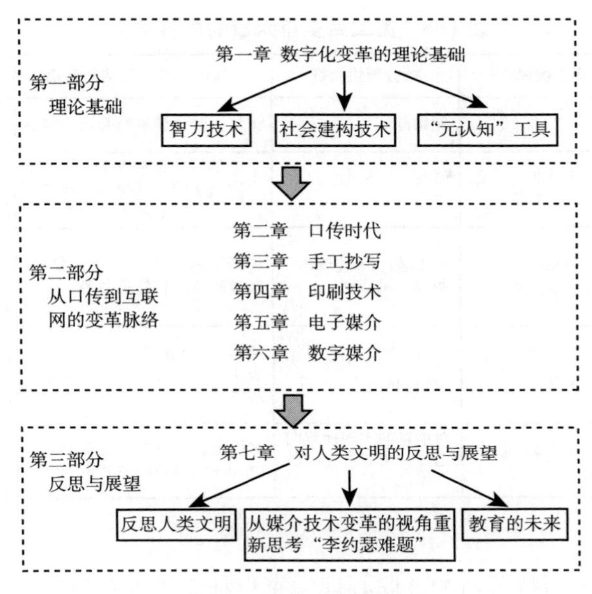

图 1-4 本书的结构

技术与人类社会发展、知识生产和教育变革历史的基础上，反思了两种技术对人类文明发展的影响；由于“世界 1”技术的表征和传播也离不开“世界 3”技术所营造的传播生态环境，因此，笔者认为属于“世界 3”范畴的媒介技术是影响人类发展的“第一技术”；第七章还以“李约瑟难题”为例，分析了 15 世纪前后，中、欧传播生态环境的逆转对两种文明发展的影响，提出媒介技术是一种“长时段”的人类历史分析框架。最后，从新规则、新认知和新契约的角度分析了人类教育未来发展的方向。

二 横向上，第二章到第六章的内容结构

本书第二章到第六章的内容组织结构如表 1-5 所示。

第二章介绍了口传媒介的技术特征和传播特征，分析了口头语言的出现与早期智人“认知革命”的关系。这一章还介绍了德国考古学家施里曼按照《荷马史诗》提供的线索成功挖掘特洛伊遗址和迈锡尼遗址的故事；以及米尔曼·帕利、埃里克·哈弗洛克、英国人类学家杰克·古迪、法国结构

表 1-5　第二章至第六章的内容结构

	媒介技术	社会组织特征	知识生产、表达与传播	教育教学
第二章 口传时代	口语、记忆、吟诵诗人	原始部落	记忆、吟诵诗歌、套语、神话	口传心授
第三章 手工抄写	文字、莎草纸/羊皮纸/人造纸、抄书匠	城邦，“松散”大帝国	手工抄写、希腊哲学、古希腊古罗马文明、阿拉伯“智慧宫”、中世纪大学	学园、修道院、中世纪大学、拉丁学校
第四章 印刷技术	文字/数字/图表、人造纸、印刷机	报纸/期刊等连续出版物与民族国家	机器印刷+大航海；文艺复兴、宗教改革、科学革命等	读写素养、新人文课程与以拉米斯教材、班级授课制为核心的现代学校制度
第五章 电子媒介	电报、照相机、电影、广播、电视	一对多，远距离、大规模同时收听/收看	摄影术、X光摄影术、视频表达、延时摄影、超高速摄影等	广播、电视、电影等专业教育发展，视听教学运动，广播电视大学
第六章 数字媒介	01二进制符号、芯片、互联网	对信息的大规模双向选择；全球产业经济一体化	多模态、大数据、Alphafold、ChatGPT、游戏、VR等	数字素养、数智教育、数字教育学

主义大师列维·斯特劳斯和苏联心理学家卢利亚等人对口传修辞的研究，他们的研究证明了口传“硬”技术对修辞“软”技术的制约。口传时代的记录都是用富有韵律的诗歌唱出来的，韵律本身就是一种辅助记忆手段。

第三章介绍了人类历史上最早出现的 5 种文字的技术特征和传播特征。这一章详细介绍了古希腊从口语到字母文字的发展过程中，3 种语言书写者（Logographer）的贡献。本章分析指出，苏格拉底、柏拉图和亚里士多德等古希腊哲学家的贡献包括两部分：首先，他们创造了一套在手工抄写环境下从事知识劳动必须掌握的概念、文法、修辞和逻辑技艺；其次，用这套技艺记录和表达了当时人们对世界的看法和认知。依靠古希腊哲学家打造的从事知识劳动的概念、文法、修辞和逻辑等“软”技艺，托勒密王朝在埃及亚历山大图书馆、阿拉伯人在巴格达智慧宫组织了两次搜集、翻译和整理人类知识的伟大事业。

第四章介绍了 15 世纪中叶古登堡印刷机发明以后，精准、批量印刷给西方文艺复兴、宗教改革、科学革命、工业革命带来的影响。这一章特别分析了图表的批量、精准印刷对天文学、数学、几何学、解剖学、博物学地图学等发展的影响。技术手册的付梓印刷使中世纪“秘而不宣”的行会技术知识得以“创新扩散”，推动了工程职业教育的发展。数学作为科学的语言，印刷出版带来的数据汇集新机制、科学学会和学术期刊的诞生，以及观察/测量工具和实验工具、学术共同体等的发展，这些因素汇集在一起，推动了从哥白尼到牛顿的现代科学革命的诞生。

第五章介绍了19世纪30年代以来出现的电报、照相机、电话、电影、广播、电视等电子媒介的技术特征和传播特征。世界范围内通信网络的建设加快了信息传播的速度，仿佛缩小了地球的尺度，世界变成了一个“地球村”。当摄影取代手工绘画成为历史记录的主要手段时，传统写实主义绘画失去了用武之地，一部分画家转而创造了印象派、野兽派等现代绘画流派。广播和电视进入平民家庭以后，西方政要被迫学习利用广播、电视等与选民打交道。

第六章介绍了以互联网为代表的数字媒介的技术特征和传播特征。这一章特别介绍了中国改革开放与互联网带来的全球产业链重构相互叠加，给中国制造业、零售业转型带来的发展机遇，证明新媒介改变了社会普遍的交易成本，因而改变了企业家组织生产和消费者购买消费品的个体选择，这些个体选择汇集在一起，导致了传统产业的转型升级。第六章还重点分析了数字媒介时代知识产业面临的挑战和正在发生的变革。基于本书提出的媒介技术作为人类“元认知”工具的理论，本章分析指出，人工智能是在01二进制符号、芯片和互联网等“硬”技术基础上，出现的一种新的表征和处理知识的“软”技艺，它本质上是一种“世界3”技术，是人的智能的重要来源。

需要特别指出的是，由于中国媒介技术发展的历史非常特殊，本书的撰写主要采用了西方媒介技术变革的框架。首先，中国手工抄写和雕版印刷的历史一直持续到19世纪，而印刷机、广播、电影、电视、计算机、互联网等媒介技术又集中出现在20世纪（且主要集中在20世纪下半叶），形成了印刷技术、电子媒介、数字媒介的影响相互叠加的独特现象，很难观察每一种媒介单独的影响方式和影响路径。其次，到目前为止，对中国媒介技术变革历史的系统分析资料还比较欠缺。鉴于互联网和人工智能的变革时不我待，本书借用西方媒介技术变革框架和材料，分析每一种媒介技术对社会变革和人类认知变革的影响，从而判断和分析互联网影响下的教育未来发展。这项对媒介技术影响人类认知和教育变革的长时段、全景式的研究，具有原创性，是推动中国教育数字化转型的理论基础，对于推动中国教育的现代化、数字化发展具有重要意义。

第二章
口传时代

人类历史上出现的第一种媒介技术就是口头语言。现代科学研究认为，宇宙起源于138亿年前的一场大爆炸。在口语出现之前，关于这场大爆炸以及138亿年间宇宙的演化过程没有留下只言片语的记录，留下了很多未解之谜。假如在宇宙的某个角落安装着一台全知全能的摄像机，全方位、持续不断地记录宇宙、地球、人类的起源及演化过程，人类就不存在那么多未解之谜了。

口头语言是人类发明的第一种记录和交流媒介。口传媒介不依赖外在的载体，而依赖人的脑、喉咙等具身的生物器官作为记录载体和传播工具，因此，在很长一段时间内，人们不认为口语是一种技术制品，是最早的媒介技术。口传媒介最主要的技术发明是一套由不同频率的音节组合而成的有意义的表达符号体系。

第一节　技术特征：同时在场，开口即逝

按照本书第一章提出的媒介技术定义，口头语言具有以下的媒介技术特征。

• 符号：由人的喉咙发出的由不同频率的音节组合而成的一套表达符号。

• 载体：以人为载体，靠人的大脑记忆，靠嘴说出来。

• 保存和复制：依靠师徒口传心授，制作“副本”，保存和传播内容。

• 传播工具和传播机制：人作为传播工具。像荷马这样的吟诵诗人的行走速度就是信息传播的速度，行走的范围就是信息传播的范围。

• 传播特征：同时在场，开口即逝。

一　口语表达符号

很少有人意识到，我们常说的一个国家的语言，其实包含两套表达符号体系：一套是口头语言，另一套是书面文字。按照2020年2月世界语言数据库发布的第23版统计报告，目前世界上有7117种活的语言，其中3982种有书面文字，其余3135种没有书面文字。[①] 从人类发展历史来看，口头语言已经有了10万年以上的历史，而书面文字只有不到6000年的历史。

1. 口头语言是一种人造技术发明吗

人的喉咙能够发出声音是一种自然的生理现象，但把特定的音节组合在一起，发出特定的、有意义的声音，是一种后天的人为创造发明，是一种“技术”。口语并非与生俱来，自然天成，而是一种人造的编码系统。因此，同一种物品，在世界各地会出现不同的叫法。比如，“桌子”在中

① D. M. Eberhard, G. F. Simons, C. D. Fennig, Ethnologue: Languages of the World. 23rd ed. Dallas: SIL International, https: //www. ethnologue. com/insights/how-many-languages/.

文语境下，发出［zhuō zi］的读音，但是在英文语境下，被叫作［ˈteɪbl］，就分别代表了两种不同的口语符号体系。不过，这种符号不是写在纸上，而是通过人的喉咙用声音表达出来的。外语学习中经常说的“听说读写”，就分别对应了口语的“听说”和文字的“读写”，指向两种不同的表达符号体系。

2. 口头语言是怎样产生的

作为最早的人造符号体系，口头语言①自身经历了怎样的起源和演进过程缺乏实证记录。语言的起源是“科学界最难的问题”，语言学家、神经科学家、考古学家、心理学家、人类学家、生物学家、脑科学研究者等使用了各种方法探究人类语言的起源和发展。

口语把人的所见、所思编码为声音取决于多方面的因素。第一，它是嘴唇、舌头、舌骨、声带等器官的复杂协同工作。考古学家和生物学家通过考察早期人类化石，试图通过探索人类口腔的生理结构变化，分析人类语言的起源。第二，语言的保存和处理要依赖人脑这个器官，人脑如何保存、联结和“调用”语言信息，我们至今所知不多。第三，声音符号本身是由音素构成，音素的产生、积累、组织方式体现了口语符号自身的复杂演进过程。因此，有语言学家用统计学的方法研究音素进化所需要的时间。加州大学伯克利分校的语言学教授约翰娜·尼科尔斯（Johanna Nichols）就按照语言演化的规律，统计并评估了形成现代语言的多样性需要花费的时间。她的研究显示，有声语言的出现至少在 10 万年以前。第四，从单个音素到复杂的表达体系，要在群体中建立对特定符号的一致意义的认同，同样需要一个漫长的、复杂的社会建构过程。一直到今天，人类还在不断发展新的口语词汇，例如 5G、VR、ChatGPT 等。我们很难想象，经过了多少代人、多少频次、多长时间的交流和互动，才形成了今天这套口语表达

---

① 这部分内容改编自 Wikipedia，Origin of Speech，https：//en. wikipedia. org/wiki/Origin_ of_ speech。

体系。

关于口头语言的起源和演变，科学家提出了各种猜想和假说。达尔文在《人类的由来及性选择》中提出，人类的第一个口语词汇源自模仿。他说："我毫不怀疑，口头语言起源于对各种自然声音，其他动物的声音，以及人类本能哭泣的模仿与修正，并辅之以手势和肢体语言。"① 19世纪中叶，学者还提出了"汪汪"理论和"感叹"理论等猜想。"汪汪"理论认为，早期智人在围猎大型动物的时候，要依靠喊"号子"相互协调。久而久之，一些"劳动号子"的声音组合被固定下来，变成了一种特定的语词。"感叹"理论则猜想，人类口语词汇的来源之一是节日庆典。秋天是丰收的季节，因此，世界各民族的节庆基本上在秋天和冬天，人们聚在一起唱歌、跳舞，欢呼雀跃，一些表达欢快情感的声音被慢慢固定下来，形成了固定的口语词汇。还有研究者认为，人类的第一个自然词汇源自婴儿吸吮母乳时发出的声音，第一个口语词汇就是"妈妈"，所以第一语言也被称为"母语"。

关于口头语言的演化，以及如何变得日益精致、复杂和准确，也有不同的假说。一种理论认为，人类是在互惠互利交换真实信息的过程中逐渐丰富和发展了语言。例如，那边有一片果树、河边有一只老虎等。另一种理论认为，人类是在八卦——交流无意义语言的过程中促进了语言的演进和发展。从互联网上事实和谎言并存的情况来看，在语言进化过程中，这两种情况都是存在的。

由于人类的认知协商、社会协作以及知识生产建立在对话、交流的基础上，离不开媒介技术这个基础设施，因此，语言的建构是社会建构、知识建构的前提条件。20世纪兴起的建构主义新思潮，如知识建构理论、建构主义教育理论等，都可以追溯到语言的社会建构性，是语言社会建构的衍生问题。

---

① 〔英〕达尔文：《人类的由来及性选择》，叶笃庄、杨习之译，北京大学出版社，2009，第56页。

二　口语符号的载体

口语符号不像文字，可以写在纸上。在磁带、留声机和广播技术发明之前，声音无法借助外在手段记录、保存和传播。口传时代声音记录的载体就是人本身，声音依靠人脑记录和保存，依靠人的嘴巴说话进行传播。

在口传时代随着生产力水平的提高出现了劳动分工，一部分人被分化出来专门从事记忆和传播的职能，这类人就是吟诵诗人，其中最著名的就是传唱《荷马史诗》的荷马。吟诵诗人就是口传时代四处行走的“书本”。他们在丰收的时节在部落聚会上通过唱、演等形式向“同时在场”的人传播混杂着事实、想象、神话的口传史诗。口传时代的很多弹唱诗人是盲人[①]，在一种斯拉夫语言中，盲人和弹唱诗人就是同一个词。

三　口语信息的保存和复制

一个人头脑中保存的内容如果不能复制，那么当这个人生命终结的时候，这些内容就永远消失了。口传时代唯一的内容复制手段就是师徒口传心授：师傅说，徒弟听和背诵，把师傅的记忆复制到徒弟的头脑中。这样，一首吟诵诗歌就有了 1 个原本和 1 个副本。两个人的传唱一方面扩大了诗歌的传播范围；另一方面，如果师傅去世，内容（诗歌）可以借由徒弟的记忆在时间维度上继续保存和传唱。

考虑到早期人类的寿命短暂以及儿童和青年的早夭，这套以“人”为载体的记录系统是非常脆弱的，早期人类对当时自然现象、动植物的观察很多未能被保留下来。这与今天互联网随时随地记录的“大数据”形成了鲜明的对照。

---

① 〔英〕H. G. 韦尔斯：《世界史纲：生物和人类的简明史》，曼叶平、李敏译，北京燕山出版社，2006，第 204 页。

四　传播工具和传播机制

口传时代的信息传播工具就是人。人走路、骑马、划船等的速度，就是信息传播的速度。人能够到达的范围，就是信息的传播范围。

1. 口传时代不存在远距离通信系统

口语不像书信，不能一站一站传递进而抵达远方。因此，口传时代不存在远距离通信系统。沃尔特·翁（Walter Ong）曾分析这个“口信中继传播”问题。他指出，在口传时代，一个人想要准确复述自己的一段话，是很难做到的。

> 口语文化里的一个人想要考虑一个复杂的问题，且最后成功说出了一个相当复杂的解决办法，那么我们就可以推断他大约要说几百个词那么长的一段话。这段话让他绞尽脑汁，费尽心血，可他如何保存这一大段话，以便于他事后能够回忆起来呢?①

说话人自己都很难重复说出一段比较长的话，“信使”要想准确复述、传递一段口语词就更困难了。准确记忆是一站一站传递口信的第一个障碍。另外，在广播出现之前，没有“普通话”，“十里乡音不同”，口信传递中面临“跨方言”交流的第二重障碍。于是，口信一站一站地传递就成了现代的“传话游戏”，第一个人说的话与最后一个人听到的话可能变得大相径庭。所以，在口传时代，想要依靠“口语”的一站站传递建立远距离通信系统是一件不可能的事情。

口传时代最著名的“送信”故事就是马拉松。马拉松战役中希腊人获胜，派了一个勇士跑回雅典报信。这位勇士跑了42.195公里，到雅典后只说了一句“我们赢了”，就倒在地上累死了——今天马拉松长跑的距离就是42.195公里。

---

① 〔美〕沃尔特·翁：《口语文化与书面文化：语词的技术化》，何道宽译，北京大学出版社，2008，第25页。

2. 口传时代的社会组织与贸易

口语的传播工具和传播机制从根本上制约了当时人的协作规模，以及头脑中对“世界”的认知。在口传时代，人类社会的组织形式是部落化的，贸易也主要依赖定期集市的物物交换。

五 口语的传播特征

口头语言媒介技术的典型传播特征是：同时在场，开口即逝。口传时代要传播一个内容，必须所有人同时在场，才能听到同样的版本。另外，口语说完就消失了，不像文字可以反复阅读。

需要注意的是，口传时代的口头语言与今天的口头语言有着天壤之别。沃尔特·翁把前者称为“原生口传时代”（Primary Orality），把后者称为“次生口传时代”（Secondary Orality）。原生口语受到人的平均记忆力的制约，词汇数量有限；而今天的“口头语言”是以书面媒介为基础的口头表达，使用的词汇比原生口传时代的词汇多出数百倍、数千倍。另外，原生口语是“十里乡音不同”，距离稍远，音调就有了明显的变化，互相听不懂。今天大多数人说的口语是发音标准的普通话，它是在广播出现以后，才逐渐形成的。所以，今天的口头语言是建立在文字、印刷、广播技术基础上的新的“技术制品”，是一种“次生口语”，与口传时代的“原生口语”有着天壤之别。

第二节 口头语言与早期人类社会

口头语言的出现催生了人类历史上第一次“认知革命”，推动了人类社会的交流与协作。另外，人类还利用箴言、俗语和“八卦”，创建了最早的社会规则。

一 口头语言与人类第一次“认知革命”

在前语言时代，假定一个部落有 A、B、C 三位智人。A 在狩猎采摘的时候，看到小动物吃了植物 1 死了。A 直觉感知到植物 1 有毒。同样，B 观察和感知到植物 2 有毒，C 观察和感知到植物 3 有毒。在前语言时代，A、B、C 无法将各自头脑中关于植物 1、植物 2、植物 3 有毒的感知说出来相互分享。于是，每个人都只能像“神农尝百草”那样一一尝试，结果成倍加剧了每个（智）人中毒死亡的危险。

口头语言的诞生给人类带来了一场伟大的“认知革命”。有了口头语言，智人 A、B、C 脑内的经验感知就可以“外化”（Externalize）地表达出来，相互分享。“外化”（Externalize）首先是用口语为植物 1、植物 2、植物 3“编码”。A、B、C 把各自的经验用语言“编码”（Encode，即说或写）外化后，集中到口语“知识的容器”中。于是，“知识的容器”中包含 3 条关于植物的知识。A、B、C 分别通过“解码”（Decode，即听或读）获知了另外两个人掌握的知识。于是，A、B、C 关于植物的知识扩大了 3 倍，感知的外化和分享成倍提高了早期智人的生存概率。这就是人类历史上发生的第一次“认知革命”，如图 2-1 所示。

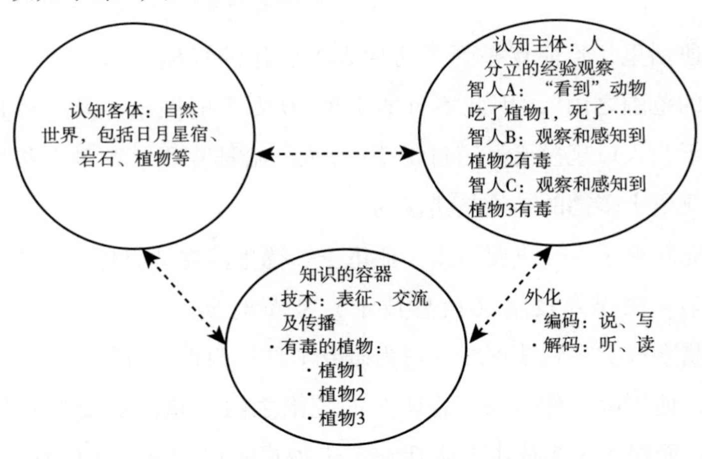

图 2-1　口头语言与人类第一次“认知革命”

人类智能从源头起就已经嵌入了口语这个“技术装置”。今天，ChatGPT 的大语言处理模型中也包含编码器（Encoder）和解码器（Decoder），就是模仿了人类对话交流的传播模型。

二　人类合作的规模不超过“传令官声音所及的范围”

口头语言为人类提供了交流和协作的工具，开启了人类社会的演化和发展。受到口语传播范围的影响，口传时代的人类组织主要是原始“部落”。亚里士多德对口传时代人类合作的研究表明，当时人类合作的规模大约在“传令官声音所及的范围”。

哈耶克对此提出了批评，他写了这样一段话。[①]

> 在早期思想家看来，人类活动存在着一种超出有条理的头脑的想象范围的秩序，似乎是件不可能的事情。甚至亚里士多德这位相对而言较晚近的人物，也相信人类之间的秩序只能扩展到传令官声音所及的范围之内，因此一个拥有10万人的国家是不可能的。然而，亚里士多德认为不可能的事情，在他写下这些话的时候就已经发生了。

在这段话里，哈耶克提到了两种人类协作的规模，第一种是“传令官声音所及的范围之内”，因此不可能出现10万人的国家；第二种是在雅典城邦制度下，人口规模已经超过了10万人。哈耶克用这两种自相矛盾的模式，证明亚里士多德的结论是错误的。

哈耶克忽视了一个重要因素：亚里士多德生活在从口传到手工抄写的人类历史上第一次媒介技术（信息技术）变革时期。亚里士多德以手工书写——希腊字母文字和莎草纸——为研究工具，调查分析了口传时代的人类合作规模，他所谓“传令官声音所及的范围之内”指的是口传时代的人类协作规模；而亚里士多德本人生活在手工抄写时代，是一名拥有10万人之众的希腊城邦的公民。按照历史研究的“就近”原则，从口语传播特征来看，亚里士多德对口传时代“人类之间的秩序只能扩展到传令官声音所及

① 〔英〕弗里德里希·奥古斯特·冯·哈耶克：《致命的自负：社会主义的谬误》，冯克利等译，中国社会科学出版社，2000，第7页。

的范围之内”的判断是准确的和可信的。哈耶克没有考虑到口传和手工书写两种媒介生态环境对人类协作规模的影响，他对亚里士多德的批评是一个“致命的自负”。

三　依靠箴言、俗语和“八卦”建立社会规则

口传时代还没有书面文字，依靠箴言、俗语和“八卦”等建立了最早的社会规则。根据人类学家的研究，在西部非洲的原始部落里，如果出现了纠纷，双方就会来到部落首领的面前，陈述纠纷情形，表达自己的不满。首领会从满脑子的谚语和俗语中，找出一句适合当时情形的箴言如“欲速则不达”“犯错人皆难免，宽恕则属超凡”等作为原则，来调解双方的纠纷。在原始的口语部落中，由于老人有着比其他人更长久的记忆，他们在口语社会中有着特殊地位，是权力和知识的源泉。

“八卦”也为早期的社会协作提供了一种治理手段。在“认知革命”发生后，智人的语言能力快速发展。语言不仅可以交流有用的生活常识，还让智人通过无用的“八卦”增进了解、建立亲密关系。“八卦”还可以通过在背后说别人的坏话，孤立他人，建立自己人的亲密团伙关系。

在口传时代，知识、思想和社会规则蕴含于箴言、谚语和俗语之中。《圣经》中的“十诫”就是上帝借以色列先知和众部族首领摩西之口，向以色列民众颁布的十句箴言，包括当孝敬父母、不可杀人、不可偷盗、不可作假见证陷害人等。犹太人将它奉为生活的准则，“十诫”也是犹太人最早的法律条文。

第三节　口传时代的知识生产

口传时代有知识吗？口传时代世界各民族流传下来的都是像《荷马史诗》、《吉尔伽美什》和《山海经》这样充满海妖、海神、神仙和妖怪等的神话传说的口传史诗。在现代科学的立场看来，这些都是荒诞不经的神话传说，因此，很少有人把口传神话史诗看作对历史事实的记录，或看作一种文

明的产物。在很长一段时间内，文明的“文”指的就是文字，世界“四大文明古国”就是以文字的出现为标志的。

一直到19世纪，德国考古学家海因里希·施里曼（Heinrich Schliemann）按照《荷马史诗》中提供的线索成功发掘了特洛伊遗址和迈锡尼遗址后，才改变了人们对口传史诗的看法。

一 对口传文明的再认知：施里曼的考古发掘

在施里曼小时候，有人送给他一套《荷马史诗》读本，这套书陪伴他长大，他对《荷马史诗》中记录的情节深信不疑，决心要在长大后找到特洛伊国王普里阿莫斯的宝藏。成年后，施里曼在世界各地经商，挣了大钱。之后，他回到欧洲，按照《荷马史诗》中提供的线索，在土耳其寻找特洛伊古城，终于在1873年成功发掘出了特洛伊遗址，挖掘出来的金银器皿与《荷马史诗》中的描述非常吻合。施里曼兴奋地宣布，他找到了特洛伊国王的宝藏。

1876年，施里曼再接再厉，按照《荷马史诗》中的线索，在希腊伯罗奔尼撒半岛成功发掘出迈锡尼遗址，找到了著名的“阿伽门农”黄金面具，以及黄金、铜匕首和高脚金杯等无数精美的器物。至此，特洛伊战争的对阵双方都被施里曼发掘出来了。

施里曼的考古发现表明，口传史诗并非完全凭空虚构，而是基于一定的历史事实编写出来的。事实到神话的演变过程，则凸显了口头语言作为认知工具的缺点和不足。以《圣经》中关于大洪水的传说为例。试想，当21世纪的人目睹一场毁灭世界的大洪水的时候，他们本能的反应是拿出手机拍摄视频，然后分享到朋友圈。然而，倒回几万年前，当早期人类遭遇一场毁灭性的大洪水时，他们不仅没有手机，也没有文字、纸张和笔，他们只能用原始的口语表达（编码），用头脑记忆（记录），张嘴把这件事情讲给后人听。在一代代人口口相传的过程中，由于遗忘或为了迎合听众而添油加醋，这件事情的内容逐渐走样、变形。原本的事实逐渐变成了故事，故事又变成了神话传说。2003年，BBC拍摄的纪录片《诺亚方舟：一个真实的故事》就还原了诺亚方舟和大洪水背后的真实故事。

施里曼的考古发现是古典学研究中一个重大的转折点，也彻底改变了人们对口传史诗的认知，推动了对早期口传史诗的研究。19 世纪以来，研究者将《圣经》《荷马史诗》《吉尔伽美什》等口传史诗的内容与新的考古发现相互参照，成为研究人类早期历史的一种重要的方法。今天，犹太人的历史中就包含很多来自《圣经》的内容。

二 基于口头语言的“通用框架方法”

施里曼对《荷马史诗》的考古发掘表明，口头语言作为最早发明的一种“认知工具”，是一种粗糙的、带有明显缺陷的认知工具，其性能无法与后来的手工抄写、印刷技术、互联网等媒介技术相比。然而，作为第一种支持人类表达、沟通与交流的媒介技术，口头语言仍然为人类记录自然和社会现象、探究知识提供了一套表征、汇集、表达和传播知识的“通用框架方法”。

1. 为事物命名

在图 2-1 中，智人 A、B、C 为了分享他们关于植物的知识，必须为植物 1、植物 2、植物 3 命名，有了名字以后，人们就可以讨论“不在场”的事物。从婴幼儿的语言习得可以观察“命名”对智人认知发展的影响。

婴幼儿在学会说话以前，如果不小心把头磕到桌子上，就会拉着大人的手，走到桌子边上，指一指桌子，再指一指自己的头，以这种物品“在场”的交流方式，告诉父母“头磕到桌子”这件事。等孩子学会说“桌子”这个词以后，再遇到类似的情形，其就会指着自己的头说“桌子”，从而在桌子“不在场”的情况下，表达“头磕到桌子”这件事。当他/她进一步学会了“磕”这个动词以后，就可以完全依靠口头表达，来描述发生过的事情。

语言习得导致的从物品“在场”的表达向物品“不在场”的符号表达

的过渡，是早期智人认知的一次飞跃，也是儿童思维发展的一个最重要的阶段——从具象思维过渡到依赖符号表达的抽象思维。

2. 汇集人类认知

在口传时代，人类如何把分散在各地的人类观察收集、积累和编纂在一起的？对此，现在仍然缺乏了解。中世纪传教士在去往不同地方传教的过程中，会将一路所见所闻记忆（记录）下来。当传教士在宗教节日回到教堂聚集在一起交流、探讨的时候，这些见闻就以某种方式“编织”进入原有的记录体系中。

现代人对于口传史诗形成过程的了解主要来自对最早抄写在莎草纸、羊皮纸上的《荷马史诗》和《圣经》的文本分析。《圣经》显然是一系列口传短故事的合集，bible 一词来自亚历山大城时期的希腊文 tabiblia，意思是书籍（复数）。佛经和《古兰经》等经典最早也是分别由释迦牟尼、穆罕默德口授给弟子，后来由弟子按照记忆整理出来的。

由此推断，在口传时代，《荷马史诗》这样的口传史诗中的内容也经历了类似的采集、汇集和编织的过程。

3. 对自然现象的理论解释：诉诸神灵

人类不是（也不可能）在数据收集齐全的时候才提出理论假说，相反，人类是一边收集数据，一边提出理论解释。有一个证据，就提出一个理论假说；增加一个证据，就把不合理的理论假说推翻，再基于新的数据提出新的理论假说。理论是动态发展的。

与印刷技术时代的科学革命相比，口传时代的人对于自然现象、人的生老病死的观察、数据的积累少得可怜。因此，当自然现象的必然性和偶然性得不到合理解释的时候，他们就把一切诉诸神灵，用神仙发怒、阴曹地府等来解释雷雨、闪电、人的死亡等现象，建构形成了孔德（Auguste Comte）所谓的“神话思维”。

4. 史诗：编制和组织内容的修辞结构

口传媒介的最大缺陷就是记录不准确，容易遗忘。为了避免遗忘，提高记录的准确性，口传时代使用富有韵律的套语、箴言、俗语等作为表达方式。韵律是一种辅助记忆的手段，也是口传时代的一种表达技术。世界各民族的早期文学作品都是唱出来的，《诗经》是唱出来的，中国古代的词牌也是一种带有特定调式的曲谱的名称。

在口传时代，为了保存大段内容必须设计出一种能够应对遗忘、尽量保持记录准确性的修辞手段，用以编织故事和组织知识。口传时代编织内容的主要形式，就是口传史诗。《荷马史诗》就是用富有韵律的套语组织和表达的一部重要的文学作品。当时，无论哲学、自然、地理、历史知识都是用吟诵诗歌表达出来的。

关于口语表达修辞的特点，沃尔特·翁有这样的描述。

> 在原生口语文化里，为了有效地保存和再现仔细说出来的思想，你必须用有助于记忆的模式来思考问题，而且这种思维模式必须有利于迅速用口语再现。在思想形成的过程中，你的语言必然有很强的节奏感和平衡的模式，必然有重复和对仗的形式，必然有头韵和准押韵的特征；你必然用许多别称或其他的套语，必然用标准的主题环境（议事会、餐饮、决斗和有神助的英雄等）；你必然用大量的箴言，这些箴言必然是人们经常听见的，因而能够立刻唤起记忆，它们以重复的模式引人注意，便于回忆；你还必须用其他的辅助记忆的形式。
>
> 长时期基于口语的思想表达，即使并非诗歌，往往也极富节奏，因为节奏有助于回忆，即使从生理上看也是如此。……套语有助于人增强话语的节奏感，同时又有助于记忆，套语是固定词组，容易口耳相传。在原生口语文化中，套语纷至沓来，它们构成了思想的实质。没有这些套语，大段口语的表达绝不可能成立，因为思想就寓于这些语言形式之中。[①]

---

① 〔美〕沃尔特·翁：《口语文化与书面文化：语词的技术化》，何道宽译，北京大学出版社，2008，第25~26页。

5. 基于口传媒介的“通用框架方法”

综上所述，在口传媒介“硬”技术的基础上，人们建构了由口语词、富有韵律的套语和史诗构成的表征、修辞“软”技艺。口传媒介的“硬”技术和“软”技艺合在一起，构成了口传时代的“元认知”工具——一种在口传时代生产、加工知识的“通用框架方法”，如图 2-2 所示。

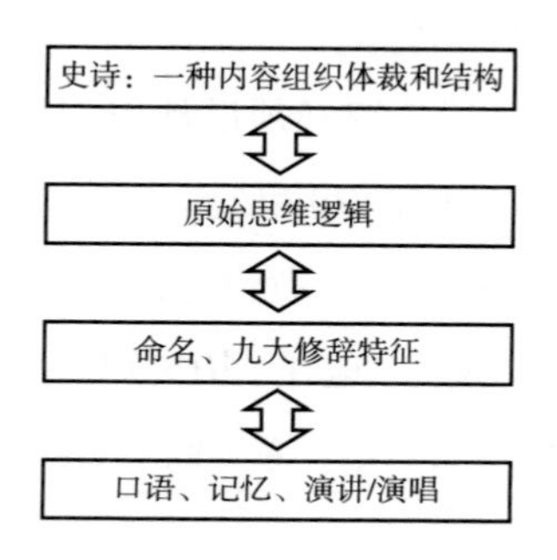

图 2-2　口传时代的“通用框架方法”

三　对口语修辞的研究：两种路径

现代人很难回到原生口语环境中，去研究口语修辞的形成过程和表达特征。科学家们采用两种途径来研究口传时代的修辞特征。

1. 口语修辞的两种研究路径

第一，研究早期书面文本的表达特征。按照“新瓶装旧酒”的媒介变革理论，最早写入“新媒介”的都是“旧内容”，所以，通过研究早期写在莎草纸上的文本就可以研究口语表达的修辞特征。米尔曼·帕利（Milman Parry）和埃里克·哈弗洛克就采用了这样的研究路径，并取得了举世瞩目的成果。

第二，寻找偏远的、与世隔绝的无文字原始部落开展人类学研究。这方面的经典研究包括剑桥大学教授杰克·古迪对尼罗河流域的无文字原始部落的人类学研究；法国结构主义大师克劳德-列维·斯特劳斯（Claude Lévi-Strauss）对亚马孙河流域与世隔绝的无文字部落的人类学研究；以及苏联学者卢利亚 1931~1932 年在苏联偏远的乌兹别克和吉尔吉斯地区所做的田野调查，他研究了文盲（口语文化）和半文盲的认知特征。

2. 对口语修辞的研究

米尔曼·帕利对《荷马史诗》的研究显示，荷马是用一些固定的反复使用的套语来编织诗歌。他说，荷马靠一些预置的片语编制和拼凑，他不再是一个创新的诗人，而是一个装配线上的工人。不仅诗人，当时整个口语知识界或思想界都依靠这样的套语来构建思想。

埃里克·哈弗洛克的《柏拉图导论》显示，一直到柏拉图的时代，古希腊人才有效地内化了文字，这距离公元前 9 世纪末至公元前 8 世纪初发明希腊字母表已经过去了好几百年。[①]《柏拉图导论》令人信服地证明，希腊哲学的萌芽与文字对希腊思想的重构紧紧地联系在一起。在稍后出版的《西方书面文化的源头》里，哈弗洛克认为，希腊人分析思维水平的提高是由于希腊字母表首创了元音。发明元音之后，希腊人的思维水平达到了一个新的高度，抽象、分析和视觉的编码锁定了难以捉摸的语音世界。[②] 这是希腊人哲学思维萌芽的重要媒介技术前提条件。

杰克·古迪的研究表明，迄今为止从巫术到科学的转变，或者从所谓“前逻辑”到日益“理性”的意识的转变，或者从克劳德-列维·斯特劳斯所谓的“野性”思维到驯化思想的转变——所有这些可以用口语文化到书面文化各阶段的转变来解释。[③]

① 〔美〕沃尔特·翁;《口语文化与书面文化：语词的技术化》，何道宽译，北京大学出版社，2008，第 16~17 页。

② 〔美〕沃尔特·翁:《口语文化与书面文化：语词的技术化》，何道宽译，北京大学出版社，2008，第 20 页。

③ 〔美〕沃尔特·翁:《口语文化与书面文化：语词的技术化》，何道宽译，北京大学出版社，2008，第 21 页。

3. 传播场景对口语修辞的影响

需要特别指出的是，口语修辞还受到传播场景的影响。口语传播是一种同时在场的传播，与书面阅读大不相同。吟诵诗人站在舞台中间，面对现场的一群观众，以表演的形式吟唱史诗。为了避免冷场，一个精明的口传叙事者经常会按照周围观众的反应，随机应变地调整和处理素材。久而久之，那些战败部落的族谱失去了听众，慢慢地从口传故事中消失了，政治赢家的族谱更易于流行和传承。

口语传播的这种场景化特征，与书面阅读和屏幕阅读有着显著的差别。图书和屏幕都是“去情境化”的阅读空间，可以反复阅读、反复与文字“对话”，静静地思考。这个差别对于我们理解口传媒介和手工书写、印刷技术的差别，以及由此带来的不同的社会组织方式、知识生产体系等，都是一个重要的影响变量。

四　口语修辞的九大特征

沃尔特·翁在米尔曼·帕利、埃里克·哈弗洛克、杰克·古迪和克劳德-列维·斯特劳斯等人对口传文明研究的基础上，撰写了《口语文化与书面文化：语词的技术化》，这是世界上最权威的一部研究口传媒介的著作。在这本书中，沃尔特·翁提炼出口语修辞的九大特征①，帮助我们理解口传时代人们的表达方式和思维特征。

1. 附加的而不是附属的

口语社会里的人往往将信息一条一条附加在后面，而不是把它们组织成金字塔形的等级结构，就像儿童讲故事时经常说的“然后……然后……然后……”，只罗列而不加解释。

---

① 九大特征的内容改写自〔美〕沃尔特·翁《口语文化与书面文化：语词的技术化》，何道宽译，北京大学出版社，2008，第27~43页。

2. 聚合的而不是分析的

作为一种早期的符号表达系统，口头语言没有书面语那么精致而灵巧的语法，它的主要构成就是套语和箴言。吟诵诗人用大量固化的套语把重要的信息聚合在一起，比如“美丽的公主”“勇敢的武士”“油滑的威利”之类的陈词，“谋事在人，成事在天”“小洞不补，大洞吃苦”之类的格言警语等。

3. 冗余的或“丰裕”的

与书面语的清晰简洁相比，口头语言的表达是冗余的、“丰裕”的。在大庭广众演讲的场景下，冗余是一种受欢迎的技巧。因为并非每个人都能听清楚演讲者的每一个词，演讲者把同样的话或类似的话重复两三次会受到听众的欢迎。在用其他声音替代口语交流的情况下，冗余更为严重。非洲人用鼓语交流的时候，平均所用的词汇量是口语交谈的 8 倍。修辞学家把这种表达手法叫作“丰裕”。

相比之下，书写是一个慢速过程——大约是说话速度的 1/10，因此头脑有机会斟酌和处理冗余的信息。[①] 阅读的时候，头脑是一个线性的、向前推进的过程，偶尔有看不懂的文字，可以停下来，反复观看纸上的文字。这体现了书面文字的线性的、分析的思维特征。

4. 保守的或传统的

在原生口语文化中，如果符号化的知识不用口诵的办法重复，很快就会消亡。所以，口语文化中的人必须反复吟诵世世代代辛苦积累的那些生活智慧。听众的热情回应是故事的完整组成部分之一。因此，吟诵诗人每一次讲故事的时候，都要因时、因地、因人对内容进行适当的调整。在口语传统

① 〔美〕沃尔特·翁：《口语文化与书面文化：语词的技术化》，何道宽译，北京大学出版社，2008，第 30 页。

中，故事重复的次数越多，变异就越多。

知识来之不易，口语社会非常尊重阅历丰富的老人，这些老人熟悉并能讲授祖祖辈辈传下来的古老故事，肩负着保存知识、传授知识的职责。这种保存、记忆和传承的压力，以及迎合观众的演讲风格，使口语修辞整体显示保守、传统的倾向。

5. 贴近人生世界的

口语文化缺乏分类和视觉化的表达手法，因此不得不贴近生活，采用人们熟悉的、即时的、互动的方式来表达客观世界。口语文化中也不存在操作指南之类的东西，对操作技能的描述也嵌入故事情境中。

6. 带有对抗色彩的

口语文化具有超常的对抗性，口头对抗是撑起一大段内容的支架结构。口语故事中的人物相遇时，经常自吹勇武威猛，吹嘘自己在舌战中痛击对手。在声音你来我往的问答中，辨识和展开需要讨论的各种因素，这进一步加剧了口头对话中的对抗色彩。口语文化中还有与谩骂相反的另一面——慷慨的赞扬，口语文化中处处可见这样的赞誉之辞，以至于给书面文化的人留下了“口语演讲不真诚、浮华、狂妄”的印象。

7. 移情的和参与式的，而不是与认识对象疏离的

在书面修辞中，人们经常争论的一个问题是：什么是事实？“事实”这个词体现了书面文化中人与认知对象之间的疏离。在口语文化中，表达的要义是贴近对象，与之互动，达到与之产生共鸣和认同的境界。

吟诵诗人在表演中经常无意识地用第一人称描写英雄的壮举，这种代入感会带来大量主观性的表达。演讲中经常出现叙事人、听众和史诗中的人物三位一体的现象。吟诵诗人既是叙事人，也是史诗中人物的表演者，还要用观众的语气提问，以推进故事向前发展。因此，口语文化必须是移情的和参与式的，而不是疏离、客观的。

8. 衡稳状态的

口语社会没有词典来固化语词的定义，也没有书本用来温习历史，口头表达会随着世界的变化而调整。换句话说，口语文化中的人一直都活在“当下”，他们通过不断舍弃与当下无关的记忆，制造出一种没有过去也没有未来的、衡稳不变的生活状态。

20 世纪初，英国人类学家用书面语记录了尼日利亚的梯夫人（Tiv）在口头断案时使用的部族谱系。40 年后，当英国学者重回当地时，发现梯夫人的部族谱系已经发生了很大的变化。但梯夫人坚信，他们使用的部族谱系和 40 年前一样，英国人早期的记录是错误的。实际情况是，随着社会状况和社会关系的变化，梯夫人对谱系进行了调整，但是，“活在当下”的梯夫人舍弃了那部分过时的记忆，认为他们的族谱一直都没有变。

另一个例子是加纳的贡雅人（Gonja）。根据英国人类学家在 20 世纪初的笔录，当时贡雅人的口传诗歌显示，贡雅国国王有 7 个儿子，每个儿子治理一方领地。60 年后，当他们重回当地时，发现在贡雅人的神话中，国王只有 5 个儿子，有一块领地被合并了，另一块领地随着边界的变化消失了。贡雅人的神话仍然在顽强地传承着部族的历史，但是与当下无关的那部分内容就这样消失了。

9. 情景式的而不是抽象的

在口语社会里，人们在交流时一般不会使用抽象的词汇和概念，而是用具体的物体名称。比如，人们一般不会用圆形、方形等抽象的词汇来表示形状，而是用具象的盘子、门等物体的名称来给形状命名。卢利亚在一些地区进行的人类学研究揭示了基于口语的原始思维的特征。

五　基于口语的原始思维

1931~1932 年，卢利亚接受了苏联杰出的心理学家列夫・维果斯基（Lev Vygotsky）的建议，对一些地区文盲和半文盲的认知特征进行了研究。他设计了一个从文盲到不同识字水平的分级系统，用来描述受访者的文化水平和认知特征。他的研究清楚地展示了“基于口语的类别，基于文字的类别”的完整智力分布谱系。

卢利亚发现，与识字的人相比，只具有听/说能力的文盲的认知有以下特点。

1. 具象，而不是抽象

文盲受访者在辨认几何图形的时候，倾向于用盘子、木桶、手表、月亮、房门、镜子等事物的名字来命名，他们和具象的客体打交道，而不使用圆形、方形等抽象的概念。而具有读写能力的师范学院的学生则能够准确地辨认几何概念，而不会用真实物体的名字来描述几何图形。

2. 缺乏抽象分类能力

研究者向被试者出示 4 张图，例如铁锤、锯子、圆木、斧头，让他们分类。一个只读过 2 年小学的年轻人，很容易就指出其中 3 种属于工具，另一种不是工具。而文盲则始终无法进行分类，认为，“它们都一样，锯子锯木头、斧头砍木头……斧头干木工活不如锯子好”。文盲倾向于把对一个物品的描述嵌入生活情境中，他们的认知停留在情景式思维的水平。抽象分类对于他们来说是难以理解、难以接受的。

3. 不具有逻辑推理能力

卢利亚研究了文盲对三段论推理的反应，发现这些不识字的被试者，根本就不具有推理的能力。三段论是一个自足、固化、严谨的文本结构，其结论只能从前提演绎而来，没有经过文字训练的人很难理解其中的基本规则。

卢利亚设计了几个推理问题。例如，“贵重金属不会生锈。黄金是一种贵重金属，黄金会不会生锈？”文盲的回答或是关于前提（“贵重金属会生锈吗？”），或是关于结论（“贵重金属会生锈，贵重黄金会生锈”），很少能识别其中的逻辑关系。另外一个问题：“在遥远的北方总是有雪，熊全是白色。某人在遥远的北方生活，那里总是有雪，熊是什么颜色？”文盲的典型回答是“不知道”。还有的被试者说，要看到了才能知道是什么颜色。

4. 不会给事物下定义

卢利亚设计了一系列测试题，例如，“解释什么是一棵树”“假如你去的地方没有汽车，你怎样告诉别人汽车是什么”等。对此，文盲的回答是“人人都知道树是什么，我不需要告诉他树是什么”，或者“钻进汽车去兜风，你就知道汽车是什么了”。相比之下，一个识字但文化水平不高的工人却会努力地描述：“汽车是工厂生产的。汽车跑一趟的路程，马要 10 天才跑得完。它用火和蒸汽，蒸汽给机器力量……。”其对汽车的描述不但是对外表的描述，而且试图介绍它的工作原理。

5. 缺乏自我分析能力

自我分析要求一个人从第三者的视角打量和审视自我，这样就打破了口语文化中人与情景相融合的情景式思维。文盲倾向于通过外部特征来描述自己，比如，其来自什么地方、什么家族、婚否、有无孩子、种植什么和收成如何等。当研究者追问：人“是不一样的——有的人沉着冷静、有的人性子急等，你认为自己是怎么样的?”时，文盲回答说：“这你得问别人，我怎么能谈自己的脾气呢?”

综合上述研究结果，卢利亚得出了下面的结论：“口语文化不能对付几何图形、抽象分类、形式逻辑推理和下定义之类的东西，更不用说详细描绘、自我分析之类的东西，因为这些东西不仅仅是思维本身的产物，而且是文本形成的思维的产物。”①

第四节 口传媒介与教育

口头语言的出现开启了大众化的听/说素养（Oracy）的教育。有记载的

① 〔美〕沃尔特·翁：《口语文化与书面文化：语词的技术化》，何道宽译，北京大学出版社，2008，第 42 页。

最早的大众教育出现在从口传到文字书写的变革时期，出现在“轴心时代”。当时，古希腊的伯里克利用戏剧向大众传达城邦治理的民主思想，智者派创办了修辞术学校，苏格拉底在公开市集上与弟子展开对话式教学。在中国，出现了孔子的问答式教学。当时，东西方都已经出现了文字和书写，但尚未普及。孔子述而不作，而苏格拉底则推崇口头辩论，反对书写，他们的教育思想都是借由弟子的整理才传承下来。孔子的弟子编写了《论语》；苏格拉底的思想是依靠柏拉图的“对话录”才流传到今天。

孔子和苏格拉底都采用口头语言作为教育技术，采用对话作为教学方法。尽管都采用口头对话开展教学，孔子和苏格拉底的对话风格仍然存在明显的差别，显示了东西方教育“根性”[①] 的不同。

一　孔子的问答式对话

孔子（见图 2-3）生活在一个礼崩乐坏的年代，社会秩序混乱。孔子非常推崇周礼，希望培养具有良好道德的人，重塑社会秩序。所以，孔子的教育目标是把学生塑造成符合“礼”的规范的君子。

图 2-3　孔子

孔子与弟子的对话，主要是学生问，老师答。下面两段对话，显示出孔子对话教学的特点。

① “根性”一词，参见潘岳《战国与希腊：中西方文明根性之比较》，《文化纵横》2020 年第 3 期，第 14~31 页。

子贡：君子亦有恶乎？

子：有恶：恶称人之恶者，恶居下流而讪上者，恶勇而无礼者，恶果敢而窒者。

子：赐也，亦有恶乎？

子贡：恶徼以为知者，恶不孙以为勇者，恶讦以为直者。

（《论语·阳货》）

子贡：贫而无谄，富而无骄，何如？

子：可也。未若贫而乐，富而好礼者也。

子贡：《诗》云，“如切如磋！如琢如磨”，其斯之谓与？

子：赐也！始可与言《诗》矣！告诸往而知来者。

（《论语·学而》）

二 苏格拉底的“产婆术”

苏格拉底（见图 2-4）在与学生的对话中，很少直接回答学生的问题，而是采用追问和反问的形式，不断揭示对方谈话中自相矛盾之处，从而引导学生逐渐从个别化的感性认识上升到普遍的理性认识。苏格拉底的母亲是个助产婆，苏格拉底把自己比喻为“精神上的助产士”，即帮助别人产生他们自己的思想。因此，苏格拉底的这种对话风格被称为“产婆术”。

例如，在柏拉图《理想国》中，苏格拉底和美诺关于美德的对话。①

美诺（以下简称“美”）：美德究竟是从教诲获得，还是从实践中获得？

苏格拉底（以下简称“苏”）：对不起，我连你所谓美德究竟是什么，都不知道，怎能回答如何获得美德问题呢？你能回答美德是什么吗？

① 陈桂生：《孔子“启发”艺术与苏格拉底“产婆术”比较》，《华东师范大学学报》（教育科学版）2001 年第 1 期，第 7～13 页。

图 2-4　苏格拉底

美：回答这个问题并不困难。男人的美德是管理国家，女人的美德是管理家务……不管男女老少、奴隶还是自由人，都各有不同的美德。

苏：我问的是美德是什么，你回答的却是各种不同的美德。就好像问你什么是蜂的一般本性，而你回答各种不同蜂之间的区别一样。蜂作为蜂，彼此之间有区别吗？

美：没有。

苏：那么，不论美德有多少种，要回答的是它们的共同本性是什么，你明白吗？

美：开始有点明白了。我还没有像我所希望的那样把握这个问题。

苏：美德作为美德，男女老少都一样吗？

美：我感到不一样。

苏：你不是说男人管理国家，女人管理家务吗？

美：是这样说过。

苏：不论家务、国家或别的什么，若不施以节制和正义能管理吗？

美：不能。

苏：你认为美德是什么呢？

美：美德是支配人类的力量。

苏：小孩子能够支配他的父亲吗？奴隶能够支配主人吗？

美：不能。

苏：你说美德是支配力量，你不加上正义的和并非正义的吗？

美：是的，应加上。因为正义是美德。

苏：你说是美德，还是一种美德？

美：是的，除了正义，还有勇敢、节制、智慧、豪爽之类美德。

苏：但我们还没有找到贯穿在这一切美德中的共同美德啊！

美：甚至现在我也还不能照你的意思去得出一个美德的共同概念，像发现别的东西的共同概念一样。

苏：别惊讶！如有可能，我将设法去接近这种概念。因为你已经知道一切事物都有一个共同概念……

苏：那么，美德是什么呢？

美：现在，我赞成诗人的说法：美德是对高贵事物的向往和获得这种事物的能力……

从这段对话可以看出，苏格拉底没有直接回答美诺的问题，而是通过一系列的反问、追问，逐一澄清了美德的种类、不同人的不同美德、美德的一般定义，以及美德的约束条件等与“美德”概念相关的问题。在苏格拉底的追问下，美诺最后认识到，“我也还不能照你的意思去得出一个美德的共同概念”。

这段对话充分显示了苏格拉底作为第一个对事物下定义的哲学家，力求在“符号—事物”之间建立清晰、准确的对应关系，只有这样，借助符号的讨论，才是有意义的，才能帮助我们认知、讨论现实世界的问题。“符号—事物”之间的矛盾和张力关系，是批判性思维的核心。

三　批判性思维：回到知识的源头

1. 批判性思维：“符号—事物”之间的关系

苏格拉底被认为是第一个对事物下定义的哲学家，苏格拉底对话中对概念含义的反复讨论，实际上体现了批判性思维的精髓。

第一章在讨论人类认知的两个约束条件时，曾指出，认知客体——无论大自然还是社会事件，都是“不能言说的”。对事物“下定义”就是用符号来表征“不能言说的”认知客体，“定义”相当于在符号世界中建立了一个现实世界中客体的映射，借此在事实与符号之间建立一种对应、连接关系，如图 2–5 所示。

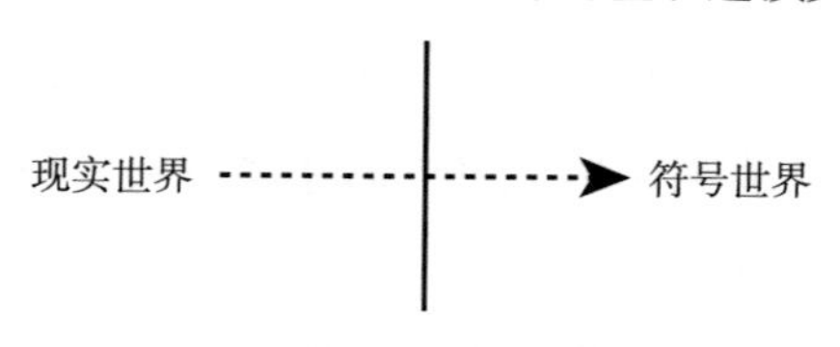

图 2–5　现实世界与符号世界

假如把“符号世界”看作一个信息系统的话，对“认知客体”的定义，就相当于信息系统的输入接口。如果对“认知客体”的符号化表征——定义得恰当，那么在符号空间中的讨论，才能对应现实世界，增加人类对认知客体的了解，甚至进一步提供干预、改进的措施。相反，如果对“认知客体”定义得不好，“符号—事实”相互脱节的话，符号空间中的讨论就变成了空对空、无意义的文字游戏。

在 21 世纪的今天，“苏格拉底对话”的原则正在遭遇数字技术带来的严峻挑战。自计算机发明以来，论文写作效率提高，论文数量大增。对论文发表数量的追求遮蔽了对“概念—事实”关系的严谨追问。同一个“概念”（符号）指涉 8 种不同的事物、8 个不同的概念指向同一件事物的情况，比比皆是。新概念、新思想的层出不穷，已经导致了一种在符号空间中“空转”的“学术空心化”状况。ChatGPT 等生成性人工智能技术的问世，进一步降低了文本生产的成本，提高了文本生产的效率。内容泛滥反而增大了人们的认知负担。

因此，在 21 世纪的今天，回到知识的源头，重新思考“苏格拉底对话”，有着特别重要的意义。

2. 苏格拉底对话作为一种教学方法

苏格拉底对话将老师和学生带回概念的源头、审视一门课程的根基，是培养批判性思维的主要方法，在西方这种教学方法已经沿用了2000多年。哈佛大学视频公开课《公正：该如何做才好?》[1] 开篇那个著名的“电车难题”，就是一个苏格拉底教学法的经典案例。

在《公正：该如何做才好?》第一节课上，桑德尔（Michael J. Sandel）教授并没有像上一般的伦理课那样，一开始就给学生提供一个“公正”的标准定义，而是采用“电车难题”，把“公正”这一概念置于复杂的社会情境下，让学生去思考“公正—事实”之间的复杂联系。

“电车难题”将“多数人正义”这一常见的对“公正”的理解，简化成了“5∶1”的模型，即5个人的利益和1个人的利益的权衡，然后设计了以下几种不同的场景，让学生判断在下列情形下，是否支持“为了多数人的利益，可以牺牲少数人的利益”的选择。

- 刹车失灵，司机是否应该改变方向，撞死1个人，而挽救5个人的性命?
- 刹车失灵，桥上的看客是否可以把一旁的胖子推到铁轨上，阻挡列车，以挽救5个人的性命?
- 发生了一场车祸，1个重伤病人和5个轻伤病人被送到医院，医生应该先救谁?
- 医院里有5个等待器官移植的病人和1个体检的健康人，医生是否可以把健康人的器官移植给5个病人，从而牺牲1个健康人、救活5个病人?

“电车难题”引导人们警惕教科书上那些经典的理论：我们背会了并在考试中答对的那些概念和理论，反映了现实世界中的真实困境吗?“符号—事实”之间存在的这种永恒的矛盾和张力，是批判性思维（Critical Thinking）的本质和核心。

[1] 哈佛大学视频公开课《公正：该如何做才好?》，https：//www. bilibili. com/video/BV1wx411S7fK/? spm_ id_ from=333. 337. search-card. all. click。

四 口语对人的认知发展的重要意义

口头语言的出现给原始智人带来了一场认知革命。同样，口头语言的习得也对人一生的认知发展有着决定性的影响。婴儿学会说第一句话是人一生认知发展的一个重要的里程碑。

在此之前，婴儿已经观察过无数的表情，听大人说过很多话，也咿咿呀呀地尝试着发出各种声音。某一天，当其清晰地发出 mama 的声音时，大人惊喜的表情，形成了一种正向的强化反馈。这一刻，在婴儿的头脑中形成了两个认知模型。

- “mama”与妈妈（具体的人）之间的对应关系。
- 某些符号有着特殊的意义，即存在一个“符号—事物”的对应关系。

此后，儿童学习口头语言的速度就大大加快了。

人们公认，婴儿早期的语言习得对其一生的发展有着决定性的影响。但是，没有哪位研究者敢于通过设计婴儿早期的语言环境，来了解婴儿的语言学习过程，证明语言习得对其认知发展的影响。这样做严重违背了科学研究的伦理道德。一些历史上发生的偶然事件能够帮助我们间接地了解语言习得对儿童智力发展的影响。

1. 海伦·凯勒

美国电影《海伦·凯勒》中，海伦·凯勒学习手语的经历，间接地展现了儿童的语言习得过程。

海伦·凯勒小时候，因为一次高烧失明及失聪。她的家庭教师安妮·莎莉文女士花费了大量时间，用盲人手语教海伦识字。她接触了很多手语单词，但一直不明白是什么意思。直到有一天，莎莉文老师把海伦的手放在水管下面，一边让她感受着水流，一边重复地在她手上写“water”这个单词，那一刻，她终于顿悟了符号跟水的对应关系，建立了“符号—事物”的认知模式，也引起了她对之前手语的回忆。就这样，认知之光照亮了她无光无声的世界，使她成为一代伟大的作家。

2. 法国《野孩子》和中国的“沙袋育儿法”

与海伦·凯勒的经历相反，如果婴儿没有受到足够的语言符号的刺激，未能建立“符号—事物”对应的认知模式，将影响他/她一生的智力发展。法国大革命期间发现的“野孩子”和20世纪80~90年代在中国河北、山东等地流行的“沙袋育儿法”就是这样的典型案例。

法国大革命期间，法国人在森林里发现了一个野孩子。这个男孩像动物一样独自生活了几年，为哲学家提供了一个未被社会污染的人类天性的范本。野孩子被捉住带到巴黎，由珍·马克·伊塔（Jean Marc Itard）医生照顾。医生给野孩子取名维克多。接下来的5年，伊塔医生全身心地照顾和教育维克多，教他吃东西，教他使用洗手间，教他说法语。然而，维克多的声带就像未得到锻炼的肌肉一样，他虽然努力练习发音，但始终没有学会说话。①

20世纪80~90年代，中国的河北、山东等地流行“沙袋育儿法”②。父母将当地特有的一种沙子经过日晒、火烤和炒热等处理后，装入布袋中，将婴儿的下半身放进沙袋里，代替尿布。他们认为这种养育方式既经济节约又省事省力。后来，心理学家对“沙袋孩子”的智力水平进行了测试，结果发现因为缺少父母的抚慰交流，缺少语言的刺激，“沙袋孩子”的智力水平普遍比正常孩子低。

这些特殊的案例告诉我们，婴儿的语言习得对他/她成年后的智力发展有着重要的影响。在婴幼儿期，养育的重点应该放在使其多看、多听、多说，以及通过触摸等方式，培养其对自然和人的好奇心和亲切感。在互联网时代，即使技术再发达，也不能把孩子交给AI（机器人或者系统）老师，不能用AI替代人类父母、教师的养育。否则，很可能培养出新一代的“沙袋孩子”。

---

① 约翰-保罗·戴维森导演《语言星球》（*Fry's Planet Word*）第1集，2011。

② 梅建：《“沙袋养育儿”的智力分析研究》，《心理科学》1991年第1期，第44~46页。

第五节　口语文化的遗存

口语文化并没有随着希腊字母的出现而消失，相反，由于莎草纸供应不足、手工抄写“出版”的图书数量有限，口语文化传统在西方有着漫长的历史。一直到中世纪和近代早期，在欧洲以及世界大多数地区的文化生活中，口语还占据着主导的地位。18~19世纪，口语素养（Oracy）仍是欧洲文化人的一种基本素养。路德、卢梭、尼采等西方文化名人的维基百科词条中都有“音乐家”的标签，这一方面显示了他们的多才多艺，另一方面则显示了口语素养在欧洲文化中的基础地位和长期影响。就像今天的读写能力一样，是一种文化人必备的基本素养。

20世纪以后，随着广播、电视和互联网的出现，艺术家和政治家走进了演播室，通过无线广播向广大的观众、听众表演和发表演讲，口语修辞又一次复兴，人类社会迈进了“次生口传时代”。智能手机上的喜马拉雅、得到等音频类App，也是互联网时代的一种“次生口语”产品。

一　中世纪的口传修辞

由于莎草纸、手抄书供应不足，中世纪仍然倚重口头表达。不仅如《伊利亚特》这样的史诗故事采用了口传修辞，就连《圣经》的神圣教诲、数学和科学知识也都采用了富有韵律的诗歌表达形式。在漫长的口语文化的历史进程中，欧洲各民族探索了各种各样的声音元素、声音组合和音乐调式等，为近现代西方交响乐、歌剧和音乐剧的编写提供了声音元素和音乐调式方面丰富的历史素材。

1. 基督教的圣歌[①]

基督教发展过程中，就大量使用圣歌、圣诞歌曲等作为传播教义的修辞

---

① 这部分内容参考了Wikipedia，Gregorian chant，https：//en. wikipedia. org/wiki/Gregorian_chant。

手段。歌唱一直是基督教礼拜仪式的一部分。《新约马太·福音》记录了基督徒在“最后的晚餐”期间唱赞美诗：“他们唱完了赞美诗，就去往橄榄山。”3世纪，在罗马教廷的仪式中开始使用圣歌等音乐元素。4世纪初，圣安东尼（St. Anthony）带领僧侣在非洲沙漠苦修的时候，由于条件艰苦，只能以每周唱完150首赞美诗的连续唱诵法，来学习《圣经》教义。公元520年，本笃修会创建了“圣本笃规程”，规定了修道院使用的神圣音乐的标准套式。约公元872年，一位音乐作者在广泛收集不同地区的圣歌的基础上，建立了教堂礼拜中圣歌的统一标准，这套正式的圣歌被称为“格里高利圣咏”。

《格里高利圣咏》是为宗教礼拜活动服务的，它采用无伴奏的纯人声（男声）歌唱的单声部音乐形式，以拉丁文为歌词，歌词主要来自《圣经》和诗篇，音乐服从于唱词。《格里高利圣咏》既可以在宗教节日时按序列演唱，也可以在日常宗教教育中作为一种背诵《圣经》的学习方法。一直到15~16世纪，神学院学生马丁·路德和他的同伴，仍然靠每天长时间地咏唱圣诗来学习神学经典。①

2. 数学和科学知识也采用诗歌体

为了便于记忆，中世纪所有的知识采用口传诗歌的修辞文体。公元771年前后，阿巴斯王朝第二任哈里发曼苏尔邀请印度学者代表团访问巴格达智慧宫，印度人带来了珍贵的梵语科学典籍，包括印度人关于天体、数学和其他科学的所有知识，都是使用诗体语言书写的。② 14世纪，英格兰-诺曼人有一种讲“十进制”的书，包含137对押韵的对句，多半是10音步古语法句子。③

---

① 大卫·巴蒂导演《马丁·路德：改变世界的观念》（*Martin Luther: The Idea that Changed the World*）第1集，2017。纪录片介绍了路德和他的同学在礼拜日，全天7小时咏唱圣诗；在学习期间，每一天都要集合唱赞美诗，念祷告词。

② 〔美〕乔纳森·莱昂斯：《智慧宫：阿拉伯人如何改变了西方文明》，刘榜离、李洁、杨宏译，新星出版社，2013，第110页。

③ 〔美〕伊丽莎白·爱森斯坦：《作为变革动因的印刷机：早期近代欧洲的传播与文化变革》，何道宽译，北京大学出版社，2010，第291页。

二 次生口传时代

沃尔特·翁把印刷机发明以前的口语文化称为原生口语文化，把电子通信技术出现以后的口语文化称为次生口语文化。[①]

在原生口传时代，人与人的交流范围局限于原始部落；而在次生口传时代，口头表演和演讲则可以传播到世界各地，形成了麦克卢汉所谓的“地球村”（Global Village），文化产品的出版和传播变成了一种世界性的现象。美国歌手鲍勃·迪伦和披头士的歌曲就通过无线广播传遍了整个世界。

原生口语是一种单模态的声音表达；次生口语则是一种融合了文字、声音、图像、视频等多种表达模态的新表达形式。与文字相比，融合了语言、图像、动作语言、场景的次生口语表达具有跨文化传播的优势，成为营造国家形象、打造国家软实力的一种重要工具和途径。好莱坞电影、皮克斯动画片、日本动漫、韩剧和中国网络文学等在全球市场的消费与传播，就是次生口传时代世界文化传播的成功案例。互联网和生成性人工智能技术的发展，将进一步推动全球多模态的次生口语文化的发展。

2016 年，瑞典文学院将年度诺贝尔文学奖授予鲍勃·迪伦[②]，在新闻发布会上，记者问瑞典文学院的发言人：鲍勃·迪伦既没有创作过文学，也没有写过经典意义上的诗歌，你们把歌曲当作文学是不是扩大了文学的范围？发言人回答：我们并没有扩大文学的范围，如果回到 2500 年以前，荷马和萨福（Sappho）写的诗都是唱给别人听的，往往还有音乐伴奏，是表演出来的。

---

① 〔美〕沃尔特·翁：《口语文化与书面文化：语词的技术化》，何道宽译，北京大学出版社，2008，第 104 页。

② 2016 年诺贝尔文学奖颁给民谣歌手鲍勃·迪伦。

第三章
手工抄写

经历了漫长的口语交流之后，在公元前3500年前后，文字开始出现在历史舞台上，人类终于可以使用一种外在的符号和载体，记录、保存和汇集所见所思。在15世纪中叶古登堡印刷机发明之前，欧洲和整个阿拉伯世界的图书出版都依赖抄书匠人的手工抄写。因此，本书把文字出现以后到印刷机发明之前的这一段历史称为手工抄写时代。

当内容从人脑内的记忆，用文字外显地写到泥板、莎草纸、羊皮纸和人造纸等书写材料上时，不仅可以反复阅读，书信还可以通过一站站地传递，送到远方，建立起“超过传令官声音所及范围”的远距离通信系统。手工抄写的新技术性能开启了人类社会和文明发展的新时代。

第一节 技术特征：口说无凭，立据为证

按照本书第一章提出的媒介技术定义，本节先从符号、载体、内容复制三个方面分析手工抄写技术的“硬”技术特征。

一 文字符号

文字包括象形文字和字母文字。最早发展起来的文字是混杂了表音符号的象形文字。在公元前9世纪末到公元前8世纪初，古希腊出现了第一种字母文字系统。现有研究认为，人类早期文字出现的年代顺序大致如下。

- 公元前3500年，苏美尔人发明了最早的楔形文字；
- 公元前3200至前2800年，尼罗河流域出现了古埃及的圣书体；
- 公元前2800至前2400年，古代印度河流域出现了印章文字；
- 公元前1500年，中国开始出现甲骨文；
- 公元前9至前8世纪，希腊字母文字出现①，这是世界上第一种字母文字。

1. 苏美尔人发明的楔形文字

在农业社会，世界最富庶的地方是“新月地带”，最早的文字也出现在这一地区。大约公元前3500年，幼发拉底河和底格里斯河流域的苏美尔人为了治理洪水周期性泛滥带来的水患，出现了大规模的社会协作。社会协作中的交流、土地丈量、物资征集与分发等需求，催生了文字、几何学和城市等文明标志，楔形文字就是在这样的背景下出现的②。

楔形文字是用芦苇秆或木棒在软泥板上刻写，再经过晒干或火烤，就成了记录、传播信息的载体。火烧后的泥板变成陶瓷，质地坚硬，可以保持数千年不变形。楔形泥板被认为是目前发现的最早的媒介技术——承载知识的

① Wikipedia，Greek alphabet，https：//en. wikipedia. org/wiki/Greek_ alphabet.

② https：//zh. wikipedia. org/wiki/%E6%A5%94%E5%BD%A2%E6%96%87%E5%AD%97#cite_ ref-11.

容器，大英博物馆主题馆有一组 7 个 32 开本大小的楔形泥板，下面的注解就是“第一个容纳所有知识的图书馆”，如图 3-1 所示。

图 3-1　由楔形泥板书组成的人类第一个图书馆（摄于大英博物馆）

楔形文字在西亚和西南亚地区传播开来，赫梯人、阿卡德人、埃兰人、加喜特人、米坦尼人、胡里特人、乌拉尔图人、波斯人以及乌加里特等民族都曾采用过楔形文字，并按照各自的语言习惯对楔形文字进行了改造。

由于楔形文字是一种象形文字，字符数量多、文字符号与口语没有直接联系，只有经过长时间训练的专业工匠才能掌握这套复杂的文字书写系统，其学习和普及成本高于表音的字母文字。公元前 330 年，亚历山大大帝征服阿契美尼德帝国（Achaemenid Empire）后，希腊字母文字对楔形文字造成了冲击。在罗马人治理小亚细亚期间，楔形文字再次遭遇罗马人创造的拉丁字母文字的冲击。公元 75 年以后，楔形文字逐渐失传，大量泥板书记录也无人能解读。一直到公元 1835 年，英国军官亨利 · 罗林森爵士（Sir Henry Rawlinson）成功解读包含三种文字的贝希斯敦铭文（Behistun Inscription）后，古老的泥板才重新“开口说话”，两河文明才重新汇入人类文明的大家庭。罗林森因此被誉为亚述学之父①，贝希斯敦铭文也被称为解读人类早期

① 参考维基百科，贝希斯敦铭文，https://zh.wikipedia.org/wiki/%E8%B4%9D%E5%B8%8C%E6%96%AF%E6%95%A6%E9%93%AD%E6%96%87。

文明的“一把钥匙”。

楔形文字的解读为揭开早期人类历史的谜团提供了珍贵的历史资料。19世纪在尼尼微（伊拉克摩苏尔）发掘的亚述巴尼拔皇家图书馆（Library of Ashurbanipal）收藏有30000多块泥板和碎片，包含公元前7世纪的各种文本。其中史诗《吉尔伽美什》的第11号泥板记录了《圣经》中大洪水的传说，如图3-2所示。

图3-2 《吉尔伽美什》的第11号泥板

2. 古埃及象形文字

古埃及象形文字大约发源于公元前3200年，在中王国时期（约公元前2040至公元前1786年）形成了成熟的书写文字体系。古埃及象形文字有圣书体（碑铭体），草体的“僧侣体”和简化的“大众体”等三种字体。它可以被刻在石碑上，如图3-3所示；也可以被写在莎草纸上，如图3-4所示的公元前1550年编写的《莱茵德数学》莎草卷[①]。

① Wikipedia, Rhind Mathematical Papyrus, https://en.wikipedia.org/wiki/Rhind_Mathematical_Papyrus.

图 3-3　古埃及圣书体石碑，摄于梵蒂冈博物馆

图 3-4　《莱茵德数学》莎草卷，存于大英博物馆

跟楔形文字一样，古埃及象形文字也是字符数量多、文字符号与口语没有直接联系，只有接受过长时间训练的少数祭司和抄书匠才能掌握这套文字

系统，其学习成本高于表音的字母文字。在亚历山大大帝去世以后，公元前305年，托勒密一世在埃及亚历山大城创建托勒密王朝，规定希腊语为官方语言，禁止使用古埃及象形文字。公元391年，罗马皇帝狄奥多西一世发布敕令，关闭了所有非基督教的神殿，遣散了亚历山大城能读写古埃及文字的异教学者。到了公元4~5世纪，古埃及象形文字逐渐失传，被字母文字取代。

1799年7月，入侵埃及的法国军队在罗塞塔附近发现一块古埃及石碑，上面刻有三种文字：古埃及圣书体、古埃及世俗体文字和希腊文，如图3-5所示。石碑后被英国军队截获。法国学者商博良（Jean François Champollion）和英国数学家、物理学家托马斯·杨（Thomas Young）展开了解读罗塞塔石碑的竞赛。经过20多年的研究，最后商博良成功解读出了罗塞塔石碑的内容。于是，古埃及石像上、岩壁上、墓穴里刻的象形文字纷纷“开口说话”，向现代人讲述法老时期曾经发生过的故事。古埃及不为人知的、湮没在历史尘埃中的故事，就这样重新进入人类文明的记忆。商博良被誉为埃及学之父①，罗塞塔石碑也被称为解读古埃及文明的“一把钥匙”。

3. 古印度印章文字

19世纪，考古学家在印度河和恒河流域发现了大量带有铭文的印章，据推测是在公元前28世纪至公元前24世纪形成的哈拉本（HarAppa Script）文字，如图3-6所示②。这些文字已经失传，也没有找到解读的“钥匙”，到现在也没有解读出来。

在公元前20世纪至公元前15世纪，雅利安人经由兴都库什山脉的开伯尔山口进入南亚次大陆，将雅利安文字带到了印度。公元前4世纪，亚历山大大帝东征到达印度，把希腊字母文字带到了印度。今天的印度语属于印欧语系，是一种字母文字体系。

---

① Wikipedia，Jean-François Champollion，https：//en. wikipedia. org/wiki/Jean-Fran% C3% A7ois _ Champollion.

② 图片来自 Wikipedia，Indus script，https：//en. wikipedia. org/wiki/Indus_ script。

图 3-5　罗塞塔石碑

图 3-6　古印度印章文字

4. 中国的甲骨文

在四大古代象形文字中，中国的汉字是唯一沿用至今的象形文字。汉字在历史上曾被日本、韩国和越南等国采用，是一种在东亚被广泛使用的文字符号系统。汉字的起源可以追溯到公元前 20 世纪。传说中，黄帝的官僚仓颉发明了汉字。“殷墟”出土的甲骨文显示（见图 3-7）①，到了公元前 13 世纪商朝晚期，汉字已经发展成为一种严密的文字书写系统。秦统一中国以后，汉字经历了小篆、隶书、草书、正楷等多种字体变化，持续使用到今天。

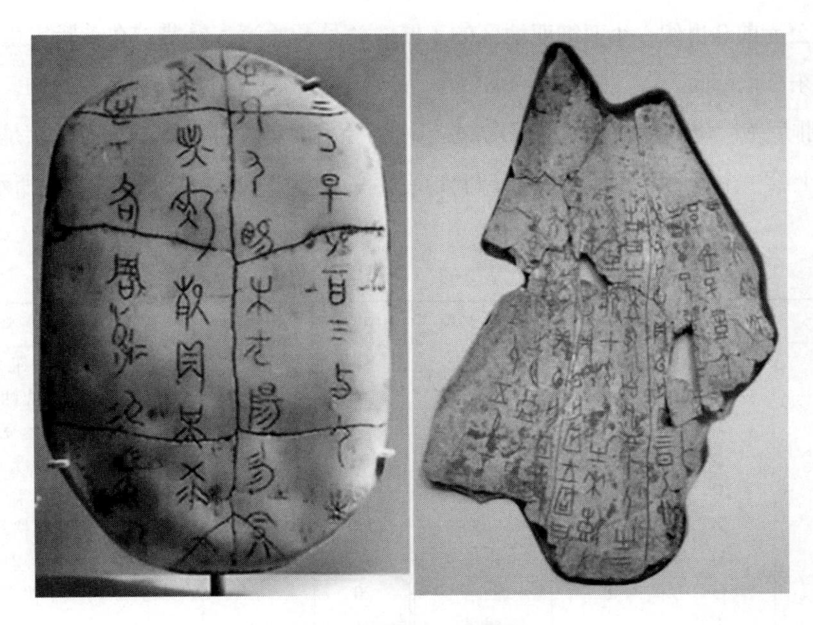

图 3-7 殷商出土的甲骨文

1899 年，北京城市面上出现了一批“龙骨”，当时的国子监祭酒王懿荣看到上面刻有文字，他用了 6 天的时间就解读出了上面的文字，确

① 图片来自百度百科，甲骨文，https：//baike. baidu. com/item/%E7%94%B2%E9%AA%A8%E6%96%87/16914？fr=ge_ ala。

定“龙骨”是殷商时期的占卜用骨。这显示出中国文字、中华文明的独特性。

5. 希腊字母文字

希腊字母文字源自早期的腓尼基字母。腓尼基人起源于小亚细亚，他们掌握了一种从海螺中提取紫红色染料的技术，这种染料在当时价值连城，在闪米特语中，“腓尼基”就是紫色的意思。腓尼基人擅长经商，足迹遍布地中海沿岸。出于经商的需要，腓尼基人从古埃及象形文字中选取了一些符号用作记账。大约在公元前1300年，形成了历史上最早的22个字母。

公元前9世纪，小亚细亚地区的工匠、商品开始流入希腊，在希腊发生了一场“东方化革命”[①]，腓尼基字母传到了希腊。公元前9世纪末到8世纪初，希腊人在腓尼基字母的基础上加上了元音，形成了希腊字母文字。希腊字母文字是人类历史上第一个具有元音和辅音的字母文字体系，包含24个字母，如表3–1所示。

表3–1　希腊字母

序号	大写	小写	汉语名称	序号	大写	小写	汉语名称
1	Α	α	阿尔法	13	Ν	ν	纽
2	Β	β	贝塔	14	Ξ	ξ	克西
3	Γ	γ	伽玛	15	Ο	ο	奥米克戎
4	Δ	δ	德尔塔	16	Π	π	派
5	Ε	ε, ϵ	艾普西隆	17	Ρ	ρ	柔
6	Ζ	ζ	泽塔	18	Σ	σ, ς	西格马
7	Η	η	伊塔	19	Τ	τ	陶
8	Θ	θ	西塔	20	Υ	υ	宇普西隆
9	Ι	ι	要塔	21	Φ	φ, ϕ	斐
10	Κ	κ	卡帕	22	Χ	χ	希
11	Λ	λ	拉姆达	23	Ψ	ψ	普西
12	Μ	μ	谬	24	Ω	ω	奥米伽

① 李永斌：《古典学与东方学的碰撞：古希腊“东方化革命”的现代想象》，《中国社会科学》2014年第10期，第187~204+209页。

公元前7世纪，罗马人借鉴希腊字母发展出一套拉丁字母，如图3-8所示。拉丁字母是世界上使用人数最多的一种字母体系，世界上有40多种语言使用拉丁字母，中国的汉语拼音也采用了拉丁字母。

A B C D E F G H I J K
L M N O P Q R S T U
V W X Y Z
a b c d e f g h i j k l m n
o p q r s t u v w x y z

图3-8　拉丁字母

公元9世纪，东罗马帝国传教士圣西里尔（St. Cyril）为了在斯拉夫民族中传播基督教福音，按照当地方言的发声特点，创造了西里尔字母，成为今天东欧斯拉夫民族广泛使用的字母体系，俄语、乌克兰语都采用了西里尔字母体系。

与象形文字相比，字母文字有两个优势：第一，字符数量少，便于记忆。第二，字母文字是一种表音文字，读写具有一致性，能读就会写，学习成本低，便于普及和推广。相比之下，象形文字是一种表意文字，字符数量多，口语与文字符号是两套不同的符号系统，学习成本高，不利于扩大受教育人口。因此，古希腊、古罗马的字母文明对早期两河流域、古埃及的象形文字文明形成了巨大的冲击。楔形文字、古埃及象形文字的消失很可能与象形文字有较高的学习成本、难以普及有很大的关系。

二　载体

人类早期曾使用泥板、莎草、石头、龟甲、丝帛和贝叶（树叶）等作为书写材料。不过，在漫长的手工抄写时代，世界各地大规模使用的便于携带、给人类社会和文明发展带来重要影响的书写材料主要有三种：古埃及莎草纸、羊皮纸和中国人蔡伦发明的人造纸。

1. 古埃及莎草纸

古埃及莎草纸是人类历史上最早使用的纸张。大约公元前 3500 年，孟菲斯的居民就开始采集莎草茎秆制作船只、编织衣物和茅草屋顶。在底比斯一处公元前 1400 年的墓穴壁画显示，人们从莎草茎秆上将其外皮削下自然晾干，这就是关于埃及莎草纸最早的记载。①

在古埃及历史上的很长一段时间内，制作莎草纸是一门皇家垄断的生意。全埃及每一张用莎草制作的纸张都是法老的财产。托勒密王朝定都亚历山大城之后，垄断了埃及莎草纸的生产和销售。公元前 30 年，罗马人占领亚历山大城之后，控制了莎草纸的生产和销售，将莎草纸用于罗马帝国境内的政令、法律条文的抄写和传播。公元 476 年，西罗马帝国灭亡，意大利得不到埃及莎草纸，只能使用数量稀少、价格高昂的羊皮纸，这可能是导致西欧进入“黑暗时代”的重要原因之一。公元 642 年，阿拉伯人攻占亚历山大城，控制了埃及莎草纸的生产，为后来阿拉伯文明的崛起提供了书写材料。

随着中国造纸术的西传，公元 9 世纪，埃及莎草纸逐渐被价格低、性能更好的中国人造纸取代，逐渐退出了历史舞台。莎草纸消失以后，制作莎草纸的技术也随之失传。直到 1962 年，埃及工程师才从法国将莎草引种回埃及，还原了制作莎草纸的技术。

2. 羊皮纸

据传公元前 3 世纪，托勒密二世为了满足亚历山大图书馆对纸张的需求，禁止埃及莎草纸对外出口，帕伽马（Pergamon，今土耳其境内）人被迫发明了羊皮纸，羊皮纸的英文名称“Parchment”就由此而来。但也有学者考证，“兽皮之用于书写材料，古已有之”②。

---

① 〔美〕约翰·高德特：《法老的宝藏：莎草纸与西方文明的兴起》，陈阳译，社会科学文献出版社，2020，第 126~127 页。

② 高枫峰：《从卷子本到册子本》，https：//mp. weixin. qq. com/s/-bYkpzymi 281AJD2dizPGQ。

制作羊皮纸的原材料包括羊皮和小牛皮。羊皮或小牛皮先用石灰水浸泡，脱去毛和脂肪，两面刮干净，再用特制的绷子拉伸、干燥和打磨，就制作成了可以书写的羊皮纸。与莎草纸相比，羊皮纸纸面光滑，两面都能书写，吸水性好，耐卷耐折，能够呈现饱满的色彩，是一种更优质的书写材料，价格也更高。

在公元 3~13 世纪，欧洲各国逐渐用羊皮纸取代莎草纸。在公元 4 世纪的一封信里，圣哲罗姆描绘了潘菲卢斯（Pamphilus）图书馆所藏莎草纸卷损毁的情况，记录了它们被比较耐久的羊皮纸卷取代的过程。犹太经典《塔木德经》也训谕，要用羊皮纸书写，而不是用纸张书写。[①]

公元 14 世纪以后，中国人造纸技术逐渐取代羊皮纸，成为欧洲人使用的主要书写材料。出于传统，西方一些重要的法律文件，例如英国《大宪章》、美国的《独立宣言》等仍然使用羊皮纸书写。

3. 中国人造纸

中国早期曾使用甲骨、竹简等多种书写材料。利用这些材料制作的图书，分量重、不便携带。纪录片《汉字五千年》中有一个情节，秦时的奏折是写在竹简上的，秦始皇每天要批阅 120 斤（秦制，相当于现在的 60 斤）奏折。[②] 奏折（竹简）由身边的内侍抬上、抬下。

汉代的蔡伦就是负责给皇帝“搬运竹简”的尚书令。汉朝皇帝一直想找到更好的书写材料。蔡伦受命调研了中国各地的造纸经验，革新了造纸工艺，终于在公元 105 年制成了“蔡侯纸”。蔡伦的造纸术把原材料打碎成纸浆，然后用竹篾从纸浆池中把碎纸浆捞起，用木板压紧，等干燥后揭下来就变成了纸。与莎草纸、羊皮纸相比，中国造纸术打破并重构了原材料的物理结构，在技术上更胜一筹。

中国造纸术发明以后，首先传到了越南、朝鲜、日本等东亚国家。公元

---

① 〔美〕伊丽莎白·爱森斯坦：《作为变革动因的印刷机：早期近代欧洲的传播与文化变革》，何道宽译，北京大学出版社，2010，第 446 页。

② 刘军卫导演《汉字五千年》第 6 集，2009。

751年，唐朝与大食国（阿拉伯帝国）在新疆西部打了一场“怛罗斯战役”，唐朝军队战败，军队中的造纸工匠被俘，造纸术就这样西传，撒马尔罕因而很快成为中亚的造纸中心。随后，纸张沿着“丝绸之路”一路向西传播。公元795年，阿巴斯王朝的首都巴格达开设造纸厂，造纸工艺得到了进一步改进，产量不断增加。造纸术在阿拉伯帝国境内快速传播，大马士革、埃及、摩洛哥相继建立起造纸厂，人造纸张成为阿拉伯人向欧洲出口的重要物品。1056年，阿拉伯人在伊比利亚半岛的萨地瓦（Xàtiva）开设了欧洲第一家造纸厂。[①] 这个时间比公元1088年欧洲第一所中世纪大学——博洛尼亚大学的创办早了30多年。公元1189年，法国建立了一家造纸作坊；公元1276年在意大利、公元1320年在德国、公元1323年在荷兰等陆续建立了造纸厂。到公元14世纪末，在古登堡印刷机发明之前，意大利人造纸的价格已经是羊皮纸的1/6。[②] 美国现代纸张史专家乔纳森·布鲁姆（Jonathan Bloom）认为，造纸术才是“丝绸之路”上传播的最重要的商品，这项发明永远地改变了中国和世界，“丝绸之路”也可以称为“纸张之路”。[③]

公元15世纪中叶古登堡印刷机发明以后，纸就像今天的芯片一样，为欧洲的文艺复兴、宗教改革、科学革命和启蒙运动等提供了一项重要的技术基础。弗朗西斯·培根、李约瑟等都对中国造纸术对西方文明和世界文明的贡献做出了高度的评价。20世纪评选的多项影响人类历史发展进程100人或100项重要技术的榜单上，蔡伦和造纸术都位居前列。这项公元105年发明的中国造纸术对世界文明的发展产生了难以估量的重大影响。

三　内容复制：手工抄写

1. 图书形态的变化

在手工抄写时代，图书的形态经历了从卷子本到册子本的变迁。早期用

① Wikipedia, History of paper, 2023-07-07, https://en.wikipedia.org/wiki/History_of_paper.

② 〔加〕哈罗德·伊尼斯：《传播的偏向》，何道宽译，中国人民大学出版社，2003，第14页。

③ 〔美〕约翰·高德特：《法老的宝藏：莎草纸与西方文明的兴起》，陈阳译，社会科学文献出版社，2020，第1页。

莎草纸制作的“图书”是一个卷轴（Scroll），就像图 3-9 所示的犹太教托拉的卷轴[①]，拉丁语中称之为卷（Volumen）。图书的样式是在罗马帝国时期逐渐从卷轴变成了今天册子本（Codex）的形态。

图 3-9　犹太教托拉的卷轴

册子本脱胎于罗马人的蜡版和札记簿。[②] 公元 2 世纪，基督徒就开始使用册子本。到了公元 6 世纪，册子本已经成为图书的主要形态，卷子本慢慢消失，“卷”逐渐变成了今天表达图书内容结构的一个“量词”。

从莎草卷到册子本的变迁，不仅是图书外观的变化，还涉及图书的内容构成以及内容组织的变化。公元 7 世纪，居住在西班牙塞维利亚的阿拉伯学者伊西多尔在《词源》中解释了册子本（Codex）、书（Book）和卷轴（Scroll，Volumis）之间的关系：

> 一个册子本由许多本书组成；一本书是一个卷轴（volumis）。Codex 这个词是一个来自树枝或树干的隐喻，表明就像一棵树包含多个

① Wikipedia，Sefer Torah，https：//en. wikipedia. org/wiki/Sefer_ Torah.

② 高枫峰：《从卷子本到册子本》，https：//mp. weixin. qq. com/s/-bYkpzymi 281AJD2dizPGQ。

分枝一样，一个册子本要包含多本书（卷轴）的内容。[1]

《圣经》就是一本典型的册子本。其中包括《旧约》五经、新约《马太福音》等篇章。每一篇章就是一“卷”，对应口头传教的一个记忆单元。

早期手抄书采用植物“墨水”和矿物“墨水”。动画片《凯尔经的秘密》中，就有采集五味子的汁液制作墨水的片段；中世纪《圣经》会使用金箔和磨碎的红、蓝宝石作为装饰材料，色泽经久不衰。近代才发明了现在使用的化学墨水。

公元4~8世纪，许多未从卷轴转抄成册子本的作品丢失了。媒介环境学派的奠基人哈罗德·伊尼斯（Harold Innis）认为，在古代典籍从莎草卷演变为羊皮册子本的过程中，出现了人类历史上第一次“知识审查”运动：

> 异教的著作受到忽视，基督教的著作则受到重视。“凡是《圣经》之外的知识，只要它有害，就宣判死刑，凡是它有益，就加以收录。”“世俗学问并禁，神学研究优先，罗马取得支配地位。”[2]

这里的“罗马”指罗马教廷。伊尼斯认为，教会借着对羊皮纸的控制，获得了对知识的审判权。意大利著名的中世纪学家、哲学家、符号学家和小说家翁贝托·艾柯（Umberto Eco）苦恼于“严肃的学问”缺乏读者，他在1980年出版了一本畅销小说《玫瑰之名》，后被拍成了同名电影。这部小说的情节似乎印证了伊尼斯的观点。小说描述了中世纪一所本笃修道院，最年长的修道士豪尔赫为了阻止“异教”思想的传播，在修道院收藏的存世的最后一本亚里士多德《诗学》卷宗上涂了剧毒的植物汁。读这本书的人在沾着

---

① Wikipedia，History of books，https：//en. wikipedia. org/wiki/History_ of_ books.

② 〔加〕哈罗德·伊尼斯：《传播的偏向》，何道宽译，中国人民大学出版社，2003，第39页。

口水翻页的时候身中剧毒而死。[①] 翁贝托·艾柯还著有《别想摆脱书》等学术专著。

2. 图书的复制传播：抄书匠

在手工书写时代，图书的复制和出版依赖抄书匠的手工抄写。抄书匠是最早的技术工匠（用文字对事物“编码”的“程序员”）、文化人、政府的文书（公务员），以及古代社会的新闻从业者。古埃及和两河流域的抄书匠都身居高位，这是一份地位和收入都受人羡慕的职业。古埃及训练抄书匠的手册中就强调，抄书匠的地位高于所有其他行业。手册中的小标题包括：勿做士兵；勿做祭司或烤面包师；勿做农夫；勿做马车夫；最末的标题是：决心做抄书人吧，你将指挥全世界。[②]

如果需要复制一本书，就找一名抄书匠，找一本手稿作为范本，一个人、一页一页静默地抄写。如果需要 20~100 本书，书商就需要招募 20~100 名抄书匠，把他们集中在一起，有一个人拿着范本，对坐满一个房间的抄书匠朗读。由于每一个抄书匠的字体大小、风格等不尽相同，还可能出现不同的笔误，所以，手工抄写的图书没有页码，也不存在两本完全一样的手抄书。无论在古埃及，还是在古希腊的雅典、希腊化时期的亚历山大城，都是使用这种方式出版图书。

手工抄写在复制地图或图表时，会遇到更多的困难。画工比抄工更难培养，图画不是一种标准语言，在表达上有很大的个性化空间。据传亚历山大大帝东征的时候，带着马其顿王国最好的画师，把所到之处的地理地貌原原本本地画下来。当这个自然的摹本需要复制的时候，要想找到高水平的、对所绘自然地貌有一定了解的画工太困难了。在手工抄写的情况下，地图每被复制一次都会失真，久而久之，完全不能反映原本的真实地理信息了。

---

① Wikipedia, The Name of the Rose, https://en.wikipedia.org/wiki/The_Name_of_the_Rose.

② 〔美〕汤姆·斯丹迪奇：《从莎草纸到互联网：社交媒体 2000 年》，林华译，中信出版社，2015，第 25 页。

公元12世纪以后，随着中国造纸术传到欧洲以及中世纪大学的兴起，欧洲出现过一次小型“出版革命”。围绕中世纪大学，形成了一个由书商、装订工、插图师、代写书信者与羊皮纸制造人组成的抄书业行会。尽管如此，图书出版依然依赖人的手工抄写。经院哲学家圣博纳文图拉（Saint Bonaventura）曾经详细描述过13世纪的做书方法。他说，公元13世纪做书有四种方法。①

> 有一种人抄写别人的作品，依样画葫芦，不做任何添加和改变，这种人仅仅被称为“抄写员”……另一种人抄写别人的作品，添加一些别人的意见，他被称为“汇编者”……另一种人既抄写别人的作品，也写自己的，但以别人的作品为主，添加一些自己的解释，他则被称为“评注者”……还有一种人既写自己的作品，也写别人的，但以自己的作品为主，加别人的是为了证实自己的看法，这种人应该被称为“作家”……

四　手工抄写的传播特征

与口传记忆相比，手工抄写有以下几方面的新特征。

第一，“口说无凭，立据为证”。当一个人写下“我，×××，拥有这片土地”这样的文字的时候，就将所有其他人排除在外了。书面证言就这样取代了口头语言传统累赘的仪式，成为所有权的象征。② 在手工抄写时代，出现了人与神之间订立的《旧约》和《新约》，国家制定的社会公约——罗马法律制度，以及人与人之间订立的商业合同等书面契约。

第二，文字把人脑中的记忆外化地变成“书信”后，就可以借助马匹和驿站，一站站地远距离传送，为国家政令、贸易往来提供了传播的途径，使人类合作的规模超越了“传令官声音所及的范围”，出现了疆域辽阔、联

① 〔美〕尼尔·波兹曼：《童年的消逝》，吴燕莛译，广西师范大学出版社，2004，第30页。
② 〔英〕杰克·古迪：《西方中的东方》，沈毅译，浙江大学出版社，2012，第25页。

络松散的大帝国。

第三，当抄书匠人把吟诵诗人头脑中的记忆写在莎草纸上时，就出现了一种新的人类认知生态环境：与“开口即逝”的口头传播相比，写在纸上的文字可以反复阅读，细细品味；文字书写把分散在各地的口头传说收集到一起，积累了更大范围的人类对自然界和社会的观察记录和思考；对收集的观察记录进行分析、比较和相互拼接，出现了一种全新的知识生产“范式”。

手工抄写营造出的这种全新的传播生态环境，为人类文明、商业贸易和社会发展提供了新的传播基础设施。有了手工抄写技术之后，古希腊人、古罗马人就可以利用这种新媒介技术表达各类内容，并建立起大规模、远距离的通信交流网络。这种新媒介技术把人类社会组织的规模、人类知识生产和文明发展带到了一个新的高度。

第二节 希腊城邦与罗马帝国的治理

在口传时代，因为缺乏公文，有组织的社会交流主要依靠同时在场的口语交流，制约了社会合作的规模。进入手工抄写时代后，文字与公文的出现彻底改变了口传时代的社会组织模式。

公文是国家治理和企业管理中一种不可或缺的治理工具。依靠公文，上层组织的各项规定和指令可以下行传导到各个“毛细血管”；通过基层组织的汇报公文的层层上传，又可以监督和管理组织的实际运行状况。组织社会学中的科层制就建立在公文（包括现代的数字化“公文”）的基础上，离开公文，科层制组织将无法运转。

公元前 6 世纪，莎草纸公文成为希腊城邦治理的一种重要工具。公元前 27 年，奥古斯都称帝后，在罗马帝国境内建立起了罗马大道、邮政系统和驿站，帝国的法令和公文通过这个网络传递到帝国的各个角落，支撑起罗马对庞大疆域的治理。

一　书写文化与雅典民主制

20 世纪 50 年代，多伦多大学经济学家哈罗德·伊尼斯（Harold A. Innis）在研究世界大宗贸易品交易的历史时，发现古希腊时期，在地中海南岸、北岸的埃及人和希腊人之间存在莎草纸的大宗贸易。这项大宗贸易品的作用是什么？对这个问题的追问开启了他关于媒介技术与社会变革关系的研究，使他成为媒介环境学派的奠基人。伊尼斯发现，来自古埃及的莎草纸源源不断地运到雅典之后，“使图书馆繁荣，使政府机关兴旺”①。前者有助于提高雅典人普遍的识字水平；后者则表明莎草纸的一项重要用途是充当希腊城邦治理的公文载体。

雅典城邦普遍的识字文化与字母文字有很大的关系。希腊文字只有 24 个字母，容易记忆和掌握；另外，表音文字与口语发音一致，能说就能写，学习成本低。据传，在公元前 550 年前后，梭伦的亲戚暴君庇西特拉图斯（Pisistratus）组织人把早期在吟游诗人中流传的《荷马史诗》的各种版本收集起来，整理编辑成文字。又从埃及进口莎草纸，雇用识字的奴隶抄写了许多复制本，首次公开发售。当时在希腊，人人都读荷马的书，《荷马史诗》成为希腊的第一个识字课本。②

大批识字的公民是雅典民主制运行的基本条件。雅典城邦有一项制度——“陶片放逐法”（Ostracism）③，投票当日，具有公民权的雅典公民在选票——陶罐碎片上刻上被放逐者的名字，投入投票箱。这说明，第一，参与投票的公民必须具有一定的书写能力；第二，当时莎草纸昂贵，因此采用了较为便宜的陶片作为选票。卡尔·波普尔指出：希腊奇迹尤其是雅典奇迹，也许可以……由写的书、书籍出版和书籍市场的发明来解释。④

---

① 〔加〕哈罗德·伊尼斯：《传播的偏向》，何道宽译，中国人民大学出版社，2003，第 9 页。

② 〔英〕卡尔·波普尔：《通过知识获得解放》，范景中、李本正译，中国美术学院出版社，1996，第 147 页。

③ Wikipedia. Ostracism，https：//en. wikipedia. org/wiki/Ostracism.

④ 〔英〕卡尔·波普尔：《通过知识获得解放》，范景中、李本正译，中国美术学院出版社，1996，第 146~147 页。

二 莎草纸与罗马帝国的治理

公元前 59 年，尤利乌斯·恺撒（Julius Caesar）当选为罗马共和国的执政官。他当选执政官后发布的第一道命令就是要求每日汇编、发布元老院议事和讨论的情况，这就是《每日纪事》的由来[①]，有学者认为，它就是罗马帝国时期的日报。

《每日纪事》张贴在罗马广场东侧的一个告示板上。罗马城的贵族每天派奴隶使用蜡板抄写《每日纪事》[②]。蜡板的外观跟今天的 iPad 非常像，如图 3-10 所示。蜡板可以是一张，也可以把多张蜡板用绳子连在一起，以书写更多的内容。册子本就是受到了蜡板的启发。像西塞罗这样身在外省的贵族和官员则会雇用专业的抄书匠把《每日纪事》的内容抄写在莎草纸上，然后快马加鞭送到自己手里，以便及时了解罗马的政治动向。

图 3-10 保存在大英图书馆的希腊时期的蜡板

公元前 27 年，奥古斯都成为罗马帝国皇帝以后，历任皇帝不断开疆拓土，罗马帝国的疆域不断扩大。在罗马帝国疆域最大的时候，西起不列颠，

① 〔美〕汤姆·斯丹迪奇：《从莎草纸到互联网：社交媒体 2000 年》，林华译，中信出版社，2015，第 42 页。

② A Greek Writing Exercise from Egypt, 2nd Century AD, https://blogs.bl.uk/digitisedmanuscripts/2019/05/keep-taking-the-wax-tablets.html.

东南到今天的耶路撒冷、埃及，把地中海完全变成了帝国的“内海”。

为了统治这个幅员辽阔的大帝国，罗马人建设了四通八达的道路系统，“条条大路通罗马”。罗马大道不仅是运送物资、军队的交通网络，还是一个用于传递官方文件的信息通信网络。罗马大道和抄书匠就是罗马帝国的“宽带”。莎草纸信件使人类大规模协作的秩序超越了“传令官声音所及的范围”。

埃及莎草纸被大量用于书写罗马帝国治理的公文、法规、书信、统计表和账单等。据悉，埃及莎草纸一旦歉收，整个罗马世界的商贸往来和国家事务就将陷入瘫痪，无数负责繁重抄录工作的抄书匠人也将暂时失业①。迄今出土的数万张莎草纸文献中，只有10%用于图书出版②，大多数是罗马帝国治理的公文和贸易往来合同，证明了莎草纸公文在罗马帝国治理中发挥的巨大作用。

三　手工抄写时代的“松散”大帝国

罗马大道连接了各主要行省，是帝国治理的信息主干网络。然而，由于莎草纸数量不足，识字的人少，罗马行省本地的治理还是依赖面对面的口头演讲，地中海沿岸随处可见的古罗马剧场就是当时各行省的信息中心、文化中心和社会交往中心。有经验的历史学家通过将当地剧院的座位数乘以一个系数，就可以估算当时城邦的人口数量。由于路途遥远，信息传递速度慢，莎草纸书信所构成的信息传播系统注定是一个“松散”的信息传播网络，决定了罗马对各行省的控制是比较薄弱的。

1852年，在意大利维卡雷洛附近发现了4个银杯，杯子的形状与罗马大道上的里程碑相似，上面刻有从古加德斯（今西班牙加德斯，靠近直布罗陀海峡）到罗马的路线，上面注明，沿这条路线从古加德斯走到罗马需

① 〔美〕约翰·高德特：《法老的宝藏：莎草纸与西方文明的兴起》，陈阳译，社会科学文献出版社，2020，第184页。

② 〔美〕约翰·高德特：《法老的宝藏：莎草纸与西方文明的兴起》，陈阳译，社会科学文献出版社，2020，第164页。

要大约40天时间。[①] 假设古加德斯有一位将军拥兵自重，发动了一场叛乱，消息从古加德斯送到罗马需要40天，罗马再组织人力、物力应对叛乱，时间可能已经过去了一个半月，此时叛军可能已经控制了大量的城邦。信息传播的时效性削弱了罗马帝国对各行省的控制力。所以，马克思在《德意志意识形态》中说："罗马始终只不过是一个城市。"[②]

罗马帝国建立早期，各位皇帝开疆拓土，兴建罗马大道、水道、圆形剧场等大型工程，推广拉丁字母文字，以先进的武力、技术和文化征服了帝国境内的各城邦。经过200多年的治理，帝国境内的文化、技术和建筑水平得到普遍提升。进入公元3世纪后，多位拥兵自重的罗马将军纷纷自立为王，向皇权发起挑战，帝国治理陷入了危机。罗马皇帝戴克里先（Gaius Aurelius Valerius Diocletianus，244～312）采用了四权制（Tetrarch）[③]，将帝国分为四个地区，每个地区由一位独立的皇帝统治，结束了罗马帝国的动荡时期。四权制的实施表明，在手工抄写的信息传播生态下，罗马帝国对广大疆域的控制力非常薄弱，是一个松散的大帝国。

古代战争中军队的规模也反映了通信技术对人类合作规模的制约。军队作为一个动态移动的群体，无论情报传递、军队的调度和配合，还是后勤补给等，都离不开准确、及时的信息传递。古希腊将军和作家色诺芬在《远征记》中描述了公元前401年一支希腊雇佣军远征的故事。这支军队只有1万人，被称为"万军"[④]。"万军"受到阿契美尼德王子小居鲁士的雇用，远征波斯，帮助他夺取王位。在两次击溃敌军之后，希腊雇佣军才发现，雇主小居鲁士已经死了，"万军"变成了一支远离家乡、没有食物也没有可靠盟友的孤军。在回家的路上他们历尽坎坷，2年后回到希腊时，只剩下了约6000人。亚历山大大帝东征的军队规模也不大，

---

① Wikipedia，Vicarello Cups，https：//en. wikipedia. org/wiki/Vicarello_ Cups，见 Chris Mitchell 导演《玛丽·比尔德的终极罗马：帝国无疆》（*Mary Beard's Ultimate Rome*：*Empire Without Limit*）第2集，2016。

② 马克思、恩格斯：《德意志意识形态》，人民出版社，1982，第16页。

③ Wikipedia，Tetrarchy，https：//en. wikipedia. org/wiki/Tetrarchy.

④ Wikipedia，Ten Thousand，https：//en. wikipedia. org/wiki/Ten_ Thousand.

根据伊朗人的记载，公元前 334 年，亚历山大大帝第一次向亚洲进发的时候，只带领了 3000 名左右的希腊和马其顿兵士[①]。公元前 327 年，亚历山大大帝东征印度时，带领的军队约 12 万人。[②] 由此可见，在手工抄写的传播生态下，军队和战争的规模都很小。到了近代，随着电报、电话、广播等远距离通信技术的发明，美国南北战争、一战、二战这样的大规模战争才出现。

综上所述，在手工抄写时代，无论帝国的治理，还是军队的规模，都受到当时媒介传播环境的影响。作为社会运转的技术基础设施，媒介不仅为当时人们的生活与合作设置了交流场景（或舞台）[③]，也在一定程度上制约了当时人类的合作方式和合作规模。从这个角度看，媒介技术为研究人类历史演变提供了一个"长时段"的分析变量。[④]

第三节　手工抄写时代的"元认知"工具

当口传记忆变成纸上的文字后，不仅可以反复阅读，还可以把分散在各地的口头传说集中到一起，汇聚成更大范围的人类对自然和社会的观察记录，为人类探究知识打开了新的空间。处于书写文明开端的希腊人，并没有一套现成的描述世间万物的词汇和修辞表达方法，希腊书面语的文法、逻辑和修辞是随着希腊书面语言的发展逐渐涌现的。在文法、逻辑和修辞的基础上，古希腊哲学家创造出一套在手工抄写时代从事知识劳动的"自由技艺"（Liberal Arts），从而为古希腊和古罗马文明的滥觞奠定了基础。

虽然希腊人从公元前 9 世纪末到前 8 世纪初就开始进入字母文字时代，

---

① 〔伊朗〕阿卜杜·侯赛因·扎林库伯：《波斯帝国史》，张鸿年译，复旦大学出版社，2011，第 162 页。

② 〔伊朗〕阿卜杜·侯赛因·扎林库伯：《波斯帝国史》，张鸿年译，复旦大学出版社，2011，第 191 页。

③ 对梅罗维茨"场景"理论的详细介绍，见本书第五章。

④ 郭文革：《媒介技术：一种"长时段"的教育史研究框架》，《教育学术月刊》2018 年第 9 期，第 3~15 页。

但希腊书面文字不是在一朝一夕之间就演变成一套完美的词汇和书写体系，并传播到希腊的每一个地方、传播给每一个人。希腊词汇和书写体系经历了三个主要的发展阶段，也对应着三种不同的Logographer，即语言书写者，他们是希腊书面词汇和书写修辞的创造者。

一　公元前6世纪的“语言书写者”

从公元前9世纪末/前8世纪初到公元前499年第一次希波战争爆发，是希腊的古风时代，也是希腊文明萌芽的时期。在这一时期，来自小亚细亚地区的波斯移民，将古代黎凡特和两河流域的文明成果带到希腊各城邦，他们带来了腓尼基字母、语言与写作技艺、自然哲学、数学和几何学等。最早的希腊书面语书写者卡德摩斯（Cadmus）、哲学家泰勒斯（Thales of Miletus）、数学家毕达哥拉斯（Pythagoras of Samos）、哲学家色诺芬尼（Xenophanes of Colophon）、地理和历史学家赫卡泰乌斯（Hecataeus of Miletus）和哲学家赫拉克利特（Heraclitus）等都来自小亚细亚的爱奥尼亚地区（今土耳其伊斯密尔地区）。

希腊字母文字是一种表音文字，书面语言脱胎于口头语言。按照希罗多德的记载，希腊书面语的词汇、写作修辞一方面吸收了两河流域、黎凡特地区早期象形文字的书写成果；另一方面，也受到了希腊本地口传史诗的影响。因此，希腊书面词汇、书写修辞最早的创建者被称为“语言书写者”（Logographer）。这些“语言书写者”是历史上最早的“程序员”和“编码工程师”，他们“必须……想出办法把一连串的声音分解为一些言语单位，……还必须设计出用符号来代表语言的方法”[①]。

1. 语言书写者（ Logographer ）

早期希腊字母表有多个版本，例如分别在爱奥尼亚地区、雅典地区以及

① 〔美〕贾雷德·戴蒙德：《枪炮、细菌与钢铁：人类社会的命运》，谢延光译，上海译文出版社，2000，第228~229页。

克里特岛等地流行的字母表等。公元前 403 年，在执政官欧几里德的监督下，雅典人投票统一了字母表。①

希腊早期贤人留下的很多格言警句还带有明显的口传修辞特征，如“少即是多”“认识你自己”“大多数人都是坏人”等。到了公元前 6 世纪，希腊才出现了最早的一批语言书写者，被称为 Logographer。与吟诵诗人不同的是，这些语言书写者有意识地区分神话和事实，写作文体也更接近散文风格。希罗多德之前的希腊历史学家和编年史家也被称为 Logographer②，即“写故事的人”或者“语言编纂者”。

受早期书写传播环境的影响，这些早期“语言书写者”的作品都没有被留存下来，他们在书面词汇、书写修辞方面的探索为后来希罗多德、修昔底德的历史写作提供了早期的探索和准备，他们所采用的编年史的记录方式也被希腊人采用。由于当时还没有形成统一的公历纪年，希腊各城邦就采用奥运会作为编年史的时间标记。

2. 新瓶装旧酒:《荷马史诗》的出版

随着早期语言书写者在书写词汇、表达方面的探索和积累，在公元前 550 年前后，雅典人终于把口传的《荷马史诗》从口语变成了书面文本，出版了第一本手工抄写的图书——《荷马史诗》的莎草卷。这通常是媒介技术变革的第一个阶段——“新瓶装旧酒”。新媒介技术出现的时候，还没有专门为新媒介而创作的新内容，所以第一个被“装进”莎草纸新媒介的是口传时代的旧内容——《荷马史诗》。

《荷马史诗》本是一种口头吟诵诗歌，公元前 6 世纪以前在希腊地区广泛流行。当时雅典颁布法令，要求吟诵诗人在泛雅典娜赛会上一个接一个地朗诵这些史诗。朗诵后来演变成一种赛诗比赛，比赛就必须有范本。当时，《荷马史诗》有多种不同的版本，既有私人的抄本，也有各城邦自己修订的

① Wikipedia，History of the Greek Alphabet，https：//en. wikipedia. org/wiki/History_ of_ the_ Greek_ alphabet.

② Wikipedia，Logographer（history），https：//en. wikipedia. org/wiki/Logographer_ （history）.

范本。为了形成大家共同认可的范本，公元前 550 年，庇西特拉图斯（Pisistratus）组织人编辑和出版了最早的《荷马史诗》，这是古希腊的第一本手工抄写的出版物，也是雅典的“第一个识字课本”。

当时，人人都读《荷马史诗》，识字文化在希腊城邦男性公民中迅速得到普及。如果说苏美尔和古埃及的（象形文字）读写文化是一种少数人掌握的工匠识字文化（Craft Literacy）[①]，希腊人的（表音字母文字）读写文化则是一种全体公民普遍掌握的“社会识字文化”（Social Literacy）。这种普遍的“社会识字文化”为雅典民主制的推行奠定了基础。

《荷马史诗》是希腊时期最受欢迎的图书。1963 年有学者整理了 1596 部埃及莎草文献[②]，包括碎片和残篇，其中约有一半是《伊利亚特》或《奥德赛》的抄件或对它们的评论，其后依次是演说家德谟斯特涅的 83 件、欧里庇得斯的 77 件、赫西俄德的 72 件，柏拉图仅 42 件，亚里士多德才 8 件。可见，《荷马史诗》在当时的出版和销售数量远远超过了柏拉图和亚里士多德的学术书籍。[③]

3. 希罗多德开创历史研究“范式”

当口头语言被写在纸上的时候，就可以反复阅读，还可以把分散在各地的口头传说集中到一起，通过反复阅读，形成关于历史事件的真实记录。希罗多德就是借助这种新的研究工具创立了早期历史研究的“范式”。

希罗多德（约公元前 484 至公元前 425）曾到当时的世界各地去游历，他到过埃及、小亚细亚的很多地方。在游历的过程中，他将僧侣、吟诵诗人、村庄里老人口述的故事等一一记录在莎草纸上。经过 20 多年的游历，他积累了大量的素材。

公元前 444 年前后，他来到意大利南边的图里伊，撰写他的《希腊波

---

① 〔美〕尼尔·波兹曼：《童年的消逝》，吴燕莛译，广西师范大学出版社，2004，第 15 页。

② 因希腊化时代的亚历山大图书馆位于古埃及的亚历山大城，所以这里的埃及莎草文献指的是亚历山大图书馆流传下来的希腊典籍。

③ 程志敏：《荷马史诗的文本形成过程》，《国外文学》2008 年第 1 期，第 43~47 页。

斯战争史》。他把多年游历记录的素材一一展开，反复阅读、甄别和分析，形成了自己对事实的判断。在希罗多德的《希腊波斯战争史》中出现了这样的叙事方式：关于这场战争，波斯人说……希腊人说……腓尼基人说……，我不想论述哪一种说法合乎事实，我想指出据我本人所知……①。

就这样，一种建立在多种材料相互印证基础上的、新的历史研究"范式"诞生了。书写材料的积累给历史学家带来了一种"上帝"视角，在俯视、审核各方相互冲突的材料的过程中，形成了一种超然的、客观中立的对历史事实的判断——一种寻找客观事实的历史学家诞生了。希罗多德因此被誉为"历史之父"。

二 公元前5世纪的"演讲撰稿人"和修辞术的发展

从公元前499至公元前323年亚历山大大帝去世是希腊的古典时期，也是雅典文明最辉煌的历史阶段。在这一时期，出现了埃斯库罗斯、索福克勒斯和欧里庇得斯三大悲剧作家；希罗多德和修昔底德等历史学家；普罗泰戈拉、高尔吉亚和伊索克拉底等智者派修辞学家；以及医学之父希波克拉底等。公元前461至公元前429年，在伯里克利领导下，雅典城邦民主制的发展达到了黄金时代，被称为"伯里克利时代"。

出于政治演讲和法律辩护的需要，在公元前5世纪，希腊出现了一批新的Logographer②，他们不是"写语言的人"也不是"写故事的人"，他们为法律诉讼或政治演讲撰写演讲稿，类似现代的"演讲撰稿人"。在古代雅典没有律师等专业的辩护人员，案件主要根据原告和被告的发言来决定。如果当事人没有能力为自己辩护，他/她就要求助于专业的（法律）语言书写者，帮他/她撰写或制作一篇诉讼演讲稿，当事人事先背会，然后在法庭上背诵。还有一些修辞学家为政治人物撰写演讲稿，当时的很多修辞学家和智学家，如演说家安提丰、德摩斯梯尼和修辞学家高尔吉亚的学生伊索克拉底

---

① 〔古希腊〕希罗多德：《希腊波斯战争史（上册）》，王以铸译，商务印书馆，1997，第3页。

② Wikipedia，Logographer（legal），https：//en. wikipedia. org/wiki/Logographer_ （legal）.

等都曾担任“演讲撰稿人”。

为了满足希腊人对演讲和修辞术的需求，开始出现修辞术的教学。公元前5世纪中叶，西西里演说家科拉克斯（Corax）和他的学生蒂西亚斯（Tisias）开始研究修辞学。公元前427年，西西里人高尔吉亚从家乡来到雅典，把西西里修辞学的新思想、表达形式和论证方法带到雅典，发表了一场令雅典民众惊叹不已的演讲。希腊教育家和修辞学家伊索克拉底继承了高尔吉亚的演讲术，在公元前392年前后，伊索克拉底创办了自己的修辞学校，演讲成为希腊正规教育体系的核心科目。

Logographer一词本来就有“语言编纂者”的含义，这些“演讲撰稿人”在语言写作风格、说服的修辞结构等多方面的尝试，进一步丰富和发展了希腊书面语言的词汇、说服方式和修辞风格。

就这样，从公元前9世纪末至公元前8世纪初希腊字母表的发明到公元前4世纪，字母文字和书写修辞慢慢地创新扩散，终于在柏拉图的时代在希腊被大范围“采纳”，希腊人有效地“内化”了文字，他们的思维开始走向抽象的哲学思考。①

三　希腊哲学与修辞术的分野

语言是社会建构的基础设施和工具，人类社会的各项事务都离不开语言。知识是用语言表达的，但用语言表达的并不都是知识。语言作为一种工具，有多种不同的用途。首先，语言可以用来创作虚构的故事。在撰写虚构故事或幽默段子的时候，写作者会利用贯口、包袱、反转等语言结构达到编写故事、逗观众开心的目的。其次，语言可以用作社会动员和说服的工具。写作者会采用隐喻、排比和说理等方式，通过诉诸情感和讲道理来说服他人。再次，语言也可以用来充当人类探究真理和知识的工具。人类要认知真实世界，就需要发明一套概念，用“整个概

① 〔美〕沃尔特·翁：《口语文化与书面文化：语词的技术化》，何道宽译，北京大学出版社，2008，第17页。

念网络……网住自然”①，才能表征和探究客观世界的奥秘；或对超验的正义、公平、道德等哲学概念进行准确和清晰的界定。

从理论上看，语言打造的这几种不同的修辞文体很容易区分。然而，在写作实践中，这几类修辞文体却是“你中有我，我中有你”。任何一篇文章都是依靠词语、概念等要素搭建起来的，都会使用（employ）说服、说理的修辞手段。17 世纪的意大利哲学家、修辞学家维柯曾经说过，修辞学……意味着……应该熟知一切科学艺术。② 作为一种说服的技艺，营养品广告会借老医学专家之口，以科学之名行说服之实；作为一种虚构文学作品，《鲁滨孙漂流记》在描述海岛环境的时候，又融进了大量的自然知识；学术论文本是一种典型的知识文体，但在今天以数量为基础的考核评价体系下，论文变成了以数量换取物质待遇的一种特殊的“说服、广告”类的文体，早已背离了追求真理、探究知识的初心。可见，哲学与修辞术之间的界限并非那么泾渭分明。

希腊哲学就肇始于哲学与修辞术的分野。希腊哲学家是最早试图将语言和书写修辞作为“认知工具”去观察和探索自然、认识人自己、追问社会伦理和价值的一类特殊的语言表达和写作者（Logographer）。为了表征和讨论真理和事实，就必须创建一套专业概念和术语，建构一套探求真理的方法，用一套概念符号“网住”现实世界，为人类探究知识、建构客观知识大厦奠定基础。

1. 前苏格拉底哲学家

前苏格拉底哲学家③主要指苏格拉底以前的希腊哲学家们，他们是最早

---

① 〔美〕托马斯·库恩：《科学革命的结构：语词的技术化》，金吾伦、胡新和译，北京大学出版社，2018，第 125 页。

② 〔意〕维柯：《维柯论人文教育：大学开学典礼演讲集》，张小勇译，广西师范大学出版社，2005，第 187 页。

③ Wikipedia，Pre-Socratic philosophy，https：//en. wikipedia. org/wiki/Pre-Socratic _ philosophy；J. Palmer，Parmenides：The Stanford Encyclopedia of Philosophy，https：//plato. stanford. edu/entries/parmenides/#OveParPoe；以及泰勒斯、色诺芬尼、赫拉克利特、毕达哥拉斯、巴门尼德、埃利亚的芝诺和梅利苏斯的相关词条。

探究世界本体问题的人。与早期的语言书写者类似，前苏格拉底哲学家中有很多来自米利都、爱奥尼亚地区，其哲学思想受到了两河文明和古埃及文明的影响。

公元前 6 世纪的 3 位米利都哲学家泰勒斯、阿那克西曼德和阿那克西美尼关注世界的“arche”——“起源”、“物质”构成或“原理”问题，他们将 arche 分别归因于水、无限（apeiron）和空气。镌刻在德尔菲阿波罗神庙上的那句——人啊，认识你自己——就是泰勒斯的名言。

色诺芬尼、赫拉克利特和毕达哥拉斯 3 位哲学家来自爱奥尼亚。色诺芬尼是第一个试图用自然哲学而不是神学，解释自然现象的人，他对云彩和彩虹等现象的形成进行了研究。赫拉克利特认为火是世界的源泉，世界在不断变化，“一切都在流动”“没有人能两次踏入同一条河流”。毕达哥拉斯主张宇宙是由数字组成的，万物皆数。相传他曾经去埃及游学，曾跟腓尼基人学习算术、跟迦勒底人学习天文学，提出了著名的毕达哥拉斯定理，以及调音理论、比例理论和 5 个气候带等理论。

公元前 5 世纪的埃利亚（Elea）学派的主要成员包括巴门尼德、芝诺和梅利苏斯。巴门尼德用韵文撰写的《论自然》，如今只剩下残篇。他描述了两个现实，一个是永恒、统一的真理世界；另一个是表象的世界。柏拉图的“理念世界”就受到巴门尼德思想的影响。芝诺和梅利苏斯是巴门尼德的学生。芝诺（Zeno of Elea，约公元前 490 至公元前 425）是辩证法的发明者，以“芝诺悖论”著称。据说，对话录的文体最早也是由他开创的，柏拉图后来完善了这种对话文体，使之流传后世。梅利苏斯与巴门尼德一样，认为现实是不可分割、不变和静止的。他写了一篇论文，对埃利亚学派的哲学思想进行了系统的论证，文章的大部分内容被保存在亚里士多德的《物理学》和《论天堂》的评论中。

2. 古希腊哲学三杰

希腊哲学的代表是“古希腊哲学三杰”苏格拉底、柏拉图和亚里士多德。从本书“长时段”媒介技术变革的角度来看，“古希腊哲学三杰”的贡献可以分为两层：第一，他们在手工抄写时代，为人类探究知识创造了一套概念定义和方法体系，后来成为中世纪大学的知识分子必须掌握的一套从事知识劳动的技艺（手艺）。第二，他们用这套概念定义、方法体系和修辞工具，撰写了一系列反映人类早期思想和知识的图书作品。希腊人的物理学、地理学和博物学等知识早已被现代科学替代，但他们创造的概念、范畴等工具，其影响一直持续到现代，甚至未来。

（1）苏格拉底：第一个下定义的人。

苏格拉底（Socrates，公元前470至公元前399）是希腊哲学的创始人之一。他经常在古希腊集市、运动场等露天场合，与各种人通过对话讨论什么是美德、什么是勇气、什么是真理等问题。他的对话式教学依靠《柏拉图对话录》的记录才传到今天。

苏格拉底很少直接回答学生的问题，而是通过反问、追问和质问等方式，让学生明白自己的“无知”。第二章引用的苏格拉底跟美诺关于美德的对话就是一例。现代教育研究者把这种不直接提供答案而是通过不断反问、追问等启发学生主动思考的对话方式称为“苏格拉底对话”，也称为“产婆术”，即老师不可能把知识装进学生的头脑中，只能像助产士那样从旁辅助，帮助学生生成自己的知识。

苏格拉底是最早对事物下定义的人①，由定义而提出符号化的概念是人类认知的起点，一组“网住”自然世界的概念是建构人类知识大厦的基础。例如，物理学中的力、温度、距离、惯性等就是一组“网住”自然世界的概念。不过，这样清晰、可测量、可计量的概念多数是近代物理学提出的。苏格拉底的定义则是从既有的语言修辞中挑选出特定的词语，用于探讨和描述事物的本性，为事物下定义。

在《斐德罗篇》中，苏格拉底对修辞学和哲学两者的区别，进行了如下清晰的界定。②

---

① 〔古希腊〕柏拉图：《柏拉图对话集》，王太庆译，商务印书馆，2020，第617、657页。

② 〔古希腊〕柏拉图：《柏拉图全集（第二卷）》，王晓朝译，人民出版社，2003，第177~201页。

对修辞学的批判：

> 从总体上说，修辞的技艺是一种用语词来影响人心的技艺，不仅在法庭或其他公共场所，而且在私人场合也是如此，民众受到误导，有了与事实相反的信念，显然是因为谬误通过某些与事实相似的建议潜入了他们的心灵。

对哲学对话的界定：

> 我们必须研究事物的本性。头一个步骤是把各种纷繁杂乱但又相互关联的事物置于一个类型下，从整体上加以把握——目的是使被选为叙述主题的东西清楚地显示出来。
>
> 我的建议是按照下列方法对事物的本性进行反思：第一，确定我们对之想要拥有科学知识并能将这种知识传授给他人的对象是单一的还是复合的。第二，如果对象是单一的，那么就要考察它有什么样的自然能力能对其他事物起作用，通过什么方式起作用，或者其他事物通过什么方式能对它起作用；如果对象是复合的，那么就要列举它的组成部分，对每个部分进行考察，就像我们对单一事物进行考察一样，要弄清它的自然能力，弄清它是主动的还是被动的，弄清它的构成。
>
> 想要学习修辞学的人首先要对语词做系统的划分，把握区分两类不同语词的标准，知道民众对哪些语词的看法动摇不定，对哪些语词的看法是确定的。碰到某个具体的语词，必须明白这个词是什么意思，要能敏锐地察觉他提出来加以讨论的事物属于两类事物中的哪一类。
>
> 首先，你必须知道你在谈论或写作的那个主题的真相，也就是说，你必须能够给它下一个定义，然后你要懂得如何对它进行划分，直到无法再分为止。其次，你必须拥有相应的洞察灵魂本性的能力，找到适合各种灵魂本性的谈话和文章，用不同的风格对不同类型的灵魂说话。

这几段话表明，一方面，哲学定义和概念来源于修辞术；另一方面，哲学概念代表着对事物本性的描绘，它是对自然物的映射，是一种严格界定的、准确的语言表达。

苏格拉底还是最早讨论两种媒介技术特征的人。在公元前 399 年，苏格拉底去世的那一年，雅典才出现了一个生意兴隆的书籍（手抄书）市场。[1]这表明从公元前 9 世纪末到公元前 399 年，雅典一直处于从口传到手工抄写的媒介技术变革时期，苏格拉底亲历了从口传到手工抄写的人类历史上第一次信息技术变革。苏格拉底崇尚口头对话，他站在口传的立场上，对新兴的书写技术提出了下面的批判：

> 如果有人学会了写作技艺，就会在他们的灵魂中播下遗忘，因为他们这样一来就会依赖写下来的东西，不再去努力记忆。他们不再用心回忆，而是借助外在的符号来回想。一件事情一旦被文字写下来，无论写成什么样，就到处流传，传到能看懂它的人手里，也传到看不懂它的人手里，还传到与它无关的人手里……[2]

苏格拉底没有看到后来的历史，文字和书写将人类汇集知识和智慧的规模从一个小部落扩大到了全世界，知识不仅可以通过演讲和对话传达给在场的人，还可以通过阅读传递给不在场的人以及未来的人。苏格拉底以“他的已知”为尺度，去评判新兴的书写技术，是陷入了一种认知上的“苏格拉底陷阱”[3]。

（2）柏拉图：对话录与辩论术。

柏拉图（Plato，约公元前 427 至约公元前 347）是苏格拉底的学生，亚里士多德的老师。他出身雅典一个有影响力的贵族家庭，接受过当时最杰出的语法、音乐和体操方面的教育。公元前 399 年，苏格拉底受审并被毒死的时候，柏拉图不在雅典。由于苏格拉底之死，柏拉图对当时的雅典政治深感失望，于是开始游历意大利、西西里岛、埃及和昔兰尼等地以寻求知识。公

---

① 〔英〕卡尔波·普尔：《通过知识获得解放》，范景中、李本正译，中国美术学院出版社，1996，第 157 页。

② 〔古希腊〕柏拉图：《柏拉图全集（第二卷）》，王晓朝译，人民出版社，2003，第 197~198 页。

③ 郭文革：《在线教育研究的真问题究竟是什么——“苏格拉底陷阱”及其超越》，《教育研究》2020 年第 9 期，第 146~155 页。

元前 387 年，柏拉图返回雅典，在雅典城外西北角的 Akademy（雅典地名）创立了西方世界的第一所高等学校——阿卡德米学园（也称柏拉图学园）。据说，在学院入口上方刻有“不懂几何学者勿入此门”的字样。

雅典此时已经成为古代地中海世界的出版中心，为阿卡德米学园的教学、写作和出版提供了良好的技术条件。据说，阿卡德米学园的课程就是按照《理想国》第七卷的对话开设的，包括文法、修辞、逻辑、天文、算术、几何和音乐等课程。也有研究认为，学园没有固定的课程，主要采取辩论和对话的方式来教学，讨论的主题可能包括数学以及《柏拉图对话录》中所涉及的哲学主题。

柏拉图的思想深受毕达哥拉斯、赫拉克利特和巴门尼德等人的影响。柏拉图使用各种各样的名词，他第一个研究了语法的重要性，完善了芝诺的辩证法和对话录形式，他是第一个采用对话录的形式讨论哲学和科学知识的人。①

在柏拉图的哲学思想中，被讨论得最多的是他的“理念论”（theory of Ideas）或者“观念世界”，他认为物质世界是不断变化的，理念中的世界才是永恒的。长期以来，这一思想一直被二元论者解释成一种“唯心主义”世界观。一直到 20 世纪中后期，卡尔·波普尔提出“三个世界”的框架后，柏拉图的“观念世界”才逐渐与“语词的世界”合为一体。柏拉图还提出了著名的“洞穴隐喻”，描述了人类“身不能至、心向往之”的永恒“认知困境”②。

柏拉图的时代晚于苏格拉底，早于亚里士多德，他也经历了口传到手工抄写的历史变革。柏拉图早期借苏格拉底之口提出了对书写技术的批判。但后来，他又站在哲学的立场上，将源自口传时代的诗人“逐出”哲学的“理想国”，引发了 2000 多年来的“诗与哲学之争”。如前一章所述，诗歌

① 汪子嵩、陈康：《苗力田与亚里士多德哲学研究——兼论西方哲学的研究方法和翻译方法》，《中国人民大学学报》2001 年第 4 期，第 37~44 页。

② 郭文革、唐秀忠、王亚菲：《元宇宙的兴起与哲学二元认识论的反思：对互联网哲学本质的思考》，《云南师范大学学报》（哲学社会科学版）2022 年第 4 期，第84~92 页。

源自口传时代，哲学则是文字书写的产物，“诗与哲学之争”在一定程度上反映了口传和手工抄写两种媒介技术对人类知识探究的影响。

公元前86年，柏拉图学园被罗马独裁者苏拉（Sulla）摧毁。公元410年，柏拉图哲学的追随者在雅典建立了新柏拉图学园。公元529年，东罗马帝国皇帝优士丁尼一世终止了对新柏拉图学园的资助，学者开始流散，其中一部分学者携带希腊典籍到阿拉伯世界寻求支持，将希腊学问带到了阿拉伯世界。

（3）亚里士多德。

亚里士多德（Aristotle，公元前384至公元前322）出生于苏格拉底去世15年以后，套用今天的术语，他应该是手工抄写时代的第一代“原住民”。

亚里士多德出生在希腊北部的马其顿城邦，父亲是马其顿国王的医生。公元前367至公元前347年，亚里士多德在雅典的柏拉图学园学习了20年。公元前347年，柏拉图去世，学园交给了其侄子斯珀西波斯（Speusippus），亚里士多德离开雅典，到小亚细亚研究了几年植物和自然。公元前343年，应亚历山大大帝的父亲、马其顿国王腓力二世的邀请，亚里士多德担任亚历山大大帝和托勒密一世等贵族子弟的教师，向他们传授医学、哲学、道德、宗教、逻辑和艺术。亚里士多德也把自己的偏见传给了亚历山大大帝。例如，他认为只有希腊人才是文明人，其他族类都是野蛮人（Barbarian），因此鼓励亚历山大大帝向东方去探索，征服野蛮人。

公元前336年，亚历山大大帝继位。公元前335年，亚里士多德重回雅典，创办了吕克昂学园。亚里士多德通过口头语言授课，他喜欢在吕克昂学园的庭院里四处走来走去，弟子们则围在身旁跟着他听课、讨论。因此，亚里士多德学派也被称为“逍遥学派”。公元前86年，罗马将军苏拉袭击雅典时吕克昂学园被摧毁。

亚历山大大帝为亚里士多德的研究提供了多方面的支持。传说亚历山大大帝任命亚里士多德为马其顿王国科学研究工作的主任，并将数以千计被派到世界各地作考察旅行的人供他指派。[①] 他还为亚里士多德提供资助，把远

---

① 〔法〕雅克·勒戈夫：《中世纪的知识分子》，张弘译，商务印书馆，1996，第45页。

征所到之处抢劫、搜集的图书、植物标本和地理资料等送回雅典，送给他的老师。波斯人传说，亚历山大曾经把巴比伦天文台的星象图送给他的老师亚里士多德作为礼物。① 依靠亚历山大大帝的支持，亚里士多德在吕克昂学园建立了一个图书馆，搜集、编辑和制作莎草纸卷轴，还组织了人类历史上第一大规模的学术研究活动。

> 有一段时间，他手下有上千人在亚洲和希腊各地为他收集自然历史资料。主要是收集口头传说，记录在莎草纸上带回到学园，对汇集的大量书面资料，反复阅读，进行分类、分析和研究。在他的指导下，学园的学生们对158种政治制度进行了研究……这是世界上第一次有组织的科学研究工作，之前从来没有人尝试，甚至不曾想象过。②

当1000名年轻人搜集的记录汇集到亚里士多德面前的时候，他一定是人类历史上第一个感受到“知识爆炸”的人。在他的指导下，学园的学生们对158种政治制度进行了研究。这可能就是第二章中所谓“人类之间的秩序只能扩展到传令官声音所及的范围之内”的来源。显然，亚里士多德是以字母文字和莎草纸为研究工具，研究了口传时代的人类合作规模。

亚里士多德认为要判别哲学命题的真和假，就必须经过语言的命题、判断和论证，这套文字表达的规则就是逻辑学。③ 他在概念、文法、修辞和逻辑等方面的贡献，为手工抄写时代人类的知识生产劳动提供了一套完整的“软”技艺。后人按照概念、命题、推理、证明和论辩的逻辑顺序，将亚里士多德的《范畴篇》《解释篇》《前分析篇》《后分析篇》《论题篇》及其附录《辩谬篇》等六篇整理成《工具论》。这部《工具论》中提出的范畴、本体、谓词等概念今天仍然在使用。“范畴”是最早的一套描述现实世界的

---

① 〔伊朗〕阿卜杜·侯赛因·扎林库伯：《波斯帝国史》，张鸿年译，复旦大学出版社，2011，第169页。

② 〔英〕H. G. 韦尔斯：《世界史纲：生物和人类的简明史（上卷）》，曼叶平、李敏译，北京燕山出版社，2004，第246页。

③ 汪子嵩、陈康：《苗力田与亚里士多德哲学研究——兼论西方哲学的研究方法和翻译方法》，《中国人民大学学报》2001年第4期，第37~44页。

概念框架。由于亚里士多德为人类研究贡献了大量的概念和术语，德国现代媒介哲学家弗里德里希·基特勒（Friedrich Kittler）称他为“最伟大的希腊语言创造者”①。

亚里士多德是一名百科全书式的学者，他名下的著作涵盖了今天学科分类中的物理学、生物学、形而上学、逻辑学、伦理学、美学、诗歌、戏剧、音乐、修辞学、心理学、语言学和政治学等多种学科，哲学在当时指整个人类知识体系。

作为手工抄写时代的“原住民”，对于亚里士多德来说，文字书写是一种“与生俱来”就“在那里”的存在，在他的著述中，口传与手工抄写之争消失了。亚里士多德把知识分成理论之学（形而上学）、实践之学和生产之学三类，他赋予形而上学至高无上的地位，而把技术贬低为一种“生产之学”，从而遮蔽了哲学与手工抄写技术之间的密切联系。2000 多年来，哲学对技术的压制、哲学对实用主义哲学的压制等或许都可以追溯到亚里士多德的这个知识分类体系。公元 16 世纪的法国人文主义哲学家彼得·拉米斯发现，亚里士多德的这个知识分类体系存在明显的错误，逻辑学就不属于其中的任何一类。现代的“斯坦福哲学百科全书”把存世的亚里士多德著作分为工具论、理论科学、实践科学和生产科学四类，将工具论放在首要的位置。

3. 希腊哲学家的贡献：造工具的人

综上所述，希腊哲学诞生于从口传到手工抄写的技术变革时期。当口传时代的语音变成写在莎草纸上的字母文字时，内容就从一串捉摸不定的“语音流”变成了纸上可以反复阅读的概念、句子和段落。于是，知识生产逐渐从口传生态环境迁移到手工抄写生态环境中。

处于书写文明开端的希腊哲学家们并没有一套现成的概念和术语体系，

---

① 〔德〕弗里德里希·基特勒、〔中〕胡菊兰：《走向媒介本体论》，《江西社会科学》2010 年第 4 期，第 249~254 页。

他们像工匠一样，从口传史诗和早期语言书写者提供的语词、修辞资源中，甄选词汇，创造新词，打造出一套书面表达的概念术语体系——用文字为世界“建模”，以描述具体事物和一般概念，创造了一套在手工抄写媒介生态下，探究真理生产知识的“通用框架方法”，如图 3-11 所示，为手工抄写媒介生态下的“世界 3：客观知识世界”奠定了新的基础。

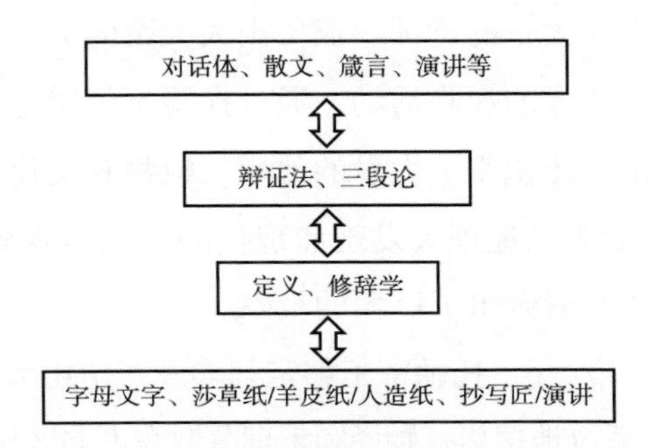

图 3-11　手工抄写时代的“通用框架方法”

希腊哲学家打造的这一套探究真理、追求知识的概念、文法、修辞和逻辑等技艺，离不开手工抄写的媒介生态。就像耶鲁大学古典学教授埃里克·哈弗洛克所说，柏拉图为之奋斗的整个哲学思想完全依靠文字，希腊哲学的萌芽与文字对希腊思想的重构紧密联系在一起。当“抽象、分析和视觉的编码锁定了难以捉摸的语音世界”① 时，希腊哲学诞生了。

希腊哲学家创造的这套概念文法、修辞和逻辑技艺成为手工抄写时代知识分子从事知识劳动必须掌握的技艺（手艺），为印刷机出现以前人类文明的几次重大发展提供了探究真理、发展人类知识的基础工具。希腊化时期的亚历山大图书馆、阿拉伯智慧宫和中世纪大学都采用了希腊哲学的这套概念、文法、修辞和逻辑技艺。

① 〔美〕沃尔特·翁：《口语文化与书面文化：语词的技术化》，何道宽译，北京大学出版社，2008，第 17、20 页。

第四节　希腊人两次搜集人类知识的壮举

在马其顿王朝时代和希腊化时期的托勒密王朝，亚里士多德的学生亚历山大大帝和托勒密一世国王，开创了两次搜集人类知识的伟大壮举。

第一次是亚历山大大帝的远征。亚历山大大帝的远征，是古代世界人类朝向未知疆域的一次伟大的探险活动，通过探险不仅建立了希腊到西亚、中亚、印度的交通联系，还积累了大量的地理、植物和文化知识。在人类历史上，只有公元 15 世纪末的地理大发现和现代的“太空探索计划”可以与之相媲美，对人类文明发展做出了巨大的贡献。

第二次是公元前 305 年，托勒密王朝定都埃及亚历山大港，创建了亚历山大图书馆和博学园，系统地搜集、翻译和整理分散在不同区域的人类知识，使人类对世界的认知突破了地域的限制，首次建立了具有全局视野的人类知识体系。

希腊人的这两次壮举，对西方文明和人类文明的发展做出了重大贡献。

一　亚历山大大帝远征

亚历山大大帝是亚里士多德的学生。公元前 336 年，亚历山大的父亲——马其顿国王腓力二世遇刺，20 岁的亚历山大继位。公元前 335 年，亚历山大统一了希腊全境；公元前 334 年起，他率军东侵，横扫小亚细亚、中东及伊朗高原；公元前 332 年，亚历山大不费一兵一卒，就把埃及从波斯人的统治下“解放”出来，占领了埃及；公元前 330 年吞并波斯帝国；公元前 329 年转战中亚；公元前 327 年南征印度。到公元前 324 年，亚历山大大帝征服了约 500 万平方公里的领土，建立起西起希腊、马其顿，东到印度河流域，南临尼罗河第一瀑布，北至锡尔河的亚历山大大帝国，成为当时世界上领土面积最大的帝国。公元前 323 年，亚历山大在巴比伦病逝，年仅 33 岁。[①]

① Wikipedia，Alexander the Great，https：//en. wikipedia. org/wiki/Alexander_ the_ Great#cite_ note-66.

亚历山大大帝的东征是一次探索未知世界、拓展人类认知边界的壮举。今天，听到“世界”这个词，每个人脑子里会自动浮现世界地图或地球仪的影像，但对亚历山大大帝时期的人来说，世界是未知的。学术界给予他的老师亚里士多德过高的评价，却严重低估了亚历山大大帝这位伟大的帝王为探究人类知识做出的重大贡献。在人类文明发展史上，亚历山大大帝的远征具有以下三方面的重要意义。

1. 向未知进军，积累了大量一手的实地考察材料

根据伊朗历史学家撰写的《波斯帝国史》，亚历山大大帝带领 12 万人远征印度。当时，亚历山大大帝对印度一无所知，伊朗人对印度所知也非常有限。印度是否与埃及相连、印度究竟面临什么大洋曾是亚历山大大帝的老师亚里士多德探讨的问题[①]。

> 公元前 325 年 7 月，大军到达帕塔列，亚历山大大帝乘船在印度河入海口游弋，他终于看到了海，心满意足地感谢神灵保护他到达了大地的尽头。从印度往回返的时候，大军兵分三路。一路穿过莫拉山口，向西前进；另一路经波斯湾到幼发拉底河口；他本人则率大部队从卡德鲁赞向克尔曼进发。他选择这条危险的路线时并不知道会遇到什么困难……由于有些地方极难行进，他们不得不改变沿海行进的路线，逐渐走向荒漠中布满流沙的内陆地区……向导也迷了路。越往前走，越凶险可怕……最后，随同他从印度回到巴比伦的兵士不及出征时的四分之一。

亚历山大大帝远征的时候，带着马其顿王国的历史学家、博物学家和最好的绘画师，其中包括亚里士多德的侄子和学生、历史学家卡里斯汀森。[②]

---

① 〔伊朗〕阿卜杜·侯赛因·扎林库伯：《波斯帝国史》，张鸿年译，复旦大学出版社，2011，第 189~191+194 页。

② 〔伊朗〕阿卜杜·侯赛因·扎林库伯：《波斯帝国史》，张鸿年译，复旦大学出版社，2011，第 201 页。

在东征的途中，他们仔细地勘察地形，绘画师会把其所到之处的地形地貌、植物样貌等画下来，积累了大量以一手经验为依据的地理知识。

亚历山大大帝远征中对自然和文化的考察成为后来欧洲人的一种传统。拿破仑远征埃及的时候，就带着一个由各科学者组成的考察团，罗塞塔石碑就是拿破仑远征军在埃及发现并小心翼翼地保护起来的。英国东印度公司远征印度的时候，也仿效亚历山大大帝，聘请了历史学家和博物学家等随行。

2. 倡导实证的、注重实际的哲学风尚

亚历山大大帝的远征给他带来了大量以经验为依据的新的地理知识①，他实地考察了东方文明的发展，修正了亚里士多德在地理、文化方面的“错误知识”，也改变了雅典人认为东方人是“野蛮人”的错误观念。他发现，东方早已发展出很先进的文明。

亚历山大大帝越来越关注实际问题，逐渐远离抽象的哲学。在亚历山大大帝和亚里士多德之间产生了概念与现实之间的矛盾。他逐渐摆脱了亚里士多德和他的政治学说的影响，不再痴迷于亚里士多德的“超人”政治理念，而是按照现实的生活，寻找不同民族合作的新思想。由于政见不同，他还处死了亚里士多德的侄子、作为随军历史学家的卡里斯汀森。② 这可能是人类历史上最早的“名”与“实”、“自然之书”与“文字之书”之间的冲突。

3. 亚历山大大帝对世界文明发展的影响

亚历山大大帝远征极大地扩展了希腊人对世界的看法和认知。亚历山大大帝的征伐，打通了希腊文明、波斯文明、印度文明和埃及文明之间交流的通道，促进了各地区之间的贸易往来和文化交流，为融合各地的“区域性知

---

① 〔埃〕穆斯塔法·阿巴迪：《亚历山大图书馆的兴衰第二版（修订版）》，臧慧娟译，中国对外翻译出版公司，1996，第 6 页。

② 〔伊朗〕阿卜杜·侯赛因·扎林库伯：《波斯帝国史》，张鸿年译，复旦大学出版社，2011，第 200~206 页。

识”、创建最早的人类知识体系奠定了基础。公元9世纪阿巴斯王朝的学者就曾愤愤不平地表示，亚历山大大帝远征时，掠夺了波斯人的书籍和科学记录，将伊朗人的学问带到了西方，这些东方的学问后来变成了希腊文明的核心。[①]

亚历山大大帝所到之处建立希腊人的安置点，推广希腊字母文字。他认为，希腊的语言和文化比波斯的语言和文化更适用于多种文明之间的交流。[②] 亚历山大大帝的远征导致了阿契美尼德王朝的灭亡，间接导致了楔形文字的失传。公元前2世纪，波斯人创造了帕拉维字母表，字母文字逐渐取代了原来的楔形文字。

可惜的是，亚历山大大帝英年早逝，他的好友和学伴托勒密一世继续了他的知识探索事业。在亚历山大大帝死后，托勒密一世在埃及亚历山大城创办了亚历山大图书馆和博学园，系统搜集各区域的人类知识，迎来了人类早期文明的辉煌。

二 托勒密王朝和亚历山大图书馆

公元前323年，亚历山大大帝病逝，庞大的亚历山大大帝国土崩瓦解，形成了3个大的王朝和一系列小城邦国家。这3个大的王朝分别是托勒密王朝、塞琉古王国和安提柯王国。其中，统治托勒密王朝的就是亚历山大大帝的好友托勒密一世。

公元前305年，托勒密自立为国王，即托勒密一世，定都于今埃及的亚历山大港。亚历山大城的城址是亚历山大大帝生前亲自考察、确定的，城市建设主要在托勒密王朝时期完成。工程从托勒密一世开始，到托勒密二世（公元前285至公元前246在位）继任尚未完工，托勒密三世（公元前246至公元前221在位）登基以后，进一步开展城市建设。世界各地的能工巧匠都来参与亚历山大城的建设。亚历山大城作为一个世界都市，其规模和威

---

① 〔美〕乔纳森·莱昂斯：《智慧宫：阿拉伯人如何改变了西方文明》，刘榜离、李洁、杨宏译，新星出版社，2013，第95~96页。

② 〔伊朗〕阿卜杜·侯赛因·扎林库伯：《波斯帝国史》，张鸿年译，复旦大学出版社，2011，第204页。

名在公元前 3 世纪达到了顶峰。当时，亚历山大城既是地中海最大的港口城市，也是世界贸易中心，吸引了各国商人在此建立办事处，还曾与印度阿育王互派大使。[①] 公元前 30 年，托勒密王朝最后一任法老克利奥帕特拉七世（埃及艳后）兵败自杀，托勒密王国并入罗马帝国的版图，这是希腊化时期结束的标志。

托勒密王朝的官方语言是希腊语，王朝建立了许多希腊语初级培训学校，还大量从希腊移民到亚历山大城。托勒密王朝对希腊语的推广导致当地居民纷纷改用希腊语。从公元前 3 世纪起，希腊语代替希伯来语和阿拉米语成为当地的通用语言。在一个半世纪以内，亚历山大城的大街小巷各种方言绝迹[②]，这可能是导致古埃及象形文字失传的一个重要原因。罗塞塔石碑就是在语言变化的背景下，由托勒密五世颁布的一个用 3 种语言表达的诏令。

托勒密王朝对人类文明最伟大的贡献是建设了亚历山大图书馆和博学园，这是希腊化时期最著名的知识中心和学术中心。亚历山大图书馆从托勒密一世开始建设，一直持续到托勒密二世时期。托勒密王朝的几代国王一直坚持不遗余力地搜集图书、网罗优秀学者，并组织开展学术研究。

亚历山大图书馆馆藏的搜集、整理和编辑等全部依赖人的手工抄写。托勒密王朝的几代国王历经数百年时间，花费了大量的财力、人力和物力，搜集、翻译、编辑和手工抄写出版了古代世界，包括古希腊、古埃及、两河流域、波斯等早期人类文明典籍。流传至今的古希腊典籍主要都是在亚历山大城搜集、编辑和手工抄写出版的。

1. 搜集图书

在手工抄写时代，搜集资料，开展学术研究是一件昂贵而奢侈的事情。

---

① 〔埃〕穆斯塔法·阿巴迪：《亚历山大图书馆的兴衰（修订版）》，臧慧娟译，中国对外翻译出版公司，1996，第 20 页。

② 〔埃〕穆斯塔法·阿巴迪：《亚历山大图书馆的兴衰（修订版）》，臧慧娟译，中国对外翻译出版公司，1996，第 25~26 页。

亚历山大图书馆的书籍是在托勒密王朝的历代国王持续不断的努力下，才汇集起来的人类早期文明成果。相传，历代托勒密国王想尽各种办法，不遗余力搜集图书。

> 国王托勒密二世爱好学习……他四处搜寻图书，为此不惜重金。他任命德米特里负责此事，很快收集到54000本书。一天，国王（托勒密二世）问德米特里，“你认为世界上还有我们手上没有的知识之书吗?”“有的。”德里特里回答说，“在信德（印度北部）、印度、波斯、格鲁吉亚、亚美尼亚、巴比伦尼亚、穆西尔和希腊还有大量的图书。”国王听了十分惊讶，说：“继续收集。”他这样不断收集图书直至去世，而这些书由历代国王及其继任者守护和保存直至如今。①

搜集图书的方法主要有以下几种。②

第一，从各地特别是当时最大的图书集市雅典和罗德购买图书。

第二，搜寻每一艘在亚历山大港卸货的船只，如果发现图书，马上送往图书馆，由图书馆决定是将图书归还原主还是留在馆内，并给原主适当补偿。例如，锡德的姆奈蒙带着希波克拉底《流行病学》第三卷，从潘菲利亚乘船来到亚历山大城。按照国王的命令，该书被海关官员没收后收入图书馆，标着“来自船上”和“锡德的姆奈蒙”等字样。

第三，亚历山大人还以欺骗的手段获得了雅典国家档案馆珍藏的埃斯库罗斯、索福克勒斯和欧里庇得斯三大悲剧作家的原始手稿。按规定，这些珍贵的手稿不准外借。但托勒密三世说服雅典总督将高达15塔兰特的银币押在雅典，后者允许他借出复制，并令其保证归还。最后托勒密三世将原件留下，将复制件送还给雅典国家档案馆，欣然交付罚金。

亚历山大城的图书搜集、整理、研究和出版事业所依赖的技术基础是莎

---

① 〔埃〕穆斯塔法·阿巴迪：《亚历山大图书馆的兴衰（修订版）》，臧慧娟译，中国对外翻译出版公司，1996，第125页。

② 〔埃〕穆斯塔法·阿巴迪：《亚历山大图书馆的兴衰（修订版）》，臧慧娟译，中国对外翻译出版公司，1996，第65~67页。

草纸和抄书匠的手工抄写。据传说，为了保证亚历山大城莎草纸的供应，托勒密二世时期颁布法令，禁止埃及莎草纸出口。当时亚历山大城抄写员的报酬是根据抄写质量及行数而定的。①

> 公元二世纪俄克喜林库斯的一份纸莎草纸文稿提到两种付报酬的标准："10000 行，28 德拉克马……6300 行，13 德拉克马。"罗马皇帝戴克里先为了使整个帝国的收费和酬金有一个统一的标准，对抄写员的报酬做出了如下规定："质量最好的抄写，100 行 25 迪纳里厄斯（罗马银币）；质量二流的抄写，100 行 20 迪纳里厄斯；公证员书写一份请愿书或法律文书，100 行 10 迪纳里厄斯。"

2. 网罗优秀学者

亚历山大图书馆的每一任馆长都兼任托勒密王朝王子、公主的家庭教师。每一任亚历山大图书馆的馆长都受到良好的教育，具有学术和文化方面的兴趣，并不断寻找和招聘各个学科的一流学者。其中，最有名望的无疑是"数学之父"欧几里得。著名的欧几里得的《几何原本》就是题献给托勒密一世的。

为了给博学园的研究者提供生活和工作保障，博学园的全体成员构成一个自治团体，共同拥有信托资产。除免除食宿费用和赋税外，博学园的学者还能获得很高的俸禄。学者加入博学园需要得到国王的批准，但他们在开展学术工作方面享有高度的自由和研究便利。②

3. 对原始资料的翻译、汇编

托勒密王朝的统治者希望他们的藏书具有世界性，不仅应有包含希腊全

---

① 〔埃〕穆斯塔法·阿巴迪：《亚历山大图书馆的兴衰（修订版）》，臧慧娟译，中国对外翻译出版公司，1996，第 68 页。

② 〔埃〕穆斯塔法·阿巴迪：《亚历山大图书馆的兴衰（修订版）》，臧慧娟译，中国对外翻译出版公司，1996，第 56~57 页。

部知识的图书，而且应将世界各地的作品翻译成希腊文。据说，托勒密二世曾邀72名（据传说从犹太12个部落，每个部落邀请了6名学者）犹太学者将希伯来文的犹太经文翻译成希腊文，整理出版了《七十子希腊文圣经》，这是《圣经·旧约》最重要的早期文本材料。

亚历山大图书馆收藏的大量资料，第一次将古希腊和古代近东地区的经验结合在一起，让学者们可以自由地查阅图书，为古代世界的知识翻译、汇集、校刊和修编等提供了重要的资料，大大推动了对原有知识的汇集、梳理，以及新知识的生产。为了保存和整理这些古代资料，亚历山大城的学者开创了一门新学科——校勘学。整理和编校古代资料需要广泛地调查和阅读，不仅要了解诗人的语言和诗歌用语，还要研究该文本写作时期的历史和文化。①

充分而有序整理的资料为亚历山大城的学者提供了前所未有的优越的研究条件。厄拉多塞是公元前3世纪最杰出的学者之一，曾担任亚历山大图书馆馆长，撰写了《地理学》一书。他为了证实印度河的宽度，详细查阅了《旅行指南》以及麦加斯梯尼和帕特罗克蕾的著作所提供的证据，他的研究依据是经过“到过这些地方的人验证的”数据，“他读过这座大图书馆可为他提供的很多论文”，他认为有必要“全面修订早期的地图”。② 这表明，他充分掌握并极其熟悉地理学的早期历史资料。

罗马帝国时期的学者维特鲁威在公元1世纪完成的《建筑史》中，以极其赞赏的口吻评述前辈们的著作是为了“人类的记忆”，将祖先的学术成就保存下来。这样就大大推动了对原有知识的重新梳理以及新知识的生产，促进了诗歌、地理、神学、医学和文学等的大发展。如果没有这些记录，很多研究是不可能进行的。

---

① 〔埃〕穆斯塔法·阿巴迪：《亚历山大图书馆的兴衰（修订版）》，臧慧娟译，中国对外翻译出版公司，1996，第72~73页。

② 〔埃〕穆斯塔法·阿巴迪：《亚历山大图书馆的兴衰（修订版）》，臧慧娟译，中国对外翻译出版公司，1996，第75页。

4. 亚历山大城的学术成果①

亚历山大图书馆代表了早期人类知识发展史上最璀璨的一幕，为后世留下了辉煌的文明成果。流传至今的古代经典，如《荷马史诗》、希罗多德的《历史》、柏拉图和亚里士多德的著作、《七十子希腊文圣经》和厄拉多塞的《地理学》等，都是经过亚历山大城的修订和手工抄写出版，才传到今天的。

在亚历山大城，希腊人创立了校勘学和词汇学两门学科，搜集、整理、出版了忒奥克里托斯的《田园诗》和阿波罗尼奥斯的《阿尔戈船英雄记》等诗歌，出版了卡利马科斯的《起源》。

欧几里得搜集了早期的数学研究资料，在这里撰写了《几何原本》；阿基米德在这里发现了“阿基米德定律”，发明了手摇螺旋扬水器；阿利斯塔克斯提出了最早的“日心说”猜想；埃拉托色尼首次计算了地球圆周长度为 39690 公里，已经非常接近地球真实的圆周长；特西比乌斯发明了水钟和压力泵。

亚历山大图书馆还搜集并出版了希波克拉底的流行病学卷轴；亚历山大城的学者还对神经系统、消化系统和血管系统进行了深入的研究。

5. 亚历山大图书馆的衰亡

在手工抄写时代，托勒密王朝耗费了巨大的财力、人力和物力，用几百年的时间才创建了亚历山大图书馆这一文明的殿堂。然而，由于手工抄写“副本”数量少，一把火就可以毁掉这“脆弱”的文明。按照《亚历山大图书馆的兴衰》一书的介绍，亚历山大图书馆经历了三次大的浩劫。

第一次是公元前 48 年，恺撒和庞贝在亚历山大城的海上决战，战火蔓延到岸上，烧到了岸边的亚历山大图书馆，好不容易积累起来的 50 万卷

---

① 〔埃〕穆斯塔法·阿巴迪：《亚历山大图书馆的兴衰（修订版）》，臧慧娟译，中国对外翻译出版公司，1996，第 70~101 页。

（也有认为是 70 万册）莎草卷藏书尽遭焚毁。只有博学园的子图书馆得以幸存。这一次劫掠是一次意外。据说罗马将领马克·安东尼后来还从帕加马抢劫了 20 万册图书，赔给克利奥帕特拉七世，以弥补亚历山大图书馆的损失。[①] 大图书馆被烧毁以后，由于缺乏资料，大量研究被迫中断。公元前 25 年来到亚历山大城的古希腊学者斯特拉博记述说：“我们放弃了写作的念头……因为我们无法准确验证档案……”

第二次是在公元 391 年前后，罗马皇帝狄奥多西一世下令关闭所有的异教教堂和寺庙，驱散异教祭司。萨拉贝姆神庙被捣毁，邻近的博学园子图书馆也遭遇劫难。亚历山大城能够解读古代埃及文字的祭祀阶层也被驱散，这是对古埃及象形文字传承的致命打击。[②]

第三次浩劫存有争议。据传说，公元 642 年，阿拉伯将领阿慕尔征服埃及并占领亚历山大城，城市中散落的图书也被搜罗殆尽。但是，这件事存在争议，阿拉伯学者认为，在此之前，亚历山大城的图书已经散佚殆尽了。[③]

第五节 罗马帝国时期手抄文化的发展

当希腊人在埃及的亚历山大城搜集人类知识的时候，罗马人正在跟迦太基人争夺西地中海地区的霸主地位。经过三次布匿战争后，公元前 146 年，罗马人袭击并彻底摧毁了迦太基城，将迦太基变为罗马共和国的非洲行省。同时，罗马人跟希腊本土的马其顿王国发生了四次马其顿战争，公元前 146 年，罗马取得了胜利，希腊联盟投降。公元前 30 年，罗马人打败了托勒密王朝，占领了埃及全境。

公元前 27 年，奥古斯都称帝，罗马进入帝国时代。由于帝国疆域辽阔，

---

① 〔埃〕穆斯塔法·阿巴迪：《亚历山大图书馆的兴衰（修订版）》，臧慧娟译，中国对外翻译出版公司，1996，第 110 页。

② 〔埃〕穆斯塔法·阿巴迪：《亚历山大图书馆的兴衰（修订版）》，臧慧娟译，中国对外翻译出版公司，1996，第 116~117 页。

③ 〔伊朗〕阿卜杜·侯赛因·扎林库伯：《波斯帝国史》，张鸿年译，复旦大学出版社，2011，第 124 页。

各地的语言、文化和社会状况存在很大差别。为了便于治理，罗马皇帝因时因事，发布了一系列敕令，并规定，这些敕令同样适用于罗马帝国各行省。这些来自治理实践的敕令，为罗马法律研究积累了丰富的材料。

公元395年，狄奥多西一世去世，罗马帝国一分为二，东罗马帝国定都君士坦丁堡，使用希腊文字；西罗马帝国定都罗马，使用拉丁文字。公元476年，西罗马帝国灭亡，这标志着中世纪的开始。公元1453年，奥斯曼土耳其攻陷君士坦丁堡，标志着东罗马帝国的灭亡和中世纪的结束。

一　亚历山大城希腊学术的进一步发展

在罗马帝国时期，依赖托勒密王朝建立的造纸厂、手工抄书行业等基础设施，博学园继续充当罗马帝国的学术研究中心，亚历山大城仍然是罗马帝国的教育中心和出版中心。[①] 世界各地的学者不远万里来到亚历山大城，求学问道，用希腊文字开展学术研究。

在罗马帝国时期，亚历山大出现了两位对后世产生重大影响的伟大学者。一位是公元2世纪生活在亚历山大城的数学家、天文学家、占星家、地理学家和音乐理论家克劳迪亚斯·托勒密（Claudius Ptolemy），他的《天文学大成》、《地理学》和占星术研究深刻影响了伊斯兰学术的发展，还对近代科学革命产生了重要影响。另一位是古罗马的医学大师克劳迪亚斯-盖伦（Claudius Galenus）。盖伦是帕加马人，他到亚历山大医学院学习医学，撰写了《解剖学》。这两位学者都使用希腊文字写作。

二　拉丁修辞学的发展

罗马文化深受希腊文明的影响。拉丁字母本就是从希腊字母演变而来，罗马贵族和学者中很多人能阅读希腊文。罗马人占领了希腊本土后，很多希腊学者被邀请到罗马，担任贵族子弟的家庭教师。当时，说一个人“有教

① 〔埃〕穆斯塔法·阿巴迪：《亚历山大图书馆的兴衰（修订版）》，臧慧娟译，中国对外翻译出版公司，1996，第116页。

养”就意味着他能说拉丁语和希腊语。所以，罗马帝国时期，希腊语仍然是帝国的一种重要的官方语言，形成了以罗马为中心的拉丁文明和以亚历山大城为中心的希腊文明并存的局面。罗马人并没有将古希腊典籍翻译成拉丁文。[①]

在罗马共和制末期，语言书写和口头演讲已经融合在一起，创生出一种全新的混合传播生态环境。基于书写的演讲修辞术，使拉丁学者的书面语言呈现一种新的风格和特色，出现了一批杰出的拉丁学者，包括修辞学家和政治家西塞罗、诗人维吉尔、哲学家卢克莱修、博物学家老普林尼、教育家和修辞学家昆体良等，深刻影响了中世纪拉丁语教育的发展。

1. 西塞罗

西塞罗（公元前 106~前 43 年）[②] 是罗马共和制末期的政治家、哲学家和修辞学家，还是一位高产作家、出色的演说家和成功的律师，他在修辞学理论和实践方面得到了良好的训练。“通识教育”（liberal arts）的拉丁词源“artes liberales”最早就出现在西塞罗的作品中，他用这个词来描述各门自由技艺之间的关系。西塞罗的朋友瓦罗（Marcus Terentius Varro，公元前 116 至公元前 27）著有《学科九卷》（*Disciplinarum libri* Ⅸ），书中列举了文法、修辞、逻辑、音乐、数学、几何、天文、医学以及建筑学等 9 门自由技艺。[③]

西塞罗才华横溢，语言优美，据说，现存的拉丁文学作品中 3/4 是西塞罗的作品。他以自己的博学、勤奋著述为拉丁世界留下了大量语词、范例和修辞理论等珍贵的文化资源。英国历史学家、《罗马帝国衰亡史》的作者爱德华·吉本（Edward Gibbon）描述他第一次阅读西塞罗作品集的感受时说：“我尝到了语言之美……”[④]

---

① 〔美〕乔纳森·莱昂斯：《智慧宫：阿拉伯人如何改变了西方文明》，刘榜离、李洁、杨宏译，新星出版社，2013，第 46 页。

② Wikipedia，Cicero，https：//en. wikipedia. org/wiki/Cicero.

③ 沈文钦：《论“七艺”之流变》，《复旦教育论坛》2007 年第 1 期，第 34~39 页。

④ P. Gay，The Enlightenment：An Interpretation，New York：Norton，1966：56. 转引自 Wikipedia. Cicero，https：//en. wikipedia. org/wiki/Cicero.

2. 维吉尔

维吉尔（公元前70至公元前19）是公元前1世纪奥古斯都时期的古罗马诗人，他是一个通过“写”创作诗歌的人，而不像荷马是依赖“唱”创作诗歌的人。“写”的创作方式使维吉尔的诗歌呈现与口传史诗不同的特征，也显示了口传和手工抄写两种媒介技术对诗歌修辞的影响。维吉尔不善言辞，他“由于口拙，像个没有文化的人”[①]。这表明，当时“能听会说”（Oracy）依然是一个人有文化素养的主要标志。

维吉尔创作了拉丁文学中最著名的三首诗：《牧歌》、《农事诗》和史诗《埃涅阿斯纪》。《农事诗》是为了配合屋大维振兴农业的政策受命创作的，全诗共4卷，每卷500余行。第一卷写种粮，第二卷写植树，第三卷写畜牧，第四卷写养蜂，具有实用手册的作用。《农事诗》花了7年时间（公元前37至公元前30年）才全部创作完成，平均每天写1行。据说维吉尔创作《农事诗》的工作方法是：“他每天一早口述大量已有腹稿的诗行，然后整天都用在加工上，把它们删减成很少几行。”[②] 史诗《埃涅阿斯纪》将近1万行，共12卷，花费了10年心血创作完成，平均每天不足3行。

现代学者对《荷马史诗》和维吉尔诗歌的“写作”风格进行了比较：《荷马史诗》来自民间，富于原创、生猛而狂野，仿佛更接近文学的本源；而维吉尔的诗作则被认为是衍生的、模仿的、典雅的（非民间）和造作的。[③] 或者说，《荷马史诗》带有一种口传诗歌粗粝的原始生猛感，而维吉尔书写的诗歌则带有一种经过深思熟虑、打磨过的书面文本的典雅和矫饰。

维吉尔的诗歌影响了早期基督教文学的写作。拉丁基督教没有自己的文学传统，需要借助现成的拉丁文学语言表达基督教的主题和情感。在公元

---

① 〔古罗马〕维吉尔·塞内加：《埃涅阿斯纪特洛亚妇女》，杨周翰译，上海人民出版社，2019，第5页。

② 〔古罗马〕维吉尔·塞内加：《埃涅阿斯纪特洛亚妇女》，杨周翰译，上海人民出版社，2019，第15页。

③ 丁雄飞：《高峰枫谈维吉尔与〈埃涅阿斯纪〉》，《澎拜新闻·上海书评》，https://www.thepaper.cn/newsDetail_forward_16476227。

313年君士坦丁大帝颁布“米兰敕令”后不久，一位名叫尤文库斯（Juvencus）的教士用拉丁文写作了一部四卷本的《圣经》史诗，史诗的内核是新约故事，其表达形式则采用了古典文学华丽、已成定式的语言表现形式，其中大量的词句、片语取自作者从小学习的维吉尔诗歌。尤文库斯开辟了一种将基督教与古典文学相混融的新的文学形式。

维吉尔的诗歌还对中世纪和文艺复兴时期的西方文学产生了重要的影响。在但丁的《神曲》中，维吉尔作为向导，引领作者穿越地狱和炼狱，隐喻维吉尔是但丁的文学引路人。公元16世纪的拉米斯主义者则引用维吉尔《农事诗》的内容编写物理、地理教科书等。[①]

3. 卢克莱修的《物性论》

《物性论》（*De rerum natura*）是罗马诗人和唯物主义哲学家卢克莱修（约公元前99至公元前55年）创作的一首哲学诗，目的是向罗马观众传达、解释伊壁鸠鲁主义哲学。这部哲学诗歌由大约7400个六音步短节组成，分为六卷本，分别探讨了原子论原理、心的本质和灵魂、对感觉和思想的解释、世界及其现象的发展，并解释了各种天体和陆地现象。

卢克莱修的《物性论》为了解手工抄写时代实际的知识传播状况，提供了一个经典样本。首先，这部早期唯物主义哲学著作完全用诗歌写成，这表明，在口传和手工抄写混合的时代，即使严肃的哲学思想也采用了诗歌的表达形式。其次，在中世纪很长一段时间，这部“异教”学说几乎消失了，没有人知道世界上曾经存在这样一本书。“在数百年的时间里，《物性论》不为人知，有一段时间，仅剩了一个孤本。”[②] 1417年1月，意大利人文主义学者波吉奥·布拉乔里尼（Poggio Bracciolini）在德国的一座修道院中幸运地发现了一个孤本，波吉奥誊写了一个副本。后来，波吉奥发现的那个孤

---

① W. J. ONG, “Ramist Classroom Procedure and the Nature of Reality”, *Studies in English Literature*, 1500-1900, 1961, 1 (1): 31-47.

② 〔美〕伊丽莎白·爱森斯坦：《作为变革动因的印刷机：早期近代欧洲的传播与文化变革》，何道宽译，北京大学出版社，2010，第127页。

本又消失了，仅剩下波吉奥的抄本。波吉奥把抄本寄给了他的朋友——斜体字的设计者 Niccoli，后者用专业的手工抄写制作了 50 多份抄本。① 直到 1473 年，《物性论》进入了布雷西亚的一家印刷所，从此，没有人担心《物性论》会再次消失。到 16 世纪末，卢克莱修的著作已经印行了 30 版，这份公元前的“诗歌体”唯物主义哲学著作终于广为人知，成为文艺复兴和现代科学的思想资源之一。很多启蒙思想家崇拜卢克莱修的思想，伏尔泰一人就藏有 6 个版本的《物性论》。②

三 早期经院哲学的兴起

公元 380 年，罗马皇帝狄奥多西一世颁布诏书，定基督教为罗马帝国的唯一国教。③ 为此，需要编写一本正式的拉丁文的《圣经》。这个历史使命被交给了古罗马哲学家、基督教神学研究者圣哲罗姆。

1. 圣哲罗姆

圣哲罗姆（Saint Jerome，生于 342～347 年，卒于 420 年）早年在罗马接受拉丁文的修辞学教育，他还能流利地说希腊语。圣哲罗姆在沙漠苦行的时候，还得到一位犹太基督徒的指导，学习了希伯来语。公元 382 年，他搜集了希伯来文、希腊文和拉丁文的所有旧约，开始翻译《圣经·旧约》。随后，又开始研究和纠正拉丁文《圣经·新约》。在对现存资料进行翻译和整理的基础上，他于公元 405 年编纂完成了罗马教廷认定的唯一拉丁文《圣经》正本（Vulgate）。

除《圣经》以外，圣哲罗姆还留下了 150 封左右的信函④，这 150 封书信经抄书匠人的大量传抄，留存至今。这表明，在手工抄写时代，制作大部

① Wikipedia，Poggio Bracciolini，https：//en. wikipedia. org/wiki/Poggio_ Bracciolini.

② 〔美〕伊丽莎白·爱森斯坦：《作为变革动因的印刷机：早期近代欧洲的传播与文化变革》，何道宽译，北京大学出版社，2010，第 491～492 页。

③ Wikipedia，Christianity，https：//en. wikipedia. org/wiki/Christianity.

④ Wikipedia，Jerome，https：//en. wikipedia. org/wiki/Jerome.

头图书是一个耗时耗力的大工程，日常生活中大量流传的手抄件很可能是像信函这样的简短内容。

2. 圣奥古斯丁

圣奥古斯丁（Saint Augustine，354~430）[①] 跟圣哲罗姆生活在同一个时代，他是古罗马著名的神学家、修辞学家和哲学家。圣奥古斯丁出生在北非，有柏柏尔血统。他早年在迦太基学习修辞学，成年后先后在迦太基、罗马等地创办修辞学校，教授修辞学。30 岁时，奥古斯丁担任米兰宫廷的修辞学教授，这是当时拉丁世界最引人注目的学术职位。

公元 386 年，圣奥古斯丁皈依基督教，他放弃了修辞学教授的职业，全身心地投入传教事业。圣奥古斯丁在讲道时使用了各种修辞手法，例如类比、图画、明喻、隐喻、重复和对立等，深受教徒的欢迎。他的演讲词被速记员记录下来，广泛传抄，留下了 350 多篇有名的布道辞。这进一步证明，在手工抄写时代，日常生活中大量流传的手抄件是如信函、布道辞这样的简短内容。

圣奥古斯丁还创作了《上帝之城》、《论基督教教义》和《忏悔录》等经典著作，被视为拉丁教会最重要的教父之一，对后来西方哲学和基督教的发展产生了重要影响。

四　罗马法的编纂：优士丁尼法典

罗马人对世界文明最大的贡献是罗马法学。公元 476 年，西罗马帝国灭亡以后，东罗马帝国一直试图收复失地。公元 527 年，东罗马帝国最有作为的皇帝之一优士丁尼一世（Justinian Ⅰ）即位，开始收复西罗马帝国领土，实现“帝国复兴”大业。他的军队征服了北非的汪达尔王国、南欧的东哥特王国，恢复了对西西里岛、意大利和罗马的统治；还收复了伊比利亚半岛南部的西班牙省，重新确立了东罗马帝国对西地中海的控制。

---

① Wikipedia，Augustine of Hippo，https：//en. wikipedia. org/wiki/Augustine_ of_ Hippo.

在恢复对意大利南部的统治之后，优士丁尼一世开启了另一项泽被后世的伟大工作，编制《国法大全》。《国法大全》包括四部分：《优士丁尼法典》、《新律》、《法学阶梯》和《学说汇纂》。

公元528年2月15日，优士丁尼一世下令组成十人委员会，开始清理哈德良帝以降历代皇帝颁布的敕令，编写《优士丁尼法典》（*Codex Justinianus*）。十人委员会利用《格雷哥里安法典》、《赫尔莫杰尼安法典》和《狄奥多西法典》等素材，删除了其中前后矛盾和过时的内容，废除未被列入的谕令，将剩余的谕令按照时间顺序排列，编成10卷，于公元529年4月颁布。公元534年，优士丁尼帝又下令成立一个新的委员会，以其执政7年所发布的谕令为基础重新修订《优士丁尼法典》，内容增加至12卷，以拉丁文发布。

从公元534年至其565年去世，优士丁尼又先后发布一系列新的谕令（敕谕），内容多属于公法和宗教法，但也有关于婚姻和继承的规定，以希腊文写成。优士丁尼在世时未来得及对新颁布的谕令（敕谕）进行官方编纂，历史上仅有若干私人汇编，被称为优士丁尼《新律》（*Novellae constitutiones*）。

《法学阶梯》是为“有志于研习法律的青年”所编写的法律学校第一学年适用的“入门教科书”。公元533年，优士丁尼命令成立三人委员会，编写《法学阶梯》，内容分为4卷，于公元533年11月颁布，不仅作为钦定官方教科书，也具有立法意义，具有法律效力。

《学说汇纂》是《国法大全》之核心部分，这是一部法律理论著作，也称为“法学法”。公元530年12月15日，优士丁尼成立了一个有16人的编纂委员会，分4个小组，对共和国末年到君士坦丁大帝时的法学家著作进行广泛编选，据说先后参考了2000多册书并摘录300万行的资料，用3年时间完成了《学说汇纂》的编订工作，共50卷。公元533年12月16日，正式发布。

公元528~534年，由优士丁尼主持修订的《优士丁尼法典》、《新律》、《法学阶梯》和《学说汇纂》对古罗马法律实践、法学理论、法学教育、法典等进行了系统的汇总和梳理。这四部著作构成的《国法大全》就是对后世产生了重大影响的罗马法律知识体系。

《国法大全》最初是用拉丁文书写的。公元7世纪初，拉丁语在东罗马帝国逐渐式微，希腊语取而代之，成为帝国的官方语言。公元9世纪，东罗马帝国皇帝利奥六世（Leo Ⅵ the Wise）下令翻译并系统地整理了《国法大全》，并于公元892年颁布了长达60卷的希腊文的《巴希尔法律全书》（*Basilika*），该书至今仍有2/3的篇幅被保留下来。

第六节 阿拉伯智慧宫与百年翻译运动

公元7世纪，伊斯兰教在阿拉伯半岛兴起，并逐渐传播到阿拉伯地区。经过一两百年的发展，阿拉伯人建立起一个横跨亚、欧、非三洲的大帝国。8世纪末，阿巴斯王朝在巴格达创办了智慧宫（House of Wisdom），开展了“百年翻译运动”，保存并进一步发展了人类知识。

阿拉伯帝国鼎盛时期，疆域西起摩洛哥，东接印度、中国，北抵高加索，南至撒哈拉沙漠，是当时世界上国土最辽阔的国家，也是继波斯阿契美尼德王朝、亚历山大帝国、罗马帝国、拜占庭帝国之后地跨亚、欧、非三洲的大帝国。当时，在辽阔的阿拉伯帝国范围内，西边毗邻拉丁语文化，东边有印度的梵语文化，近邻还有讲希腊语的东罗马帝国，连接中国和欧洲的“丝绸之路”的大部分道路位于阿拉伯帝国的境内，这个以阿拉伯语连接起来的庞大帝国，为阿拉伯人搜集和整理东、西方多民族的文化，发展人类知识创造了良好的条件。

一 掌握当时世界两大书写材料

阿拉伯人掌握了当时世界的两大书写材料。公元639年，阿拉伯人征服埃及，公元642年，占领了亚历山大城，控制了埃及莎草纸的生产和供应。公元751年，阿巴斯王朝向东扩张时，跟中国唐朝军队打了一场“怛罗斯战役”，中国造纸工匠被俘，造纸术就这样传到中亚。[1] 阿拉伯人拥有了当

---

① 〔美〕约翰·高德特：《法老的宝藏：莎草纸与西方文明的兴起》，陈阳译，社会科学文献出版社，2020，代中文版序。

时世界的两大书写材料。

在“怛罗斯战役”后，撒马尔罕很快成为阿拉伯世界的造纸中心。公元795年，巴格达建立了第一家造纸厂，阿巴斯王朝的这座都城出现了一个辐射亚洲、非洲、欧洲的图书、文具交易市场，有数以千计的货摊，销售各种优质图书，还有墨水、画笔、优质纸张等。拜占庭人的希腊文资料甚至把纸称为“巴格达迪克森”（Bagdatixon）。这个兴旺的图书、文具交易市场使知识和思想观念能够快速而有效地在阿拉伯帝国范围内交流和传播，推动了阿拉伯学术事业的发展。① 在叙利亚、也门、北非和西班牙城市哈提法，造纸术也逐渐兴盛起来。

尽管有了充足的书写材料，但图书复制仍然依赖抄书匠的手工抄写。这就决定了智慧宫的知识生产方式在很大程度上重复了亚历山大图书馆的发展模式：搜集图书、手工抄写复制、翻译和整理各区域的知识等。

二　手工抄写，汇集东西方知识

伊斯兰教早期公开鼓励各种各样的知识探索。穆罕默德就曾经说过：学问即使远在中国，也要追寻之。② 在倭马亚王朝时期，希腊典籍就开始陆续被翻译成阿拉伯语，但“百年翻译运动”主要还是发生在公元8世纪中叶至10世纪末阿巴斯王朝统治期间。

公元751年，阿巴斯王朝第二任哈里发曼苏尔决定把首都从大马士革迁到巴格达。巴格达的地理位置远离拜占庭人的军事威胁，距离印度洋贸易航线不远，又拥有活跃的多民族文化，这些因素使巴格达很快成为世界上最繁荣的贸易、商业、知识和科学交流的中心。

有了繁荣的贸易收益的支持，阿拉伯人开始建设巴格达智慧宫，开展“百年翻译运动”。从第二任哈里发曼苏尔到第七任哈里发马蒙，阿巴斯王

① 〔美〕乔纳森·莱昂斯：《智慧宫：阿拉伯人如何改变了西方文明》，刘榜离、李洁、杨宏译，新星出版社，2013，第89页。

② 〔美〕乔纳森·莱昂斯：《智慧宫：阿拉伯人如何改变了西方文明》，刘榜离、李洁、杨宏译，新星出版社，2013，第126页。

朝在智慧宫持续投入大量资金，在上百年的时间内，通过多种途径不遗余力地搜集巴列维语、梵语、叙利亚语和希腊语的典籍，并将其翻译成阿拉伯语。

受到手工抄写技术的限制，阿巴斯王朝搜集知识的方式几乎重复了托勒密王朝在亚历山大城的做法。

1. 不遗余力地搜寻图书

阿拉伯帝国疆域辽阔，包含很多早期文明中心，因而拥有丰富的文化资源，如雅典、亚历山大城的希腊人的学问；苏美尔人、埃及人、波斯人以及印度人的智慧等；还有穆斯林、基督教徒、犹太人和琐罗亚斯德教徒等的宗教思想文化资源，为阿拉伯人搜集图书资料提供了便利的条件。阿巴斯王朝的第七任哈里发马蒙对知识和学者的渴求达到了狂热的地步。他派遣的搜集知识典籍的学者奔驰在帝国四通八达的大道上，足迹遍及拜占庭、波斯、印度等地。公元 9 世纪著名的阿拉伯学者和翻译家胡那因·伊本·伊沙克描述了阿拉伯人如何竭尽全力，去寻找一份缺失的医学手稿。[①]

> 我本人满腔热情地去寻找这本书，找遍了美索不达米亚、叙利亚、巴勒斯坦和埃及，直到我来到亚历山大城，可我一无所获。只是到了大马士革，我才找到了大约一半。

2. 通过外交渠道，获取拜占庭帝国珍贵的希腊手稿

阿拉伯人把科学知识看作无价之宝，他们多次派出外交使节去访问拜占庭帝国，提出复制珍贵的希腊手稿的要求。据传，托勒密的《天文学大成》就是马蒙与东罗马帝国交战的战利品，马蒙以此要挟东罗马帝国，作为和平

---

① 〔美〕乔纳森·莱昂斯：《智慧宫：阿拉伯人如何改变了西方文明》，刘榜离、李洁、杨宏译，新星出版社，2013，第 87~88+98~99 页。

的条件。[1] 通过这一途径，阿拉伯人成功地获得了柏拉图、亚里士多德、希波克拉底、盖伦和欧几里得的著作。

3. 邀请印度代表团访问巴格达，推动了东方文化的西传

公元 771 年，曼苏尔邀请印度代表团访问智慧宫，这是阿拉伯知识史上一个重要的转折点。印度圣贤带来了珍贵的梵语科学典籍，其中包括印度人关于天体、数学和其他科学的知识。最重要的是，印度人把 0~9 的数字带到了巴格达，后来，阿拉伯数学家的著作传到西方，形成了今天世界通用的十进制阿拉伯数字。印度人还带来了正弦和余弦、正切和余切、正割和余割等 6 种三角函数，为现代数学、天文学的发展奠定了基础。

三 翻译和整理各区域的知识

翻译、复制、研究并储存卷帙浩繁的波斯语、梵语和希腊语著作是一项规模宏大的工作，需要聘请为数众多的学者参与这项工作。为了支持翻译工作，阿巴斯王朝在巴格达建立了智慧宫，内设翻译局、图书馆、图书储藏室和一个研究院，研究院里有来自帝国各地的学者和知识分子。阿巴斯王朝还给翻译运动提供了充足的财政支持。据传，马蒙让学者把希腊典籍翻译成阿拉伯文，付给译者以“同译稿相同重量的黄金”，许多珍贵而湮没已久的古希腊典籍因此得以“复活”。[2] 在马蒙的支持下，大量印度、波斯和希腊学者的经典著作被翻译成阿拉伯文。

智慧宫的翻译活动保存了大量珍贵的希腊典籍，成为欧洲文艺复兴的重要知识源泉，其中就包括欧几里得的《几何原本》和托勒密的《天文学大成》。按照马蒙的要求，两位阿拉伯学者秉持忠实于希腊文原著的精神，把欧几里得的《几何原本》从希腊文翻译成阿拉伯文。12 世纪，英国的阿德

---

① 〔美〕乔纳森·莱昂斯：《智慧宫：阿拉伯人如何改变了西方文明》，刘榜离、李洁、杨宏译，新星出版社，2013，第 98 页。

② 〔美〕乔纳森·莱昂斯：《智慧宫：阿拉伯人如何改变了西方文明》，刘榜离、李洁、杨宏译，新星出版社，2013，第 110 页。

拉就是依靠他们的译本，把《几何原本》翻译成拉丁文，带回了欧洲。马蒙亲自领导了托勒密《大综合论》（*Megale Syntaxis*）的翻译。当时，这部书在阿拉伯世界的重要性仅次于《古兰经》。对于阿拉伯人来说，《天文学大成》为科学与研究提供了一张无价的路线图。有趣的是，该书后来以阿拉伯人的错误译名《天文学大成》（*Almagest*）为世人所知。西方人通过穆斯林科学才接触到托勒密的《天文学大成》。[①]

四　对人类知识的原创性贡献

阿拉伯地处欧亚大陆的中间，阿拉伯人不仅保留了希腊人的学问，也对人类知识做出了大量原创性的贡献，特别是在数学、代数学、几何学、天文学、地理学、炼金术[②]和医学等方面。

1. 数学和代数学方面的贡献

阿拉伯人对人类知识的第一大贡献是阿拉伯数字和代数学。公元771年，印度代表团把印度传统的数学、天体和其他科学知识带到了阿拉伯世界，这些梵文科学著作是用诗歌撰写的，没有提供解释、运算步骤和证明。为了翻译这些梵文科学著作，阿拉伯学者首先从梵文诗歌中解读出所表达的科学内容，其次，梳理其中蕴含的复杂的算法步骤。[③] 对翻译、解释和发展来自印度的数学和代数学做出杰出贡献的是阿拉伯数学家、天文学家花剌子密。

花剌子密是马蒙智慧宫的一名卓越的研究员。花剌子密用阿拉伯文撰写了一篇《印度人计算的加法与减法准则》，详细介绍了印度9个数字符号和

---

① 〔美〕乔纳森·莱昂斯：《智慧宫：阿拉伯人如何改变了西方文明》，刘榜离、李洁、杨宏译，新星出版社，2013，第116页。

② 在英文中，炼金术和中国炼丹术分别为 Alchemy 和 Chinese Alchemy，中国炼丹术的记录远远早于印度和阿拉伯炼金术，阿拉伯是否学习了中国炼丹术的相关知识及这两者之间的知识传承关系，至今仍是一个未解之谜。

③ 〔美〕乔纳森·莱昂斯：《智慧宫：阿拉伯人如何改变了西方文明》，刘榜离、李洁、杨宏译，新星出版社，2013，第110页。

0 的使用，以及十进位计数法的定位原则。这篇文章的阿拉伯文原本已经丢失，但公元 12 世纪的拉丁文译本被保留了下来。依靠这个拉丁文译本，阿拉伯数字被传播到西方，后来又传遍了全世界。花剌子密的另一篇代数文献是《还原与平衡原则》，这篇文献充分体现了他在数学方面的天才。文章中阐述了解一次方程和二次方程的基本方法，以及二次方根的计算公式，明确提出了代数、已知数、未知数、根、移项、集项和无理数等一系列概念，把代数学发展成为一门与几何学相提并论的独立学科。代数（Algebra）这一术语就来自花剌子密。①

公元 825 年前后，按照马蒙的要求，花剌子密依托印度梵文文献制作了两个著名的星表，即《信德及印度天文表》。在后来的数百年，整个伊斯兰世界都在使用花剌子密的天文星表。公元 14～16 世纪的文艺复兴时期，花剌子密的天文星表又传到了欧洲，成为哥白尼、第谷等天文学家的研究资料。②

2. 对天文学的贡献

伊斯兰教的“神圣地理”问题推动了伊斯兰天文学和占星术的发展。③按照伊斯兰教义的规定，信徒要每日 5 次朝麦加的方向祈祷。在今天有手表、指南针和经纬坐标的情况下，这很容易做到，但倒回到中世纪，这是一件很困难的事情。白天还可以按照太阳的方位判断时间和麦加的方向，到了晚上就只能通过观测恒星的位置来判断时间和方位。

伊斯兰教的宣礼官都是虔诚的天文学家，宣礼官必须知道 28 星宿和其中星群的形状，这样他才能在夜间报时④。通过观察太阳或恒星，宣礼官可

---

① Wikipedia，Algebra，https：//en. wikipedia. org/wiki/Algebra.

② 〔美〕乔纳森·莱昂斯：《智慧宫：阿拉伯人如何改变了西方文明》，刘榜离、李洁、杨宏译，新星出版社，2013，第 111～112 页。

③ 〔美〕乔纳森·莱昂斯：《智慧宫：阿拉伯人如何改变了西方文明》，刘榜离、李洁、杨宏译，新星出版社，2013，第 124 页。

④ 〔美〕乔纳森·莱昂斯：《智慧宫：阿拉伯人如何改变了西方文明》，刘榜离、李洁、杨宏译，新星出版社，2013，第 128～129 页。

以报出白天或者晚上的时间，用来调整穆斯林每日 5 次的祈祷时间。宣礼官不仅负责调控当地的祈祷时间，还制作天文仪器、撰写球面天文学著作、编撰和出版历书、教授学生等。

阿拉伯学者进行了大量的天文观测。公元 8~19 世纪，阿拉伯学者编制了 225 个星表，有些星表计算准确，可以显示某一特定地点的数据资料。①进入印刷技术时代以后，阿拉伯人的星表被搜集、出版，成为哥白尼、第谷等天文学家的研究资料。

3. 地理学的贡献

基于数学和代数学方面的知识，智慧宫的天文学家一开始就把几何学和三角学应用到对地球的研究中。阿拉伯学者比鲁尼在 11 世纪撰写的《城市坐标定位》就是一部运用球面三角学技术来确定准确地理位置的专著，这是阿拉伯最伟大的数学地理学专著。②

阿巴斯王朝时期，穆斯林商人经商的范围东抵中国的沿海，西至遥远的西班牙，虔诚的信徒也不远万里来到中亚朝觐。这些商人和信徒需要一些非常清晰的地理信息，包括驿站的信息，各地不同的政治制度、关税等内容。在“丝绸之路”经商的阿拉伯人还为现代经济贸易的发展，贡献了“集市”、“支票”、“海关”、“市场”及“税”等商业词汇。③

在马蒙担任哈里发的时期，他让帝国的商人、水手、间谍以及整个邮政系统的官员负责收集地理信息，将这些信息整理并编写成了一本《道路与王国概览》地图集。这本书介绍了通往波斯、巴林、阿曼、也门，以及更遥远的东南亚的柬埔寨、马来半岛，最终到达中国广州港口的航海路线，描绘了当时 530 座重要的城镇，5 个大洋、290 条河流、200 座山脉，标明了

① 〔美〕乔纳森·莱昂斯：《智慧宫：阿拉伯人如何改变了西方文明》，刘榜离、李洁、杨宏译，新星出版社，2013，第 112~113 页。

② 〔美〕乔纳森·莱昂斯：《智慧宫：阿拉伯人如何改变了西方文明》，刘榜离、李洁、杨宏译，新星出版社，2013，第 131 页。

③ 〔法〕雅克·勒戈夫：《中世纪的知识分子》，张弘译，商务印书馆，1996，第 15 页。

它们的大小以及所蕴藏的金属和宝藏。这个体系最早是由托勒密的《地理学》介绍给阿拉伯人的，阿拉伯人又进一步提供了更多的范围更广的、更详细的信息。

五 智慧宫的消亡与阿拉伯知识的影响

阿拉伯“百年翻译运动”的技术基础还是手工抄写。因此，每一本典籍的副本数量都很有限。像亚历山大图书馆一样，这是一种脆弱的、难以保存的文明。1258 年 2 月 13 日，成吉思汗的孙子旭烈兀的军队进入巴格达，开始了整整一周的掠夺和破坏，历经几代哈里发倾力打造的智慧宫在围城战中被摧毁，阿巴斯王朝覆灭。

阿巴斯王朝和智慧宫虽然被摧毁了，但阿拉伯人在天文学特别是在地理学方面的成果被蒙古人采纳和学习。蒙古人沿着阿拉伯人打通的商路设立站赤（驿站）、向商人颁发台座（一种银质通行证）。公元 14 世纪初，蒙古人撰写了一本《商业指南》，明确介绍用骆驼或马把货物从欧洲托运到蒙古帝国的城市，七八个月可以到达，还注明了一路上不同城市的度量衡换算、税收等。这本《商业指南》继承了阿拉伯地理学的知识，是推动“丝绸之路”贸易不断发展的一本基础手册。

1271 年，意大利商人、旅行家马可·波罗（Marco Polo）和他的父亲、叔叔从意大利出发，到中国经商。1275 年，他们到达中国，在中国生活了 17 年。1292 年春天，受忽必烈大汗的委托，马可·波罗一行护送一位蒙古公主从泉州出海到波斯成婚。1295 年末，马可·波罗回到了阔别二十四载的亲人身边。他把在中国的旅行经历写在《马可·波罗游记》（*The Travels of Marco Polo*）中。[①]

马可·波罗是第一个到达中国的欧洲人，《马可·波罗游记》为欧洲人提供了关于东方地理、民族风情的清晰图景，也是西方关于中国瓷器、火药、纸币以及一些亚洲植物和珍奇动物的第一份记录。他的游记在克里斯托

① Wikipedia, Marco Polo, https://en.wikipedia.org/wiki/Marco_Polo.

弗·哥伦布（Christopher Columbus）的心中种下了“诗与远方”的梦想，影响了15世纪末开始的“大航海运动”。

第七节 中世纪的“拉丁语翻译运动”与学校的重建

罗马帝国全盛时，欧洲广大地区普遍使用拉丁语和拉丁文，西罗马帝国灭亡以后，使用拉丁语的政治共同体瓦解。几百年后，各地的拉丁口语不断演化，出现了很多本地化的方言，书面语言也发生了变化。拉丁文是一种表音文字，读音一变，各地文字的拼写方式也随之改变，出现了很多手写的花体字母，难以辨认。原本相距不远、交通便利、商业往来频繁的“拉丁口语共同体”被分割成了若干小的方言传播系统。[①]

书写材料也发生了变化。西罗马帝国灭亡以后，莎草纸供应中断，西欧只能使用昂贵的羊皮纸作为书写材料。羊皮纸的产量受小羊和小牛数量的制约，数量少，价格高昂。当时，制作一部《圣经》需要300多只小羊的皮，一本品相完好的《圣经》可以换一座带有葡萄酒庄的大庄园。在中世纪的欧洲，图书变成一种稀有的奢侈品，极其昂贵。法国新史学派的代表人物雅克·勒戈夫就曾说，中世纪的羊皮书根本不是用来读的，它本身就是财富的象征，是一种奢侈品。[②] 由于羊皮纸匮乏，很多珍贵的古代手稿被搜集起来，刮掉原来的文字，重新处理成旧羊皮纸。阿基米德手稿C就和其他7本旧手稿一起，被刮掉原来的文字，重新抄写成了一本《祈祷书》。[③]

种种不利的文化传播条件，导致在西罗马帝国灭亡后，普通民众停止阅读和书写拉丁文，认识拉丁文的人越来越少，拉丁文阅读和书写局限在修道院的抄书房里，修道院的教士变成了欧洲仅存的能读书识字的文化人。再加上基督教神学对“异教”学说的审查，导致欧洲经济、文化、教育出现了

---

① 苏力：《大国宪制：历史中国的制度构成》，北京大学出版社，2018，第356~357页。

② 〔法〕雅克·勒戈夫：《中世纪的知识分子》，张弘译，商务印书馆，1996，第6页。

③ TED：《揭秘阿基米德失落的手抄本》，https：//www.bilibili.com/video/BV1Wz4y1f75z/？spm_id_ from=333.337.search-card.all.click。

全面的倒退。因此，从476年西罗马帝国灭亡到1453年东罗马帝国灭亡这一段时期，被彼特拉克称为“黑暗千年”。

一 “七艺”课程体系的保存和传承

西罗马帝国灭亡以后，6~8世纪是欧洲教育发展水平最低的时期，仅依靠少数修道院学校保存和传承早期文明的“火种”。5世纪的拉丁学者马提阿努斯·卡佩拉（Martianus Capella）、6世纪的基督教学者波伊修斯（Boethius）和卡西奥多鲁斯（Cassiodorus）整理和编纂了“七艺”课程体系，为继承古希腊、罗马知识传统，复兴欧洲教育做出了重要贡献。

1. 马提阿努斯·卡佩拉提出了“七艺”的概念

卡佩拉①出生于北非，活跃在5世纪，生卒年份不详。西方学者普遍认为，卡佩拉第一次明确提出了“七艺”这一概念。

从5世纪早期开始，北非的汪达尔人就频繁向罗马城邦发动攻击，打乱了原有的生活和教育秩序。在这样的背景下，卡佩拉用散文和诗歌混合文体为他儿子撰写了一套说教寓言《水星与哲学的婚礼》（*The Marriage of Mercury and Philosophy*）。卡佩拉深受新柏拉图主义哲学思想的影响，他在寓言中描述了一场水星和哲学的婚礼，婚礼上有7位伴娘，分别是文法、修辞、逻辑、几何、算术、天文与音乐。在婚礼上，每一位伴娘都阐述她所代表的学科的内容。另外，建筑和医学“两科”也出席了宴会，但这两门艺术太贴近实践，没有发言，保持沉默。在这篇寓言中，卡佩拉首次使用“七艺”这个概念描述文法、修辞、逻辑、几何、算术、天文和音乐等7门课程。

2. 波伊修斯提出了“四艺”的概念

波伊修斯（公元480~524年）受过良好的希腊语、拉丁语修辞教育，

---

① Wikipedia，Martianus Capella，https：//en. wikipedia. org/wiki/Martianus_ Capella.

是一位虔诚的基督徒，同时也是一个严肃的希腊主义者。波伊修斯试图调和基督教教义与希腊哲学思想，他计划将全部希腊经典翻译成拉丁文。他这种调和基督教教义与希腊哲学的想法和做法，遭到了基督教神学的批判，认为他背叛了基督教，转向了“异教”思想。他在完整地翻译亚里士多德的逻辑著作后，就被处死了，年仅 44 岁。[①] 他的翻译对中世纪经院哲学的发展产生了很大的影响。

波伊修斯在历史上第一次提出了“四艺”（Quadrivium）的概念，并依据希腊文献编写了算术、音乐、几何、天文四科的学习手册，成为中世纪学校的参考书。[②]

3. 卡西奥多鲁斯编写了“七艺”的学习指南

卡西奥多鲁斯（公元 490~585 年）曾与波伊修斯长期共事，他创办了威瓦里姆（Vivarium）修道院，在修道院设立了誊写室和图书室，把复制文献作为修道院的一项正规的、日常的工作。设立誊写室的做法很快就被其他修道院仿效。

为了指导僧侣们学习，卡西奥多鲁斯编写了一本僧侣学习手册，名为《神圣和世俗学习指南》（*Institutes of Divine and Secular Learning*），手册第一部分涉及基督教文本；第二部分则按顺序介绍了文法、修辞、辩证法、代数、音乐、几何和天文学七门学科的内容。

考虑到中世纪早期欧洲识字文化的倒退，羊皮纸和手抄书稀缺的状况，当时很少有人知道“七艺”和“四艺”。幸运的是，卡佩拉、波伊修斯、卡西奥多鲁斯的书被保留了下来，为加洛林时代教育的复兴、为现代通识教育研究提供了重要的早期资料。

二　加洛林文艺复兴

到了公元 8 世纪，拉丁文读写能力的退化已经严重影响了加洛林王朝的

---

① Wikipedia, Boethius, https://en.wikipedia.org/wiki/Boethius.

② 沈文钦：《论“七艺”之流变》，《复旦教育论坛》2007 年第 1 期，第 34~39 页。

治理。王朝找不到足够的抄写员，国王和贵族也都是文盲，很多教区的牧师不能阅读通俗拉丁文《圣经》。欧洲各地方言演变到相互无法理解，严重阻碍了民间贸易，影响了不同地区之间的文化交流。

8 世纪，查理曼大帝统一了西欧大部分地区，欧洲迎来了一段和平与稳定的时期。为了重建古罗马文化，查理曼大帝在欧洲范围内招揽优秀学者，恢复兴办学校和图书馆，进行教育改革。查理曼大帝还专门聘请了一位专家教他学习拉丁文。历史上把这场发生在 8 世纪末至 9 世纪的文化复兴运动称为加洛林文艺复兴。

加洛林文艺复兴[①]的首席学者是英国修士约克的阿尔昆（Alcuin of York），他是当时欧洲最有学问的人。阿尔昆制定了一项学校重建计划，他写了一本关于“三艺”的手抄本，他的学生写了一本关于“四艺”的手抄本，希望通过教授“三艺”“四艺”课程来重振古典知识。“Trivium”（“三艺”）这个词可能是阿尔昆仿照“Quadrivium”造出来的。“三艺”教材的主要内容是从西塞罗的演讲集、维吉尔的诗集中挑选出来的句子和箴言集。通过死记硬背，从古人的句子中学习拉丁文读写技能。阿尔昆的另一个贡献是开发了加洛林小写体，成为中世纪欧洲的标准字体，使不同地方的识字阶层都能够辨认，从而促进了欧洲范围内的文化交流与合作。

在加洛林文艺复兴初期，只有罗马、约克等地拥有图书馆，在加洛林文艺复兴的推动下，更多的地方建立了图书馆和大教堂学校，推动了拉丁识字文化的复兴。加洛林文艺复兴的时间很短暂，文艺复兴主要限于一小群宫廷文人，影响范围很小。查理曼大帝死后，知识分子的生活再次陷入衰退。所以，有学者认为，与其说这是一场“文艺复兴”，不如说是重建罗马帝国以前的文化。[②]

---

① Wikipedia，Carolingian Renaissance，https：//en. wikipedia. org/wiki/Carolingian_ Renaissance；Wikipedia，Alcuin，https：//en. wikipedia. org/wiki/Alcuin.

② Wikipedia，Carolingian Renaissance，https：//en. wikipedia. org/wiki/Carolingian_ Renaissance.

三 12世纪的“拉丁语翻译运动”

中世纪中期，欧洲拥有一段和平与稳定的时期，风车、航海技术等新技术不断涌现，经济持续增长，为文化和教育复兴创造了条件，在12世纪迎来了又一次文艺复兴运动。与中世纪早期的文化复兴运动相比，11世纪发生的两件事情为12世纪的文艺复兴提供了新的技术条件，导致这一次文艺复兴的成果和影响远远超过了之前的几次文化复兴。

第一，公元1056年，阿拉伯人在伊比利亚半岛的萨地瓦（Xàtiva）开设了欧洲第一家造纸厂，将中国的人造纸技术传到了欧洲。此后，法国、意大利、德国、荷兰等地陆续建立了造纸厂。人造纸的生产使欧洲人有了一种新的轻便、易用、价格低廉的书写材料，摆脱了羊皮纸的制约，为中世纪大学、经院哲学的发展提供了比以前更为充裕的书写材料。

第二，公元1095年，教皇乌尔班二世（Urban Ⅱ）发动了“十字军东征”，打通了东、西方之间贸易、技术、科学和文化的交流，使欧洲人获得了很多以前不知道的学问，在12世纪掀起了一场“拉丁语翻译运动”。

与托勒密王朝资助亚历山大图书馆、阿巴斯王朝创办智慧宫不同的是，12世纪的“拉丁语翻译运动”是由分散在欧洲各地的修道院分布式地进行的，因此呈现不同的特征。

1. 西班牙托莱多的翻译中心①

西班牙的托莱多早期属罗马帝国的疆域，生活着很多基督徒。公元8世纪，被阿巴斯王朝打败的倭马亚王朝的幸存者在西班牙建立了穆斯林政府。在伊斯兰文明的黄金时代，大批古希腊、东方的典籍被翻译成阿拉伯文，托莱多一直是多种语言交流的文化中心，活跃着大批双语、多语学者。从公元10世纪末开始，欧洲学者就来到这里，寻求欧洲其他城市所

① Wikipedia，Latin Translations of the 12th Century，https：//en. wikipedia. org/wiki/Latin_ translations_ of_ the_ 12th_ century.

没有的著作和知识。

1085 年，基督徒征服托莱多以后，继承了拥有古代经典以及先进的伊斯兰科学和哲学书籍的大图书馆，托莱多大教堂图书馆开始组织人力将这些阿拉伯文、希腊文的典籍翻译成拉丁文。在后来 200~300 年的时间里，托莱多的翻译家将亚里士多德的逻辑学、伦理学、物理学著作，托勒密的《天文学大成》，花剌子密的《代数学》，欧几里得的《几何原本》，阿基米德《论圆的测量》，阿维森纳的《医学正典》，阿拉伯的天文学著作，阿威罗伊的《修辞学》，《旧约》和《古兰经》等翻译成了拉丁文——其中还包括一些伪亚里士多德[①]的著作，为欧洲经院哲学和中世纪大学的兴起，提供了重要的知识和思想资源。

2. 意大利翻译运动

878 年以前，意大利西西里岛一直受拜占庭帝国的统治，讲希腊语；878~1060 年，处于穆斯林控制之下，讲阿拉伯语；1060~1090 年又处于诺曼人控制之下，受到古诺曼语的影响，是一个多种语言、文化交融之地。1091 年，基督徒控制西西里岛之后，西西里成为“拉丁语翻译运动”的一个中心。

西西里学者通常直接将希腊文典籍翻译成拉丁文，如果没有希腊文本，他们也会将阿拉伯文典籍翻译成拉丁文。西西里的翻译家将柏拉图的《美诺》和《斐多》、托勒密的《天文学大成》《光学》、阿维森纳的《医学正典》以及盖伦和阿拉伯的医学、天文学等著作翻译成拉丁文。1202 年，莱奥纳多尔·斐波那契（Leonard Fibonacci）在意大利南部搜集

① 伪亚里士多德作品指作者在自己的作品上署了亚里士多德的名字，或者无名者的著作被其他人归入亚里士多德的著作。第一批伪亚里士多德著作是由“逍遥学派”的成员创作的，更多的是中世纪时期写成的。在手工抄写时代，图书“发行”的数量很少，大多数只有 1 本或几本，写书不能带来经济收益，当时的人也不在乎作者的署名权。由于亚里士多德是欧洲、阿拉伯世界、基督教神学共同推崇的古代权威，而且亚里士多德的作品主题广泛，所以，为了让自己的书得到重视，很多人将自己的作品署名亚里士多德。见 Wikipedia, Pseudo-Aristotle，https：//en. wikipedia. org/wiki/Pseudo-Aristotle。

了大量算术方面的材料，在他的《算经》（*Liber Abaci*）中首次完整介绍了来自阿拉伯的印度-阿拉伯数字系统。

3. 其他译者

英国学者阿德拉德（Adelard of Bath，1080~1145 或 1152）将欧几里得的《几何原本》、花剌子密的天文学和三角学著作《天文表》和介绍印度数字系统的《印度计算书》翻译成拉丁文，他还翻译了阿拉伯占星术的著作。[①] 12 世纪有关炼金术方法和技巧的手稿《制图小窍门》也被归到了阿德拉德名下。[②]

1204 年，第四次"十字军东征"征服君士坦丁堡后，意大利学者威廉·莫尔贝克（Willem van Moerbeke）对亚里士多德的著作进行了完整的翻译，这也是亚里士多德的《政治学》首次被翻译成拉丁文。

此外，还有很多学者将阿拉伯医学、占星术、炼金术、地理学和地质学等著作翻译成拉丁文。除了拉丁文翻译，12 世纪在法国南部和意大利也有许多阿拉伯科学文献被翻译成希伯来文，供法国和意大利的犹太人社区了解阿拉伯的先进科学、医学和数学知识。

四 中世纪大学的兴起

12 世纪文艺复兴的一项重要成果是中世纪大学的建立。中世纪大学的出现绝非偶然，[③] 它是几种因素合力推动的结果。中国造纸术传到欧洲，为中世纪大学的兴起提供了廉价、易用的书写材料；"拉丁语翻译运动"又为欧洲带来了古代经典著作和阿拉伯的数学、天文学、医学、炼金术和地理学等新的前沿科学，这些因素聚合在一起，为欧洲中世纪大学的兴起创造了

---

① 〔美〕乔纳森·莱昂斯：《智慧宫：阿拉伯人如何改变了西方文明》，刘榜离、李洁、杨宏译，新星出版社，2013，第 172 页。

② 〔美〕乔纳森·莱昂斯：《智慧宫：阿拉伯人如何改变了西方文明》，刘榜离、李洁、杨宏译，新星出版社，2013，第 163 页。

③ 〔美〕尼尔·波兹曼：《童年的消逝》，吴燕莛译，广西师范大学出版社，2004，第 16 页。

条件。

第一所中世纪大学是意大利的博洛尼亚大学，创办时间可以追溯到1088年，1158年皇帝费德里克一世颁布法令，规定大学不受任何权力的影响，明确博洛尼亚大学作为研究场所享有独立性。第二所中世纪大学是巴黎大学，其历史最早可以追溯到1150~1160年，1261年正式使用“巴黎大学”的名称。1167年，英格兰国王同法兰西国王发生冲突，亨利二世禁止英国学生就读巴黎大学，在巴黎大学寄读的英国学者回到英国，创办了牛津大学。1209年，牛津学生与牛津市民发生争执后，一些学者逃往东北部的剑桥，在那里创办了剑桥大学。这4所著名的中世纪大学是中世纪后期文艺复兴运动的重要阵地，师生的学习和教学也深受文艺复兴的影响，主要的基调就是复兴古代学问、从古代文献中探索知识。

1.《学说汇纂》的再发现与现代法学教育的滥觞①

6世纪，优士丁尼一世组织编纂完《国法大全》以后，完整地抄写了几套，具体情况不得而知。偏向法律实务的《新律》尚有几个私人抄本；偏理论的《学说汇纂》则几乎消失了，在意大利最后一次提及《学说汇纂》的，是603年意大利籍教皇格列高利一世（Gregory Ⅰ，约540~604）写的一封信。直到1076年，在意大利托斯卡纳大区的一个法院裁判中才再次引用了《学说汇纂》的内容。

伊尔内留斯（Irnerius，约1055~约1130）是博洛尼亚大学法学教育的奠基人。他得到一位女侯爵的资助，搜寻《国法大全》的抄本，先是找到了《学说汇纂》的第1~24卷、第39~50卷，后来又找到了中间的第25~38卷，合起来被称为《学说汇纂》的“博洛尼亚手抄本”。这部失而复得的《学说汇纂》就成了博洛尼亚大学开创法学教育的“独家秘笈”。伊尔内留斯研究并把他的研究心得注释在《学说汇纂》页边上。注释是伊尔内留

① 舒国滢：《〈学说汇纂〉的再发现与近代法学教育的滥觞》，《中国法律评论》2014年第2期，第99~117页。

斯研究《学说汇纂》的方法，也是他向学生讲解和分析这部古典法学理论著作的教学方法。因此，伊尔内留斯创立了博洛尼亚的“注释法学”学派。

2. 注释作为一种方法

中世纪大学是在学术资源极其匮乏的情况下发展起来的，经院哲学家所能获得的图书资料极其有限。他们的拉丁文水平显然不能与早期的西塞罗、维吉尔相比，还遭到16世纪人文主义哲学家的诟病。他们在一部部失而复得的图书中寻找古代文明的辉煌，他们所采用的研究方法就是注释。

注释是中世纪一种研究古典文献的方法，用来表明一本摘要手稿与未知的整体知识之间的联系。[①] 注释也是一种编写教科书的体例和教学方法。中世纪出现了多种不同风格的注释方法，如Paratitla、Kata Poda、ParagraphaI、Catena、Scholia和Glossa等。注释可以在不同手稿之间建立连接关系，也是一种帮助教师和学生了解一本书“各部分内容之间的相互联系”的教学方法。

（1）托马斯·阿奎那的《黄金链条》。

托马斯·阿奎那的《黄金链条》就采用了Catena的注释形式。Catena是《圣经》注释的一种形式，其做法是把早期伟大神父对《圣经》句子的注释摘录出来，围绕该《圣经》的句子，形成注释链并附上注释者的名字，从而形成完整的解释内容。《黄金链条》摘录了大约80位希腊语和拉丁语神父对福音书的注释，被注释的句子位于页面中间，四周是古代名家对此项内容的注释，形成完整连续的注释内容[②]，如图3-12所示。

（2）神学教材：彼得·隆巴德（Peter Lombard）的《句子书》。

中世纪大学的教科书也是采用摘录、注释的方式编写的。注释的作用是

---

① 高仰光以中世纪法学教科书为分析对象，介绍了中世纪几种主要的注释方法。见高仰光《注释法学的“拜占庭血统”与“波伦那气质”——以〈优士丁尼新律〉三个版本的传播史为中心》，《外国法制史研究》2019年第0期，第186~216页。

② Wikipedia，Catena（biblical commentary），https://en.wikipedia.org/wiki/Catena_(biblical_commentary).

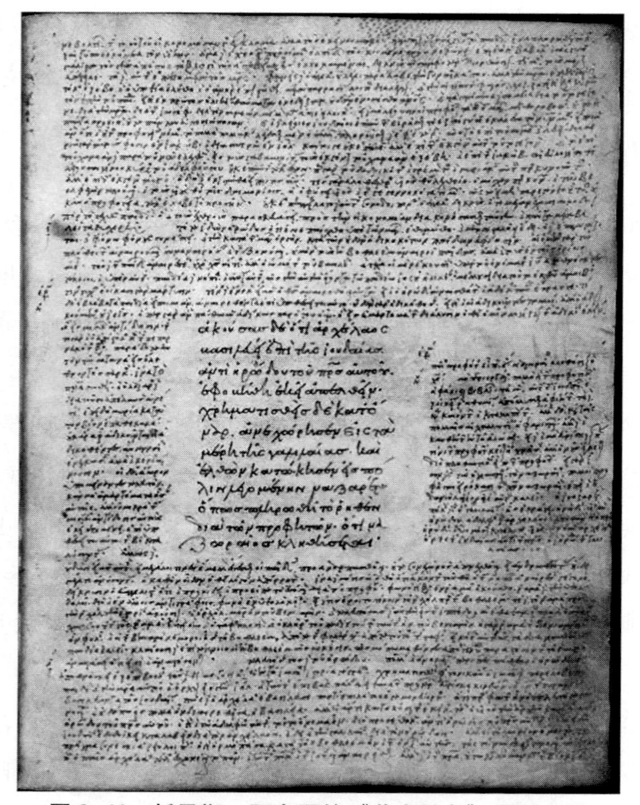

图 3-12　托马斯·阿奎那的《黄金链条》页面布局

帮助学生在不同书本之间建立联系。中世纪神学院最常用的一本教科书是在1150年前后由彼得·隆巴德编写的《句子书》[①]，书名表示该书是一部对神学作品注释的摘编，是一部注释作品，如图3-13所示。

为了撰写《句子书》，彼得·隆巴德从各种来源搜集了之前的伟大神父在圣杰罗姆的拉丁文《圣经》行间、页边的注释，注释涉及对句法或语法的分析，以及对教义难点的解释。隆巴德对搜集的材料进行了以下的梳理：①为材料设计一个顺序，因为那时候神学还不是一门系统的学科，没有形成固定的内容结构。②调和不同资料之间教义存在的差异。然后他进一步将这

① Wikipedia, Sentences, https://en.wikipedia.org/wiki/Sentences.

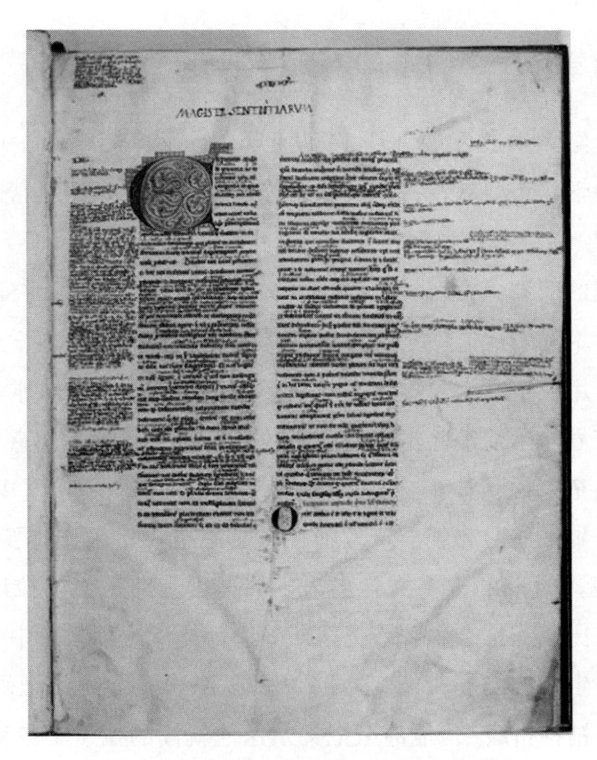

图 3-13　14 世纪手稿《句子书》的开篇

些材料细分为章节，整理成四本《句子书》。14 世纪手稿《句子书》的开篇[①]见图 3-13。《句子书》于 1472 年首次印刷，最后一次印刷是在 1892 年的巴黎。

在中世纪晚期，《句子书》被广泛用作中世纪大学的神学教科书。每个神学院的学生都要对《句子书》进行详细的评论。全部学完后，学生通过考试，申请“句子学士学位”。1509 年，马丁·路德研读了彼得·隆巴德的《句子书》，通过考试获得了“句子学士学位”[②]。

---

① P. Lombard, Opening of Peter Lombard's "Book of Sentences", https: //commons. wikimedia. org/w/index. php? curid=52491714.

② Wikipedia, Martin Luther, https: //en. wikipedia. org/wiki/Martin_ Luther.

五 拉丁学校

随着中世纪大学的发展，从 14 世纪开始，欧洲出现了一批拉丁学校，相当于预科中学，主要教授拉丁文法、修辞和逻辑，目的是帮助学生为上大学做好准备。[①]

在中世纪的欧洲，方言和书面拉丁文之间存在的矛盾始终困扰和影响着欧洲教育和学术的发展。由于高深学问都使用拉丁文教学，学生必须先学会拉丁文，然后用拉丁文学习更高深的人类知识。拉丁文与日常口语方言相互脱节，文字符号与生活经验不能建立有效的连接，影响了儿童对文字意义的理解。对于孩童来说，拉丁文如同无意义的“天书”符号，只能靠死记硬背古人的句子集来学习和领会。教师在教学中也大量采用体罚等激励手段。16 世纪文艺复兴时期的很多文化名人，如马丁·路德、伊拉斯谟、彼得·拉米斯、莎士比亚、笛卡尔和夸美纽斯等，都是从这种教育中走出来的，给他们留下了终生难忘的痛苦记忆。路德称这种“一天的死记硬背”是“一种令人疲惫的精神折磨”，他甚至把父亲送他就读的拉丁学校称为“炼狱和地狱”。[②]

为了方便学生学习掌握拉丁文，拉丁学校使用的初级教科书包括《圣经》的教义问答以及从西塞罗、维吉尔等名人作品中摘录的句子集。中世纪大学的教学方式和对学生的考核在很大程度上还是依赖口头表达，还没有摆脱手工抄写技术的制约。[③]

---

① Wikipedia，Latin School，https：//en. wikipedia. org/wiki/Latin_ school.

② Wikipedia，Martin Luther，https：//en. wikipedia. org/wiki/Martin_ Luther.

③ 关于中世纪大学对于口头表达的依赖，见雅克·勒戈夫《中世纪的知识分子》，张弘译，商务印书馆，1996，第 82~85 页。另外，斯坦福哲学百科全书 Petrus Ramus 词条的编写者、瑞典斯德哥尔摩大学荣誉教授 Erland Sellberg 在 2012 年主持“The Early Modern Academical Culture in the Baltic Sea Region”项目，其中一项研究成果显示，早期大学更看重口头辩论，论文通常简短、不完整，是口头辩论的辅助工具。相反，现代大学保留了辩论这一口头表达形式，但书面论文更完整、全面，书面论文才是主要的评价依据。见 E. Sellberg，Scientific Final Report，https：//ostersjostiftelsen. se/wp - content/uploads/2019/09/2012 - 0027 - scientific - final - report - erlandsellberg-uppdaterad. pdf。

第八节　手工抄写的局限性

与口传和记忆相比，手工抄写把人的头脑中的记忆以文字的形式写在一种外在的书写载体上，为汇聚人类经验和知识提供了一种新的技术工具。

处于书写文明开端的希腊哲学家为手工抄写时代人类认知和知识发展创造了一套知识生产工具——通用框架方法。借助这套知识生产工具，公元前3~前1世纪托勒密王朝在亚历山大城，8~10世纪阿巴斯王朝在巴格达的智慧宫，组织了两次大规模的人类知识搜集、翻译和整理的工作，使人类对世界、对社会的认知达到一个更高的水平。

然而，手工抄写存在一系列局限，如抄写效率低，图书稀缺，价格高昂；而且，每一次抄写都可能引入新的笔误，在抄写地图、博物图和解剖图等内容时就更是不断走样，错漏百出。在手工抄写时代，还没有形成今天这样复杂的知识分类体系，书本内容的组织结构非常松散混乱。

由于手工抄写媒介技术存在上述局限，英国历史学家 H. G. 韦尔斯（Herbert George Wells）在《世界史纲》中指出[①]：

> 莎草纸和手抄书的限制“使亚历山大城在取得知识的丰硕成果的时候，对其周围的政治或人民的思想和生活的影响，竟然很少或几乎没有什么影响。亚历山大城的图书馆和博学园是一个光明中心，然而这只不过是与世隔绝的一盏阴暗的灯笼中的孤独亮光罢了。它的研究成果很难传播给更多的人。一旦要将教育推广到更大的范围或其他中心城市，埃及莎草纸的生产就远远跟不上需要了。求学的人不得不花费大量的金钱到这个人口众多的中心来，除此以外，没有别的办法获得哪怕一点点的知识”。

① 〔英〕H. G. 韦尔斯：《世界史纲：生物和人类的简明史》，曼叶平、李敏译，北京燕山出版社，2004，第282~283页。

手工抄写可能带来无意的笔误和有意的篡改。例如，在4世纪前后制作的希腊文《〈圣经〉西奈山抄本》（*Codex Sinaiticus*）[①] 中，出现了22000多处修改。其中有一处，在耶稣名字的前面添加了“the son of God”的希腊字样；另一处是在《马太福音》的末尾，写到耶稣之死就结束了，没有复活的内容。这表明，《圣经》在漫长的手工抄写过程中，内容可能经历了复杂的编纂和修改。

在手工抄写时代，大量的早期图书永远地消失了，也有一些图书幸运地重新出现，卢克莱修的《物性论》、《学说汇纂》都是失而复得的典型案例。1345年，彼特拉克在维罗纳大教堂的图书馆发现了一本以前不为人知的西塞罗《信件集》[②]，彼特拉克整理出版了西塞罗的著作和信件，引发了14~15世纪的意大利文艺复兴运动。

---

① Michael Waterhouse 导演《书籍之美》（*The Beauty of Books*）第1集，2011。

② Wikipedia，Petrarch，https：//en. wikipedia. org/wiki/Petrarch.

第四章
印刷技术

15 世纪后期，文书的生产从抄书匠的书案转向印刷商的作坊。

——伊丽莎白·爱森斯坦[①]

1453 年发生了两件影响人类历史的大事。一件是奥斯曼土耳其人攻陷君士坦丁堡，东罗马帝国灭亡，中世纪结束。另一件是德国人约翰·古登堡（Johannes Gutenberg，1440~1468）发明了铅活字的字母印刷机[②]，这两件事合在一起，将欧洲从手工抄写时代带入印刷技术时代。

印刷技术时代是欧洲从中世纪到现代社会的转型期。在印刷技术时代，出现了文艺复兴、宗教改革、科学革命等一系列社会变革。现代人习以为常的字典、物理公式、化学分子式、地图、公历纪年、经纬度坐标系、时区、教科书、班级授课制等，都是在印刷技术时代出现的。德语、英语、法语等民族语言也是在印刷技术时代逐渐形成，并取代了中世纪神圣的拉丁文。人类知识体系从此告别中世纪，进入现代科学技术时代。

① 〔美〕伊丽莎白·爱森斯坦：《作为变革动因的印刷机：早期近代欧洲的传播与文化变革》，何道宽译，北京大学出版社，2010，第 1 页。

② 古登堡印刷机被西方评为第二个千年人类最重要的发明。

第一节　技术特征：标准、大批量印刷

印刷技术由一组技术组成，包括字钉、油墨、印刷机，以及排字、校对、印刷、装订和出版等一套完整的出版工艺流程。印刷技术也属于一种媒介技术，因此，可以从符号、载体、内容复制和传播特征等 4 个维度分析印刷技术的特征。

一　符号

印刷机使用金属字钉、镌刻图版，在纸面上印刷内容。印刷书的表达符号经历了几个阶段的变化。

1. 印刷符号的变化

最早出现的印刷书，主要使用拉丁文字钉。在中世纪，虽然欧洲各地口语方言不同，但读书人共用一套书面文字——拉丁文，这也是当时学校教授的唯一一种文字。欧洲第一本印刷书古登堡《圣经》就是用拉丁字钉印刷的。

随着镌刻术的发展，印刷机可以大批量地印刷图版精准的表格、几何图形、解剖图、植物图和地图。标准化的解剖图、地图、几何图形和数学表等新表达形态推动了现代医学、地理学、数学、博物学、天文学和科学等的大发展。

16 世纪，随着德语、英语和荷兰语等通俗语《圣经》的大批量出版，欧洲出现了一轮“白话文”（vernacular）运动，民族文字逐渐取代神圣语言拉丁语，成为本国的主要印刷语言，印刷文字也逐渐从拉丁文变成了各民族国家的英文、德文、荷兰文和法文等书面文字。

2. 字钉的设计和生产

拉丁字母的宽窄不同，如 M 和 I，在手写的情况下，抄书匠会灵活调整字母的大小和间距，营造视觉上的平衡美感。但在机器印刷的情况下，当字母被制作成标准大小的字钉时，在“I”字母的两边就会出现较大的缝隙，

影响版面的美观，这给字体设计、排版工艺带来了挑战。

16 世纪初，欧洲出现了一种新职业——字体设计师，这是当时最热门的技术工种。字体设计师精心设计字体，调整排版工艺，以获取良好的视觉效果。衬线字体就是当时提出的解决字体缝隙和排版问题的方案之一。很多字体以设计师的名字命名，如表 4-1 所示。字体设计师不仅设计拉丁字体，还设计希腊语和希伯来语字体。

表 4-1　印刷史上一些重要的字体

年份	字体
1455	舍费尔为古登堡《圣经》设计了拉丁文字钉
1486	欧几里得《几何原本》首次印刷，出版商 Erhard Ratdolt 制作了第一本印刷字体样本手册，向客户展示他的所有字体类型
1530~1545	巴黎著名字体设计师 Claude Garamond 设计了 Garamond 衬线字体
1750	John Baskerville 在英国剑桥设计了 Baskerville 字体
1798	Giambattista Bodoni 在帕尔马设计了一种 Bodoni 衬线字体
1957	瑞士设计师设计了 Helvetica 无衬线字体

字体设计后来发展成了一门专门的课程——字形学（Calligraphy）。乔布斯在里德学院（Leed College）旁听的那门给他带来终生影响的课程就是字形学。字体设计师对字体点位的调整，启发乔布斯最早推出了苹果电脑的图形界面操作系统。Mac OS 又推动了微软操作系统从 DOS 向 Windows 图形界面的转型。16 世纪的字体设计就这样“隔空”影响了 20 世纪计算机硬、软件的创新，推动了现代信息技术的变革。

今天，在 Word 的“字体”选项菜单中，我们还能看到这些伟大的字体设计师的名字。不过，今天的电脑排版系统可以在极细的颗粒度下，调整字间距、行间距和版面，其工艺的精细化早已超越了机械印刷技术。

二　载体

古登堡印刷机发明以前，中国的造纸术已经传遍了整个欧洲。14 世纪末，意大利人造纸的价格是羊皮纸的 1/6，为图书的批量印刷提供了源源不断的人造纸。后来，随着蒸汽机、内燃机和化学工业的发展，造纸工艺不断改进，人造纸的质量、种类、产量等不断提高。现在，纸张不仅用在新闻、文化和教育领域，还是日常生活中不可或缺的必需品，甚至可以用来制作家具、充当建筑材料等。

15 世纪中叶以来，中国造纸术为欧洲的现代化发展做出了不可估量的贡献，它对人类文明发展的贡献不亚于今天的芯片。

三　内容复制：印刷机

印刷技术时代与手工抄写时代最大的区别，就是用印刷机取代了人的手工抄写，这是人类历史上最伟大的技术发明之一。印刷技术包括雕版印刷和活字印刷两种类型。雕版印刷是把一页图书的内容刻成木版，一页一页印刷，再装订成册的一种图书出版技术。活字印刷则是把文字铸成一个个字钉，按内容选择合适的字钉进行排版，然后印刷、装订的一种图书批量出版技术。字钉经过清洗后，可以反复使用。

1. 中国雕版印刷技术

最早发明和使用雕版印刷技术的是中国人。公元 7 世纪，中国人就开始使用雕版印刷技术。公元 868 年，唐代印刷的《金刚经》是目前世界上发现的最早标注日期的印刷书籍[①]。北宋时期，雕版印刷术日臻成熟，不仅用于印书，还印刷了世界上第一张纸币交子[②]。当时，官方、商业和私人都涉足出版业务，图书出版的规模和数量呈指数级增长。

2. 中国活字印刷技术

北宋百科全书式学者沈括在《梦溪笔谈》中记载，1041～1048 年，湖

① Wikipedia, Diamond Sutra, https://en.wikipedia.org/wiki/Diamond_Sutra.

② Wikipedia, Jiaozi (currency), https://en.wikipedia.org/wiki/Jiaozi_(currency).

北英山县平民毕昇发明了黏土活字（如图 4-1 所示），这是世界上关于活字印刷技术最早的记载。元代科学家王祯（1271～1368）设计了“转轮排字盘”（见图 4-2）和“按韵分类存字法”，进一步完善了中文活字排列、选字的工艺流程。

图 4-1　中文活字印刷

图 4-2　元王祯发明的转轮排字盘

汉字是一种象形文字，字钉的数量有数万个，铸字成本高，选择和取用很不方便，活字印刷技术在中文环境下的应用和推广遇到很多障碍。一直到 19 世纪，中国和东亚地区仍然主要采用雕版印刷技术出版图书。

3. 古登堡的字母活字印刷技术①

现代普遍使用的活字印刷技术是 15 世纪中叶德国发明家约翰·古登堡（Johannes Gutenberg）发明的。古登堡大约在 1400 年出生于德国美因茨。美因茨位于莱茵河和美因河交汇处，是中世纪德国的商业中心，有很多能工巧匠，这为古登堡的发明提供了丰富的技术和人才资源。古登堡在埃尔福特大学（University of Erfurt）学习期间，为了赚取生活费用曾兼职做过抄书匠。

1439 年，古登堡与朋友合伙采用金属膜具一次冲压成型的方法，制作了一种金属材质的椭圆形宗教护身符“圣镜”。这次生意并没有赚到钱，但给古登堡带来了发明印刷机的灵感。在经过长时间的探索、尝试以后，他发明了金属活字的印刷机。古登堡的贡献包括：第一用合金铸造字钉；第二用蛋白和清漆混合制作印刷用的油墨；第三发明了排字盒（见图 4-3）；第四，发明了木制的印刷机（见图 4-4），形成了一套实用的印刷出版工艺流程。

图 4-3 合金活字字模和排字盒

① 主要参考了〔德〕克里斯蒂娜·舒尔茨·莱斯《印刷的革命：约翰·古登堡的故事》，李柯薇译，江苏凤凰文艺出版社，2020；Wikipedia. Johannes Gutenberg. ［2023-02-07］. https：//en. wikipedia. org/wiki/Johannes_ Gutenberg；Wikipedia. Printing Press. ［2023-02-07］. https：//en. wikipedia. org/wiki/Printing_ press。

图 4-4　古登堡印刷机

当时既没有专利保护制度也没有版权制度，古登堡的发明很快就走出美因茨，在几十年内传到欧洲十几个国家的 200 多个城市。1469 年，威尼斯建立了第一家印刷厂；1470 年，索邦大学建立了巴黎的第一家印刷厂；1473 年，克拉科夫建立了波兰的第一家印刷厂；1476 年，威廉·卡克斯顿创办了英国的第一家印刷厂。到了 1500 年，威尼斯已经拥有 417 台印刷机，成为当时欧洲的出版中心。①

早期的古登堡印刷机依靠手工操作，印刷速度慢，出版效率低，主要印制赎罪券、教皇和皇帝的敕令、广告宣传页等临时性、单页的“蜉蝣”（ephemera）② 内容。1814 年，蒸汽动力滚筒印刷机问世后，印刷出版效率大大提高，为新闻日报这种每天、连续、大批量出版物的印刷提供了技术支持。世界各地的新闻报纸快速发展，形成了一个覆盖欧洲、辐射全球的印刷通信网络。

---

① Wikipedia，History of Printing，https：//en. wikipedia. org/wiki/History_ of_ printing.

② Wikipedia，Ephemera，https：//en. wikipedia. org/wiki/Ephemera.

四 印刷技术时代的传播特征

与手工抄写相比，印刷技术带来了一套新的图书出版工艺流程，不仅大大提高了图书出版的效率，也给图书的版式、内容编排等带来了一系列创新。

1. 图书的批量印刷

印刷技术带来的首要变化是书籍生产效率的提高。书籍生产所需的工时急遽减少，产量显著增加。据记载，1483 年，佛罗伦萨的利珀里（Ripoli）印刷所出版了 1023 册《柏拉图对话录》，相同时间内，靠手工抄写只能抄完 1 册书。[①] 印刷出版的效率是手工抄写的 1000 倍。

印刷机的批量印刷，固化和保存了人类文明。在印刷机发明以后，禁书和焚书的事情仍时而出现，但是亚历山大图书馆的悲剧再也没有重演。1559~1948，罗马教廷发布了 20 版"禁书目录"，列举了 4000 多种禁书，哥白尼、马丁·路德、伽利略、开普勒和笛卡尔的书都在"禁书目录"的范围内，但没有任何一本消失在人类历史上。1933 年，德国纳粹上台后也发动过一场"禁书"运动，25000 册犹太裔作家的著作付之一炬。1935 年，流亡美国的爱因斯坦开设了"纳粹禁书图书馆"，将那些被纳粹在德国焚毁的图书陈列在美国的图书馆里。印刷机把人类知识生产、保存与传播变成了一场全球化的合作。

2. 标准化的副本

印刷机带来的第二个变化是图书的标准化。同一批次印刷的图书的每一个副本完全一样，每一个字、每一张图都在同样的位置上，排版的格式、页码也完全相同。只需要简单对比一本手抄书和一本现代印刷书就会发现，羊

① 〔美〕伊丽莎白·爱森斯坦：《作为变革动因的印刷机：早期近代欧洲的传播与文化变革》，何道宽译，北京大学出版社，2010，第 27~28 页。

皮纸手稿没有书名页、没有页码，也没有目录、索引这些构成要素，它们都是印刷技术的产物。标准化印刷使图书的版式和要素逐渐脱离手工抄写时代，变成了今天图书的样子。

16世纪后，激烈的市场竞争迫使印刷商在图书编排、版式设计方面进行了连续创新。其中，最重要的一项创新是用阿拉伯数字标注页码。有了页码，就可以建立目录和索引。页头的书名、脚注、上标符号等新的排版手法也出现了。为了在法兰克福书展上介绍自己的产品，印刷商为本公司的图书制作了一页纸的书名页，这项广告创意后来为编制书目和建立图书分类提供了方便。就这样，经过一个又一个要素的迭代创新，书的外观和内容排版逐渐变成了现代图书的样子。

3. 一种新的数据采集和反馈机制

印刷机带来的第三个变化是建立了一种新的数据采集和反馈机制。图书一版再版地印刷，不仅可以持续添加和更新内容，还可以搜集读者反馈，纠正前一版的错误。这种连续出版机制建立了一种手工抄写时代所没有的、新的数据采集和反馈机制。

依靠这种全新的数据采集和反馈机制，大航海探险家们从世界各地带回来的地图、植物标本、图书和哲学思想等各类资料，持续不断地流入了欧洲各中心城市的印刷所，印刷所的编辑就像知识“编码工程师”一样，对这些资料进行翻译、校对、加工和排版等，“编织”到一版又一版连续出版的印刷书中。印刷所成了大航海时代的“数据中心”和知识加工中心。

新版图书更正上一版的错误，可能还会添加新的内容。印刷图书一版又一版的持续更新机制，解决了手工抄本模糊不清的版本的问题，为人类知识的创新提供了一个稳定前进的方向。科学史创始人乔治·萨顿说，有了印刷技术，“迈出的每一步都是准确坚定的”。[①] 这种数据积累

① 〔美〕伊丽莎白·爱森斯坦：《作为变革动因的印刷机：早期近代欧洲的传播与文化变革》，何道宽译，北京大学出版社，2010，第73页。

方式是 16~17 世纪天文学、地理学数据积累的基础，也是现代科学发展的基础。

4. 建立“全球知识网络”

手工抄写时代的亚历山大图书馆和阿拉伯智慧宫都只是搜集和记录了地球上一个局部地区的经验和知识。1453 年古登堡印刷机的发明和 1492 年开始的大航海运动在人类历史上首次建立起了一个全球信息传播网络，推动了世界范围内的知识大交换和物种大交换。地图一版一版地连续更新印刷，把不同方向的地理发现“拼”在一起，首次绘出了世界的全貌，这是人类历史上第一次真正意义上的“全球化”。这个“全球知识网络”为中世纪知识体系向现代知识体系转型提供了数据采集和传播的技术基础设施。

五　从手工抄写到印刷出版的产业变革

从手工抄写到印刷出版的产业变革是一个复杂的系统性变革，不是一朝一夕的事情。这个过程涉及整个产业链的各个环节，需要投入大量成本，承受巨大的风险。印刷书取代手抄书的产业变革花费了 30~50 年的时间。

1. 古登堡《圣经》的出版

如果单从财务收益的角度来看，古登堡实际上是一个失败的创新者。他一生不断借债、官司缠身，最后还把印刷所和印出来的《圣经》输给了他的合伙人和债权人。

公元 1448 年，古登堡开始了印刷《圣经》的工作。《圣经》接近 1300 页，只能采取字钉重复使用的方式，才有可能降低成本。古登堡算了一下，他需要大小写字母、标点符号等 290 种不同的活字。排印 1 页纸大约需要 2600 个铅字字钉，印刷一本近 1300 页的《圣经》需要成千上万个字钉，还需要准备纸张、油墨，制造印刷机，以及培训工人。这是一项耗资巨大的工程，依靠古登堡自己经商积累的资本根本无法支持这项创新。

于是，古登堡以印刷厂和印刷品做抵押，分两次向投资人约翰・福斯特

（Johann Fust）借贷了1600古尔登币，购置了制作字钉的金属、墨水、人造纸和羊皮纸，还雇用了20个工人——6个排字工、6个印刷工、4个校对员，还有4个查遗补漏的工人，建立了最早的印刷所①，如图4-5所示。

图4-5　木刻画：古登堡印刷所

为了解决印刷过程中的一系列问题，古登堡雇用了包括彼得·舍费尔（Peter Schöffer）在内的一批技术工人。舍费尔曾在巴黎大学深造，从事过手工抄书的工作，古登堡《圣经》的拉丁文字体就是他设计的。

1455年，在经历7年的探索后，180本两卷本的拉丁文《圣经》终于完美地展现在世人面前。其中140本用人造纸印刷、40本用羊皮纸印刷。第一本印刷书完全模仿了手抄书的样子：每一页有42行字，分为2栏。每一段首字母用大字体②，没有页码，也没有目录、索引等，如图4-6所示。

180本的印数在今天看来实在是太少了，然而，要为这180本《圣经》找到买主，在当时也是一件难乎其难的事情。投资人约翰·福斯特带着印刷完成的《圣经》到当时欧洲最大的大学城巴黎去推销，在那里遭到了巴黎

① 1568年的木刻作品，Wolf，Hans-Jürgen（1974），Geschichte der Druckpressen（1st ed.），Frankfurt/Main：Interprint. pp.67f. 转引自Wikipedia，Printing Press，https：//en.wikipedia.org/wiki/Printing_press。

② 每一本书出售时，会按照购买者的意愿，对首个花体大字母、图画等进行专门的装饰。

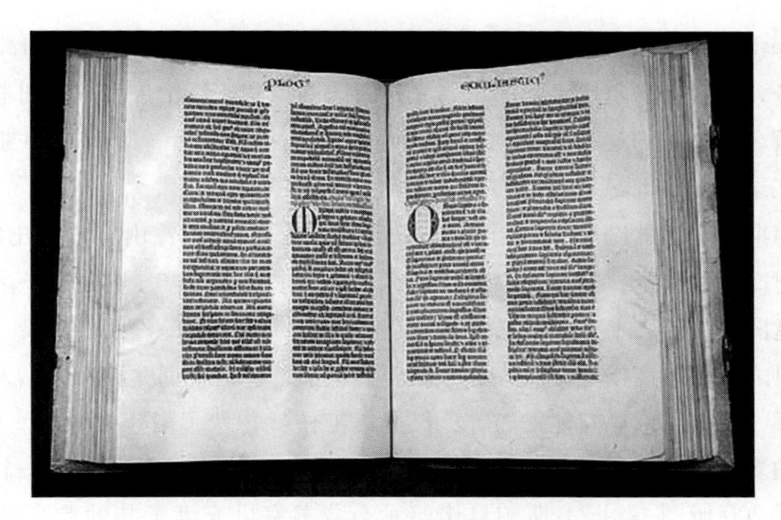

图 4-6　古登堡《圣经》，藏于美国国会图书馆

抄书业行会的排斥。[①] 这项伟大的技术创新并没有给古登堡带来财富，他无法如约偿还福斯特的债务。1455 年，福斯特把古登堡告上法庭。古登堡败诉，把印刷所、印刷机、铸造的活字以及印刷出来的《圣经》全部赔给了约翰·福斯特和彼得·舍费尔。

这 180 本古登堡《圣经》是人类进入印刷技术时代的标志，也是人类文明的重要见证，曾出现在多部电影和纪录片中，是国际藏书界最有价值的藏品之一，现存世 49 本[②]。

2. 从手抄书到印刷书的产业转型

古登堡印刷《圣经》的时候，欧洲最著名的书商是佛罗伦萨的韦斯帕夏诺[③]

① 〔美〕伊丽莎白·爱森斯坦：《作为变革动因的印刷机：早期近代欧洲的传播与文化变革》，何道宽译，北京大学出版社，2010，第 29~30 页。

② 维基百科 Gutenberg Bible 词条列出了这 49 本《圣经》现在的保存地点，以及是否完整等状况，见 Wikipedia，Gutenberg Bible，https：//en. wikipedia. org/wiki/Gutenberg_ Bible。

③ 文艺复兴时期佛罗伦萨这位书商的中文译名，有好几个不同的说法。由于他撰写的《十五世纪名人传》的中文译本已经在 2019 年由浙江大学出版社出版，所以，此处采用了该书的译名。

(Vespasiano da Bisticci)，他是一个手抄书商人，主要为王公贵族和高级教士服务，曾参与乌尔比诺图书馆、梵蒂冈图书馆和圣洛伦佐大教堂图书馆等欧洲著名图书馆的建设。韦斯帕夏诺本人也是一位学者，著有《韦斯帕夏诺回忆录：十五世纪名人传》。

韦斯帕夏诺的图书生产有点像今天的“高端定制”：由客户提出需求，并交付高昂的定金，然后，书商按照客户的要求组织生产。在建造圣洛伦佐大教堂图书馆时，韦斯帕夏诺为科西莫·美第奇提供了一份图书目录。在确定书目之后，韦斯帕夏诺用各种方法搜集图书，包括查询欧洲各大私人图书馆、买二手书和依靠其他书商等，仅搜集工作就花费了两年多时间。然后，韦斯帕夏诺雇用了 25 位顶级抄写员（手抄书行业的艺术家），在 22 个月内誊写了 200 册图书。[①] 韦斯帕夏诺暗示，藏书室里充满了装帧漂亮的手抄书，印刷书与其并置会“自惭形秽”。[②]

在韦斯帕夏诺春风得意之时，舍费尔开创了印刷书的批发商业模式。1462 年，福斯特和舍费尔将印刷业务转移到法兰克福，舍费尔创办了一年一度的“法兰克福书展”，法兰克福成为世界上第一个出版物的集散地，也是欧洲印刷传播网络的第一个中心节点。随着图书批发销售网络的建立，印刷出版的优势逐渐显现。到了 1480 年，欧洲各中心城市都出现了印刷作坊，形成了一个遍布欧洲的印刷销售网络。韦斯帕夏诺的手抄书业务不断收缩，被迫于 1478 年停业，关闭了他在佛罗伦萨的书店，他成了欧洲的最后一位手抄书商。手抄书从此退出了历史舞台。

15 世纪末，舍费尔已经成为美因兹的显贵。他管理一个“地域辽阔的销售组织”，建立起一个印刷王朝。到 1503 年舍费尔去世时，印刷行业已经成了 16 世纪欧洲最有活力和“钱途”的产业。

---

① 〔美〕伊丽莎白·爱森斯坦：《作为变革动因的印刷机：早期近代欧洲的传播与文化变革》，何道宽译，北京大学出版社，2010，第 27 页和第 453 页；Wikipedia，Vespasiano da Bisticci，https：//en. wikipedia. org/wiki/Vespasiano_ da_ Bisticci。

② 〔美〕伊丽莎白·爱森斯坦：《作为变革动因的印刷机：早期近代欧洲的传播与文化变革》，何道宽译，北京大学出版社，2010，第 29 页。

第二节　印刷技术与近现代欧洲的社会变革：马克斯·韦伯批判

印刷技术对欧洲近现代发展的影响是一场“尚未被公认的革命”[①]。即使像马克斯·韦伯的《新教伦理与资本主义精神》这样的经典社会科学名著，也忽略了印刷技术在近代社会发展中的重要作用。

这一节，我们将按照马克思主义唯物史观，从比较手工抄写和印刷出版两种生产方式的差异入手，重新梳理印刷技术与资本主义精神、与新教改革的关系，思考印刷技术对欧洲近代崛起的影响。

一　印刷出版与资本主义精神

从手工抄写到机器印刷是两种完全不同的劳动生产模式，它隐喻着从小农经济向资本主义工业生产的转型。在这个产业转型升级的过程中，诞生了资本主义精神。

1. 对手工抄写和机器印刷两种图书生产模式的比较

在手工抄写和机器印刷两种图书生产模式下，无论是生产工具的投入、产品销售模式，还是劳动分工等，都存在巨大的差异，如表 4–2 所示。

表 4–2　手工抄写与机器印刷两种生产模式的比较

	手工抄写	机器印刷
生产工具	鹅毛笔 墨水 纸 桌子	印刷机：固定资产 字钉：固定资产 油墨 纸张 厂房等：固定资产

① 〔美〕伊丽莎白·爱森斯坦：《作为变革动因的印刷机：早期近代欧洲的传播与文化变革》，何道宽译，北京大学出版社，2010，第 3 页。

续表

	手工抄写	机器印刷
产品销售模式	数量：一本或几本 用户委托，先付款 单价高	批量印刷：数百本至上千本； 市场：不确定的用户 单价低 成本核算：摊销固定资产投入， 持续支付工人工资
劳动分工	抄书匠的个人劳动	排字工、印刷工、校对工、装订工等多工种按工序相互配合

从表 4-2 的比较可以看出，与手工抄写相比，印刷商面临更大的成本投入和产品销售压力。

首先，创业压力。创办一家印刷所需要投入大笔资金购置厂房、印刷机和字钉等固定资产，依靠印刷商的个人积累无法支持，必须依赖新型金融资本、股权投资等新模式。

其次，经营压力。印刷商的第一个压力是收回初始固定资产投资。在初始投资收回后，经营的压力也始终存在，一令又一令的纸张要付钱，书市的截止日期要赶上，机器不能闲置，担心工人离职或罢工等。

再次，产品销售的压力。手抄书是先付费后生产。印刷批量出版则面对不确定的用户，印刷商要预测市场销量，网罗有学问的编辑，还要培养和扶持一批有才华的作家，不断增加新的图书品种。

最后，可能发生的意外损失。印刷商在经营中可能面临很多意外情况，例如，工人罢工、审查官的挑剔等。农业生产有季节周期，教士的日常作息由教堂的钟声确定，印刷机的工作节奏则冷酷无情，分秒不停。印刷商不得不仔细计划，探索一种有条不紊、分工合作的流水线式的图书生产模式。

2. 资本主义精神

这重重压力塑造了印刷商的“资本主义精神”。16 世纪，威尼斯阿尔丁出版社的创始人阿尔杜斯·马努蒂乌斯（Aldus Pius Manutius）就曾经说过，印刷商太忙，不可能虚度时日，甚至无暇彬彬有礼地接待来客。他们用粗鲁的方式杜绝无目的的闲暇，把友谊置于无情的效率之下。这一处事态度在 16 世纪的佛罗伦萨商人和 19 世纪维多利亚时代的英格兰商人身上都同样显著。①

由此可见，印刷出版生产模式的转变迫使印刷商逐渐养成了勤勉、节俭、理性筹划、仔细核算等韦伯所谓的“资本主义精神”。如此看来，资本主义精神就诞生在印刷所里。韦伯完全忽视了印刷技术的影响，把资本主义精神的诞生归因于思想范畴的“新教伦理”。

二 印刷机与马丁·路德的《九十五条论纲》

早期的印刷机依赖手工操作，印刷所最赚钱的业务是小件批量印刷品，如商业广告、教宗的敕令和赎罪券等，印制古登堡《圣经》这样的大部头著作是一项耗资大、风险高的大型工程。当时，欧洲识字人口主要是教会的神职人员和中世纪大学的师生，拉丁文印刷品的市场很小，也还没有出现一支专门为印刷出版而创作的作者队伍。印刷商面临内容不足、市场需求小的双重压力，一直苦苦搜寻可供大批量出版的新内容。

1.《九十五条论纲》的传播

1517 年 10 月 31 日，马丁·路德按照中世纪大学的惯例，把他草拟的 95 个讨论话题——《九十五条论纲》贴在维滕堡教堂的大门上，试图发起一场学术讨论。这 95 个话题讨论的都是当时人们关心的热点话题，德国印刷商如获至宝。

《九十五条论纲》只是一个 2~3 页的小册子，正好适合手工印刷。于是，迅速被 3 个印刷商在 3 个城市出版，形成了 3 个不同的版本。在半个月内传遍德国，1 个月内传遍欧洲。在 16 世纪初的很长一段时间内，路德的

① 〔美〕伊丽莎白·爱森斯坦：《作为变革动因的印刷机：早期近代欧洲的传播与文化变革》，何道宽译，北京大学出版社，2010，第 243 页。

《九十五条论纲》一直位于欧洲畅销书[①]排行榜的前列。

该论纲出现之后6个月，路德在致教皇利奥十世的信中表达了下列困惑。[②]

> 我的“论纲”为何比我的其他著作和其他教授的著作流传到如此之多的地方，这个问题实在是一个谜。我的意向本来限定在这里的学术圈子……其措辞是普通人难以理解的。论纲……使用的是学术范畴……

中世纪，教堂的大门就像今天的BBS（Bulletin Board System）一样，是一个发布通知、消息的布告栏。路德的本意只是在维滕堡大学内部发起一场包括“赎罪券”议题在内的学术研讨和辩论活动。印刷机的“魔力”让维滕堡一位默默无闻的神父在欧洲掀起了一场宗教改革运动。

宗教改革运动在欧洲先后引发了德国农民运动及1618~1648年的“三十年宗教战争”，欧洲人口锐减，神圣罗马帝国分裂成了300多个小邦国。为结束“三十年宗教战争”，欧洲多个国家在1648年签署了《威斯特伐利亚和约》，这是欧洲第一个多边条约，也是近代意义上的第一个国际关系体系，标志着欧洲彻底摆脱了中世纪，进入现代社会。

2. 阅读文化与口语文化的分野

传统天主教教徒是到教堂里聆听神父的口头布道，他们大多数属于能听会说具有口语文化素养（Oracy）的人，也就是今天所谓的文盲。路德倡导每个人应该自己读《圣经》，因此，新教教徒大多数具有较高的读写能力，属于麦克卢汉所谓的“印刷人”[③]。

---

① 需要指出的是，当时所谓的“书”跟今天的“图书”不是一个概念。当时，“被当作一本书的物件常常含有数量不等的成分”，16世纪初欧洲最畅销的马丁·路德的《九十五条论纲》其实只是几页纸的一个小册子。见伊丽莎白·爱森斯坦《作为变革动因的印刷机：早期近代欧洲的传播与文化变革》，何道宽译，北京大学出版社，2010，第27页。

② 〔美〕伊丽莎白·爱森斯坦：《作为变革动因的印刷机：早期近代欧洲的传播与文化变革》，何道宽译，北京大学出版社，2010，第189页。

③ Marshall Mcluhan, *The Gutenberg Galaxy: The Making of Typographic Man*, Toronto: University of Toronto Press, 1962.

于是，处于同一物理世界的天主教教徒和新教教徒分别进入了“口语（本地）”和“印刷（远距离）”两个信息传播系统，慢慢分化成了“口语人”和“印刷人”，两者的生活境遇出现了巨大的分化。

> 假设在欧洲一个村子里生活着A和B两个年轻人，A是文盲，B能读书识字。某一年，村里的农产品丰收，导致本地农作物价格下跌，A没有享受到丰收带来的超额收益。B通过读报纸和小册子，了解到山的那一边遭了灾，于是将丰收的粮食运到山那边的市场上，卖了个好价钱。B还通过阅读跟踪农业种子、化肥等前沿技术，不断提高自己的农业生产效率。久而久之，经过多轮迭代之后，文盲A和能读书识字的B的生活状况出现了巨大的差别。

这个虚构故事中的青年A和青年B的生活状况，就是宗教改革后天主教徒和新教教徒的生活状况。因此，马克斯·韦伯发现：“在任何一个宗教成分混杂的国家，只要稍稍看一下其职业情况的统计数字，几乎没有什么例外地可以发现这样一种状况：工商界领导人、资本占有者、近代企业中的高级技术工人尤其受过高等技术培训和商业培训的管理人员，绝大多数都是新教徒。”[①] 韦伯把这一现象的成因归于道德理念层面的天职、伦理等要素，却没有从社会运转的技术、机制等实体层面分析社会变革的真实过程，他完全忽视了印刷技术的影响。

综上分析，韦伯所谓的新教伦理和资本主义精神，都是从手抄书文化向印刷书文化转型过程中的产物。如果忽视了印刷技术的影响，就“可能失去理解塑造现代思想主要力量的机会”[②]。

三　西班牙的崛起：“纸”上帝国

大航海和印刷机这两项创新改变了中世纪欧洲落后、沉闷的局面，给欧

① 〔德〕马克斯·韦伯：《新教伦理与资本主义精神》，于晓、陈维钢等译，生活·读书·新知三联书店，1987，第23页。

② 〔美〕伊丽莎白·爱森斯坦：《作为变革动因的印刷机：早期近代欧洲的传播与文化变革》，何道宽译，北京大学出版社，2010，第14页。

洲带来巨大变革。与此同时，世界其他地区仍然沉浸在原有的社会状况和世界想象之中。在技术和认知两方面都处于领先地位的欧洲人，开始了全球探索和殖民活动，在 16 世纪缔造了世界上第一个“日不落帝国”——西班牙。

在西班牙帝国的鼎盛时期，其统治区域涵盖今天的西班牙、葡萄牙、美洲、菲律宾的一部分、米兰、那不勒斯、西西里和撒丁、尼德兰、加那利群岛等。如何治理这样一个疆域庞大的帝国？当时的西班牙国王腓力二世（Philip Ⅱ of Spain）的方法是：用“纸”统治。腓力二世在书桌上发号施令。有编年史家写道：“他坐在椅子上就能转动整个世界。”①

“纸”上统治的含义包括：第一，皇帝政令的下达、殖民地状况的上传汇报，依赖建立在人造纸基础上的信息传播系统。第二，印刷业的繁荣，在西班牙与其殖民地之间，造成了一种信息和知识不对等的局面，有利于西班牙在世界各地的殖民。据记载，哥伦布在第四次航海时遭遇海难。当地人一开始施以援手，但几个月后，拒绝继续为其提供食品。为了生存，哥伦布利用船上的天文星表，准确预测了 1504 年 2 月 29 日的月食，并编造了一个上帝惩罚的故事，胁迫当地人继续为船员提供食品。② 这种利用知识不对等换取利益的事情，在殖民时代并不鲜见。

欧洲出版业的繁荣与殖民地信息环境的闭塞形成了鲜明的对照，造成了两地之间知识不对等的局面。印刷出版物把欧洲大陆的信息和知识源源不断地送到殖民地，殖民地人民想要了解本国的地理、植物知识也要向欧洲人学习。这种先进的印刷语言很快就取代美洲土著语言，成为当地人学习和获取新知识、参与国际贸易的主要语言。今天，南美洲大多数国家的官方语言使用西班牙语就表明，西班牙语的印刷出版物在西班牙统治世界的过程中所发挥的重要作用。

---

① Marion Milne（导演）《鲜血与黄金：铸就西班牙》（*Blood and Gold*：*The Making of Spain with Simon Sebag Montefiore*）第 3 集，2015。

② Wikipedia. March 1504 lunar eclipse. ［2023-06-18］. https：//en. wikipedia. org/wiki/March_ 1504_ lunar_ eclipse.

四　从中世纪知识体系到现代知识体系

> 1453 年 7 月，在奥斯曼人攻陷君士坦丁堡后，红衣主教伊利亚斯·西尔维尔斯·皮克罗密尼（Acneas Sylvius Piccolomini）绝望地致信教皇尼古拉五世："多少伟人的名字将化为乌有！这是荷马和柏拉图的第二次死亡。缪斯之泉干涸了，永远干涸了。"①

幸好，有了印刷机。这批希腊学者带着珍贵的希腊典籍流亡到威尼斯，为欧洲的印刷所带来了丰富的可供出版的内容，成为 16 世纪文艺复兴的一个重要的思想、文化和科学技术发展的来源。12 世纪"文艺复兴"时期从阿拉伯文被翻译成拉丁文的典籍、1453 年拜占庭学者带来的希腊古代典籍，以及大航海的航船从世界各地带回的地理、自然和哲学思想等文化资源一起汇入了欧洲各地的印刷所里，迎来了近 500 年以来人类知识的"大爆炸"。

与亚历山大图书馆和阿拉伯智慧宫不同的是，手工抄写时代整理人类知识是"古代君主的伟大事业"，而 15 世纪末，在印刷技术时代开启的这一轮汇集和发展人类知识的伟大事业，是依赖分布在欧洲各地的印刷所分布式地完成的。例如，1470 年，雷乔蒙塔努斯在纽伦堡创办的第一家科学出版社；1494 年，阿尔杜斯·马努蒂乌斯在威尼斯创办的阿尔丁出版社；以及荷兰制图学派的墨卡托（Gerardus Mercator）、亚伯拉罕·奥特利乌斯（Abraham Ortelius）、杰玛·弗里修、约翰·布劳、威廉·布劳（W. J. Blaeu）和洪第乌斯（Jodocus Hondius）等印刷商在阿姆斯特丹开办的地理资料出版社等。分布在欧洲各地的印刷所（就像今天互联网上的服务器一样）形成了一个生产知识和传播知识的印刷网络，网络上的每一个节点上都对某一特定主题的知识进行编译、校对和印刷，将人类"集体认知"带到了一个新阶段。

---

① 〔美〕伊丽莎白·爱森斯坦：《作为变革动因的印刷机：早期近代欧洲的传播与文化变革》，何道宽译，北京大学出版社，2010，第 135 页。

这个复杂的分布式印刷网络的运转难以一一尽述。本书仅从这些“同步发生”、相互交织的印刷网络中选取了三个项目，来描述人类历史上这一次伟大的知识变革。

第一，用“新技术”整理“旧学问”。

第二，图表与技术文献的付梓，分析印刷技术带来的新的知识表征和修辞手段。

第三，哥白尼革命，分析印刷技术如何推动了现代科学的诞生。

通过这三个典型案例，介绍印刷技术如何推动了从中古知识体系到现代科学知识体系的变革。

第三节　用“新技术”整理“旧学问”

15~17 世纪对多语种、版本混乱的《圣经》的修订，是印刷技术时代用“新技术”整理“旧学问”的一个典型案例。同时，《圣经》的印刷出版也推动了现代图书印刷业的发展，催生了现代印刷出版的一系列规范。

一　上千年传抄的手稿中积累的错误

在印刷机发明之前，《圣经》的传播主要依靠口头传诵和手工抄写。手工抄写的羊皮纸《圣经》都是昂贵的奢侈品，只有教廷这种高级神学机构才拥有一定规模的图书馆，普通修道院只拥有寥寥几本羊皮纸《圣经》，并且用铁链拴在书架上，防止被偷窃。日常流通的手稿以书信、“布道辞”等短小内容为主。

由于手抄书数量少，在历史上很长一段时间内，神学教育仍然依赖口头唱诗和背诵。教士向普通公众传道时，也依赖口头演讲修辞。中世纪的普通民众基本上是文盲，各地方方言也存在差异。为了吸引民众，传教士常常需要按照各地的方言、习俗等对布道辞进行加工，添加一些世俗段子、包袱等修辞技巧。

每一次口头传道都会略有差异，《圣经》每抄一次都可能出现笔误。在这种传播生态下，保持《圣经》内容的一致性是一件不可能完成的任务：既缺乏大批量的标准化范本，也很难组织大规模的版本审核运动。就这样，《圣经》在上千年的传承过程中，积累了数不清的错误。公元13世纪，经院哲学家罗杰·培根发现，有人误把《教父名言集》当成了《圣经》；16世纪，梅兰西顿发现，在《旧约全书》的卷首抄写着一段亚历山大大帝的生平……这样的错误在《圣经》抄本里并不少见。[①]

另外，中世纪经院哲学以注释为方法，在《圣经》手稿上添加了大量的注释，使通用拉丁文《圣经》被"深埋"在叠床架屋的注释下面，烦琐冗赘。

印刷机的批量印刷，让在不同地区流传的《圣经》抄本被纷纷挖掘出来，当各种版本的《圣经》被摆放在一起，相互"对齐"的时候，手稿中存在的错误就被一个一个甄别出来，引发了一系列矛盾和争论。以伊拉斯谟为代表的16世纪人文主义哲学家，使用印刷机这个新工具，对《圣经》抄本中积累的抄写错误、翻译错误、注释错误等进行了一场"千年大扫除"。

二　对手稿的搜集、翻译、校对和印刷出版

16世纪，以伊拉斯谟为代表的一批欧洲人文主义学者，以印刷技术为工具，以语言为方法，对不同语种的《圣经》抄本进行了翻译、校队和出版，对梳理古代学问做出了重要的贡献。

1. 伊拉斯谟"以语言为方法"

伊拉斯谟（Erasmus von Rotterdam，1466～1536）是16世纪尼德兰的人文主义学者。他出生于印刷机发明之后，算得上第一代印刷技术"原住民"。他从小接受了系统的神学教育和高水平的拉丁语教育，但他拒绝从事教会的神职工作。他曾帮助阿尔杜斯的阿尔丁出版社翻译、校对和编辑希腊

① 〔美〕伊丽莎白·爱森斯坦：《作为变革动因的印刷机：早期近代欧洲的传播与文化变革》，何道宽译，北京大学出版社，2010，第210页。

文的古典文献，终生都在跟印刷所打交道。伊拉斯谟最重要的工作之一是搜集、翻译、校对和出版了新约《圣经》。伊拉斯谟早年的受教育程度，以及在印刷所担任古典文献翻译、编辑的工作经历，使他接触的希腊文、拉丁文古典文献超过了之前历史上任何一位中世纪学者。他发现这些手稿不仅语言水平低，还存在大量抄写和注释错误。伊拉斯谟认为古代圣贤应该用更好的拉丁语“说话”。他认为受过古典语言训练的人文主义学者有权将他们的语言学技能（方法）应用于整理神圣著作——这在当时是一个大逆不道的想法。当时，只有教会和中世纪大学的神学家才能从事《圣经》研究和解读，普通人不允许从事这项工作。

1512 年，伊拉斯谟开始了对《新约》的研究。他收集了所有能找到的拉丁文正本手稿，还使用了几个希腊手稿。他的语言学造诣和广泛的阅读积累，为他理解、判断和处理希腊文和拉丁文《圣经》中存在的矛盾和不一致之处，提供了知识和语言学技能方面的准备。他通读并逐一校对不同语种的《新约》文本，在这些“原始素材”的基础上，通过校勘、分析、判断和对语言进行润色，完成了第一版希腊文《新约（圣经）》的编撰。

2. 欧洲书面语从拉丁文到德语、英语等民族语言的变化

伊拉斯谟的《新约》于 1516 年在巴塞尔首次出版。印刷商约翰·弗罗本（Johann Froben）用阿拉伯数字为这本《新约（圣经）》标注页码，这也是第一本标注页码的印刷图书。[①] 这部《新约》后来又进行了 4 次修订，其中，1519 年出版了第二版。马丁·路德将第二版翻译成德语《新约》，于 1522 年在德国出版。路德的语言充满活力，使普通德国人都能理解《圣经》的教义，其翻译的《新约（圣经）》迅速成为被广泛阅读的德语《圣经》，为现代德语和德国文学的发展做出了重要的贡献。1522 年，伊拉斯谟的

① 〔美〕伊丽莎白·爱森斯坦：《作为变革动因的印刷机：早期近代欧洲的传播与文化变革》，何道宽译，北京大学出版社，2010，第 469 页。

《新约（圣经）》出版了第三版。英国的丁道尔（Tyndale）以第三版为基础，于1526年翻译出版了第一部英语《新约》，对现代英语的形成产生了深刻的影响。1527年，伊拉斯谟的《新约》出版了第四版，1535年出版了第五版。

伊拉斯谟去世以后，法国印刷商罗伯特·埃斯蒂安（Robert Estienne）在1546年、1549年、1550年和1551年4次再版了这部希腊文《新约》。日内瓦《圣经》和英国詹姆士国王版英语《圣经》大部分内容采纳了罗伯特·埃斯蒂安的印本。1620年，日内瓦《圣经》随同"五月花号"登陆美洲，对美洲大开发和美国的教育和文化发展产生了深远的影响。詹姆士国王版英语《圣经》则成为英国钦定的标准《圣经》文本，所有英语学者都使用这个文本，它是现在英语的基础。

伊拉斯谟的希腊文《新约》不仅推动了对希腊语、拉丁语等古代语言和古代典籍的研究，还直接促进了现代德语、英语等民族语言的诞生和发展，为近现代西方文明的发展，做出了巨大的贡献。

3. 多语种合参本与词典的出现

16世纪的《圣经》出版工作，是对多语种《圣经》文本进行搜集、整理和出版的宏大工程。1517~1657年，在西班牙阿尔卡拉、比利时安特卫普、法国巴黎和英国伦敦出版发行了4套多语种合参本《圣经》。在这4套多语种合参本《圣经》的编辑出版过程中，诞生了一种重要的副产品——词典。[①] 到1657年伦敦合参本《圣经》出版的时候，发行了9种语言的版本，为此铸造的多种语言的字钉为后来西方人的东方学研究提供了技术上的准备，积累了丰富的研究资料。

（1）西班牙：康普鲁顿斯合参本《圣经》（*Complutensian Polyglot*[②]）。

第一个印刷的多语种《圣经》是西班牙红衣主教弗朗西斯科·西斯内

① 〔美〕伊丽莎白·爱森斯坦：《作为变革动因的印刷机：早期近代欧洲的传播与文化变革》，何道宽译，北京大学出版社，2010，第137页。

② Wikipedia, Complutensian Polyglot Bible, https://en.wikipedia.org/wiki/Complutensian_Polyglot.

罗斯（Francisco Jiménez de Cisneros，1436～1517）发起并资助的康普顿斯合参本《圣经》。西班牙地处利比里亚半岛，历史上，它曾是罗马帝国的行省，也曾被伊斯兰人长期占领，是一个多种文明交汇之地，有大量精通多种语言的人才。

康普鲁顿斯合参本《圣经》包括6卷本。前四卷是《旧约》，第五卷是《新约》，第六卷是在翻译过程中形成的副产品，包括希伯来语、亚拉姆语和希腊语的词典和学习辅助工具。康普鲁顿斯合参本《圣经》的版面设计极具特色（如图4-7所示）。上面从左至右依次是：希腊文和拉丁文隔行排列[①]、拉丁文正本译本、希伯来文、希伯来语词根；下面从左到右分别是：阿拉姆语、阿拉姆语的拉丁语译文、阿拉姆语词根。

这种特殊的排版格式显然是为了方便多语内容的校对和翻译，是一种独特的多语研究“方法”。

（2）英国：伦敦多语合参本《圣经》。

最后一本多语合参本《圣经》是1654～1657年出版的伦敦多语合参本《圣经》[②]。这部书共有6卷，使用了许多新发现的手稿材料。这部合参本《圣经》使用了9种语言印刷：希伯来语、撒玛利亚语、希腊语、阿拉姆语、叙利亚语、阿拉伯语、波斯语、埃塞俄比亚语和拉丁语。因此，为西方学者的东方学研究积累了各种各样的字钉。这部书带有一个复杂的附录，表明这项工作所依据的庞大资料库，内容包括：

- 一个由路易·卡佩尔编制的古代纪年表；
- 圣地与耶路撒冷的文字描绘与地图；
- 收录的有关神庙平面图、希伯来辅币、度量衡、语言与字母表渊源和希伯来成语等方面的论文；
- 《圣经》主要版本和主要译本的历史记述；
- 变异的行文简表；

① 这是中世纪注释研究方法的一种——行间注，主要用于两种语言的翻译。

② Wikipedia，Polyglot（book），https：//en. wikipedia. org/wiki/Polyglot_ （book）.

Trāſla.Gre.lxx.cū interp.latina.

Trāſla.B.Hiero.

Incipit liber hellesmoth quē nos Exodi dicimus.
HEc sūt noīa fi .ca.i. liorū israel: qui ingreſſi sunt ī egyptū cū iacob. Singuli cū domibus suis introierunt. Rubē: Symeon: Leui Iudas: Isachar: zabulō & Beniamin. Dā Neptalim. Gad: & Aser. Erāt igitur oēs aīe eorū q egressi sunt de femore iacob septuaginta. Ioseph aūt in egypto erat. Quo mortuo & vniuersis fribus eius oīq cognatiōe sua: filii israel creuerūt: & quaſi germinātes multiplicati sunt: ac roborati nimis īpleuerūt terram. Surrexit interea rex nouus sup egyptum: qui ignorabat ioseph. & ait ad populū suū. Ecce pplš filiorū isrl mltus & fortior nobis est. Venite sapiēter opprimamus eū: ne forte mltiplicetur: & si ingruerit cōtra nos bellū: addatur inimicis nrīs: expugnatisq; nobis egrediatur de terra. Preposuit itaq; eis magistros opus: vt affligerēt eos oneribus. Edificauerūt q; vrbes tabernaculorum pharaōi phiton & ramesses. quātoq; opprimebāt eos: tāto magis multiplicabātur: & crescebant. Oderātq; filios israel egyptii: & affligebant illudentes & & inuidentes eis: atq; ad amaritudinem perducebant vitam eorum operibus duris luti & lateris: omniq; famulatu quo in terre operibus

Ter.Heb. Exo. Ca.i. Pritiua heb.

Inter p .cł.al. Ca.i.

Tranſla.Chal. Pritiua chal.

图 4-7 康普鲁顿斯合参本《圣经》“出埃及记”第一页

- 一篇介绍原始文本的完整与权威等问题的论文。①

这个繁复的附录说明了印刷机如何推动人类知识产业从古代到现代的转

① 〔美〕伊丽莎白·爱森斯坦：《作为变革动因的印刷机：早期近代欧洲的传播与文化变革》，何道宽译，北京大学出版社，2010，第 209 页。

型。就这样，经过印刷商和人文主义学者200多年的搜集、整理和一版版的更新出版，手工抄写时代的大量古典典籍终于从错漏百出的手工抄本变成了今天标准化印刷的现代图书。

三 现代出版规范的逐步形成

对上千年积累的《圣经》手稿的搜集、翻译、校对和印刷出版，从多方面奠定了现代出版的规范，推动了现代出版业的发展。

1. 图书版式的变化

在《圣经》出版过程中，开发了多种语言的字钉；给图书标注页码；后来又添加了书名页、目录、索引、章节标题等要素，印刷图书终于从手稿的版式逐渐变成了今天图书的标准版式。

2. 词典、纪年表等工具书的大量出现

在《圣经》出版过程中，出现了词典、纪年表、人物索引表等“副产品”，这些工具书为后世全民普及教育的发展、为开展现代学术研究提供了新的“基础设施”。

3. 促进了欧洲民族文字的发展

德语、英语、法语、西班牙语、意大利语等通俗语《圣经》的出版，推动了欧洲的“白话文”（vernacular）运动，使欧洲书面语从中世纪统一的神圣语言拉丁文变成了现代各民族国家的文字，不仅影响了欧洲各国教育的普及，也推动了各国报纸的发展，对现代民族国家的诞生、对今天的欧洲和世界格局产生了长远的影响。

4. 促进了现代版权和著作权的萌芽

在手工抄写时代，抄书可以获得可观的报酬，写书却不赚钱，没有人依赖写书谋生。写书主要靠赞助，署名权并不重要，甚至有很多人在自己的书

上署亚里士多德的名字，以引起更多的关注。

进入印刷技术时代后，早期的图书出版也不赚钱，古登堡《圣经》和四部合参本《圣经》都不赚钱，作者不能依靠写书为生。伊拉斯谟为了生存，曾把印刷商赠予他的数以百计的样书分别题献给数百人，以获得数百份赞助。①

随着伊拉斯谟的《句子集》、路德的《九十五条论纲》等小册子在市场上的热销，署名才逐渐成为作者的一项权利。为了保护印刷商的投资，罗马教皇和神圣罗马帝国的皇帝开始授予出版商“特许出版权”，这是现代版权制度的前身。当图书出版成为一项有利可图的事业之后，才慢慢出现了一支专门为出版而写作的作者队伍，署名权和版权也才成为作者和出版商的一项权益。

5. 图书分类目录的出现

随着印刷图书数量的成倍增长，如何挑选图书变成了读者的难题，对图书分类目录的需求不断增加。德国“文献学之父”约翰尼斯·特里特姆斯（Johannes Trithemius）最早采用按照出版的时间顺序、著者名字的字母顺序编写书目的编目方法。1548 年，瑞士学者康拉德·格斯纳（Conrad Gesner）编纂了第一部真正综合性的“通用”书目《图书总览》，其中包含 3 万个条目，分 19 个门类，每个门类就是一门学科。1595 年，英国学者安德鲁·蒙塞尔（Andrew Maunsell）在伦敦出版了《英语机印书目录》，其中收录了 6000 多种图书，按字母顺序排列。他把图书分为神学、科学和人文三大类。由此可见，机器印刷图书的大量增加、图书分类目录的出现和现代学科体系（现代知识分类）的形成之间存在一种密切的相互影响的关系。

① 〔美〕伊丽莎白·爱森斯坦：《作为变革动因的印刷机：早期近代欧洲的传播与文化变革》，何道宽译，北京大学出版社，2010，第 248 页。

第四节　图表的精准印刷：科学语言的诞生

如果说对《圣经》手稿的挖掘、校对、翻译和大批量标准化印刷是采用印刷“新技术”整理“旧学问”的话，那么图形、表格的大批量、标准化印刷，则推动了数学、图形和地图等“科学语言”的发展，为现代科学和技术的发展打开了新空间。

在手工抄写时代，绘画师比抄书匠更难培养，图画复制和文本抄写分属两个不同的工种。由于两个工种生产效率不一致，中世纪流传下来的古代图书中的插图大量丢失，如托勒密《地理学》中的地图和盖伦《解剖学》中的解剖图等，这使后人很难读懂书中的内容。

在印刷机发明以后，金属镌刻技术的发展解决了图形的大批量、标准化印刷问题，为技术文献的付梓提供了便利，促进了技术的创新扩散，加快了技术创新的步伐。图文并茂的《印刷机操作手册》首先推动了印刷技术自身的创新扩散。很多印刷商是依靠技术手册自学成才的。

> 识字的人无论男女，只要手握一册莫克森的《印刷机操作手册》就可以从头到尾自学印刷技术……在偏远地区和殖民地，印刷商如果没有学徒，或者找不到为一分钱的工资而替他跑腿的人，他就只能事必躬亲。在必要的时候，印刷商可以独自调和油墨、完成排印、操作机器、烘干一页又一页的印张，甚至手拿报纸到附近的客栈和咖啡屋去出售和分销。这是自学者的天然学堂。马克·吐温和本杰明·富兰克林就是这样自学成才的印刷工。[①]

技术手册大量付梓，使中世纪的“行会秘密”为公众所了解，推动了机械技艺的普及和发展。当地图、解剖图、博物图等可以精准复制、批量生

① 〔美〕伊丽莎白·爱森斯坦：《作为变革动因的印刷机：早期近代欧洲的传播与文化变革》，何道宽译，北京大学出版社，2010，第 91 页。

产时，地理学、解剖学和博物学迎来了历史性的大发展。当图表和记录可以精确复制、按比例的草图不再随时间的流逝而变得模糊或污秽时，观察和计量才变得精确。数学和透视绘图逐渐发展成一种新的修辞手段，成为现代科学技术研究和传播的“语言”。

一 数学的发展

印刷机发明之前，航海人和土地测量师的通用计量单位就是自己的手和脚，他们分别用腿脚丈量甲板和土地。[①] 作为一种工匠，中世纪“算师”的地位低于演讲家和修辞学家，中世纪大学也没有设立数学教授的教席。16 世纪中叶的法国教育改革家、法兰西学院的修辞学教授彼得·拉米斯曾表示，要把自己的终生积蓄捐给巴黎大学，设立数学教席。直到 16 世纪末，中世纪大学才开始设立数学教席。1589 年，伽利略在母校比萨大学谋得了一个数学教授的岗位，但报酬只有哲学教授的 1/15，仅够糊口。[②]

印刷机的发明给数学带来了翻天覆地的变化。印刷机发明后，数学的变化主要有三个：第一，阿拉伯数字的普及应用。第二，几何图形的大批量、标准化印刷。第三，对数表、函数表等数学表的大批量印刷和广泛使用。这三个变化都与图形、表格的批量印刷有着密不可分的关系。

1. 阿拉伯数字的普及

中世纪欧洲流传的很多数学手抄书使用的是罗马数字或其他的数字体系。罗马数字没有明确的数位概念，如Ⅳ、Ⅴ、Ⅵ、Ⅸ、Ⅹ、Ⅺ，由于没有阿拉伯数字系统中的占位数“0”，用罗马数字做加减乘除运算，是非常困难的事情。美国媒介哲学家保罗·莱文森曾经表示：“在教授《大众媒介入门》时，一上课我就许诺，凡是能够完全用罗马数字做一个简单乘法的学

---

① 〔美〕伊丽莎白·爱森斯坦：《作为变革动因的印刷机：早期近代欧洲的传播与文化变革》，何道宽译，北京大学出版社，2010，第 292 页。

② 付亮：《科学“男神”抛弃情人不洒一滴泪》，澎湃新闻，https：//www.thepaper.cn/newsDetail_ forward_ 1296705。

生，我都给他一个满分 A。但是，始终没有人能够把罗马数字换算成阿拉伯数字，笔算心算都不行。”①

阿拉伯数字大约在 10 世纪就传到了西班牙。12 世纪将《几何原本》从阿拉伯文翻译成拉丁文的英国学者阿德拉德、13 世纪意大利的数学家斐波那契大力推崇使用阿拉伯数字。但是，他们的书在当时（手工抄写的）出版量都很小，没有多少人知道和能使用阿拉伯数字。

15 世纪中叶古登堡印刷机发明以后，意大利神父、数学家、复式记账法之父卢卡·帕奇奥里（Luca Pacioli）认识到：“生活需要……数学，除非改用阿拉伯数字，否则数学就不会有多大作为。”② 1494 年，帕奇奥里用意大利通俗语撰写的《算术、几何与比例大全》出版，这部通俗语“数学百科全书”是对古典时代、中世纪数学的一种系统梳理，是印刷术发明以后第一个 100 年里影响最大的一部数学书，是数学发展史上的一个里程碑。

帕奇奥里购买了从古到今所有能得到的数学书，并把古典文本从拉丁文翻译成意大利通俗语。他把斐波那契讲算盘的实用书和欧几里得的论著整合在一起、把复式记账法的商务技术与毕达哥拉斯的算术整合在一起，还吸收了透视画法的几何原理。他主张数学为普通人服务，为商人阐述神秘的复式记账法，用表格传授利息计算和记账方法，又对测量师、建筑师和其他“多才多艺者”强调研究欧几里得的重要意义，为推广数学做出了巨大的贡献。

帕奇奥里的复式记账法作为一种商业技术，首先受到了印刷商的热烈欢迎。如前文所述，印刷商要处理复杂的债权债务关系、固定资产摊销问题，以及跨国经营中母公司与子公司的财务核算问题，复式记账法完美地解决了印刷商的“痛点”。舍费尔创建“法兰克福书展”后，图书变成了一种国际贸易。跨国贸易需要更准确、精细的成本核算技巧，以便及时了解商业贸易

---

① 〔美〕保罗·莱文森：《思想无稽：技术时代的认知论》，何道宽译，南京大学出版社，2003，第 128~129 页。

② 〔美〕伊丽莎白·爱森斯坦：《作为变革动因的印刷机：早期近代欧洲的传播与文化变革》，何道宽译，北京大学出版社，2010，第 342 页。

的盈亏。卡克斯顿在英国开设印刷厂，他不仅自己需要学习新的商业技术，还发现出版复式记账法小册子很赚钱。普朗坦的印刷公司总部设在安特卫普，分公司则分布在欧洲很多地方，他依靠精细的分类账，管理相隔千山万水的分公司的经营业务。

16~17 世纪，欧洲人在开拓殖民地的进程中碰到了与古登堡同样的难题：依靠一家一户的剩余积累，难以抵达“诗和远方”。1602 年，荷兰人发明了一种新的“商业技术”——股票。股票可以集小钱成大钱，支持荷兰东印度公司成为世界上第一家跨国大公司。这是一种更复杂的商业模式，必须依靠印刷的股票和更复杂的“商业技术”，进一步证明了印刷技术与资本主义之间的密切联系。

1494~1504 年的 10 年间，帕奇奥里的《算术、几何与比例大全》被翻译成拉丁文和许多其他语言。16 世纪，大学的数学教材也引用帕奇奥里的内容。这部通俗语的数学百科全书推动了数学在各行各业的应用，也使阿拉伯数字取代了手工抄写时代的各种数字体系，成为一种标准的数学语言。

2. 几何图形的印刷

中世纪流传下来的《几何原本》手稿中的几何图形基本上丢失了。在很长一段时间内，中世纪学者不知道欧几里得，弄不清楚波伊修斯所谓的三角形的“内角”为何物。13 世纪以后，经院哲学家知道了欧几里得，但还是不知道“内角”为何物。[①] 1482 年，德国印刷商拉特多尔特（Erhard Ratdolt）在威尼斯印行《几何原本》的首版印刷书时，精心设计了 600 多幅图表[②]（如图 4-8 所示）。于是，“内角”一目了然。《几何原本》从此变得清楚、一致，广为人知。哥白尼、帕奇奥里等都读过这个印刷本。

---

① 〔美〕伊丽莎白·爱森斯坦：《作为变革动因的印刷机：早期近代欧洲的传播与文化变革》，何道宽译，北京大学出版社，2010，第 555 页。

② 〔美〕伊丽莎白·爱森斯坦：《作为变革动因的印刷机：早期近代欧洲的传播与文化变革》，何道宽译，北京大学出版社，2010，第 367 页。

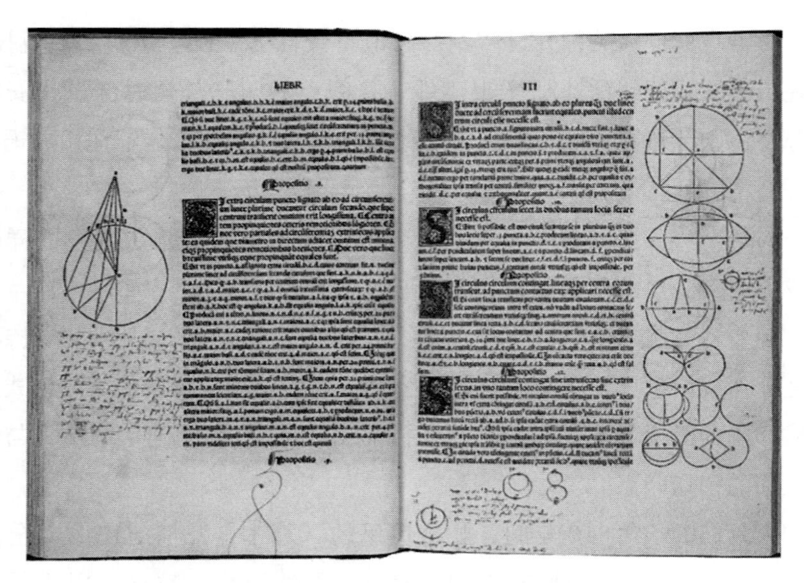

图 4-8　1482 年首版印刷的《几何原本》

16 世纪以后，数学符号激增。1557 年出版的 *The Whetstone of Witte* 中，介绍了大约 25 个数学符号，其中包括“=”“+”“-”等。英国人 John Dee 是第一个在印刷书中用“：”表示比例的人。1659 年，瑞士人约翰·拉恩（Johann Rahn）是最早使用“÷”表示除法的人。[①] 1614 年，纳皮尔（John Napier）发明了对数。笛卡尔则把代数和几何结合起来，创立了笛卡尔坐标系和解析几何[②]，在笛卡尔的基础上，牛顿和莱布尼兹又发明了微积分。这些新的数学工具为天文学家研究宇宙的结构和运行规律，提供了新的表征和建模方法。

就这样，在印刷机发明以后的 500 年，数学进入快速发展的时代。2012 年，英国数学史家伊恩·斯图尔特（Ian Stewart）出版了《探索未知：改变世界的 17 个公式》一书，除了公元前 5 世纪的毕达哥拉斯定律（勾股定律）以外，其余的 16 个公式都是在 1610 年以后出现的。

① B. Marsden, Seeking a Language in Mathematics 1523-1571, *Reformation*, 1996, 1 (1): 181-220.

② Wikipedia, René Descartes, https://en.wikipedia.org/wiki/Ren%C3%A9_Descartes.

3. 数学表的大批量印刷和使用

数学表又是另一种情形。数学教科书中的图表不是用来“读”，而是用来“查”的。最常见的数学表就是九九乘法表。数学表最早可能出现于公元前 2 世纪，古希腊和古印度时就已经在天文学和天体导航中使用三角函数表。托勒密的《天文学大成》中的三角函数表丢失了，后来使用的三角函数表是经过阿拉伯数学家修正的。

在手工抄写时代，由于缺乏批量印刷、随时可查的数学表，中世纪的算师、测量师和占星师都需要用头脑记忆这些常用的数学表，为了便于记忆，数学也被“装进”了诗歌这种易于诵读、记忆的表达体裁中。14 世纪，英格兰诺曼人撰写的一种介绍十进制的书，使用了 137 对押韵的 10 音步古语法对句。13~16 世纪，牛津研究历法的教士必须记住 260 行六步格的诗，才能从事天文历法的计算。13 世纪初，斐波那契在腓特烈二世的赞助下，游历了地中海沿岸，搜集了许多商人的算术系统以及阿拉伯数学，编制了《算经》（*Liber Abaci*），但“记住书中的换算表真是苦差事”[①]。

一直到 15 世纪印刷机发明以后，数学表才成为一种普遍使用的“数学工具书”。

纳皮尔的《对数》于 1614 年出版。纳皮尔的书出版后，其中的对数表减少了天文学家的手工计算量，相当于使欧洲天文学家的寿命延长了 1 倍[②]。用今天的话来说，对数表的印刷使欧洲天文学家的算力增长了 1 倍。1615 年，英国数学家亨利·布里格斯（Henry Briggs）对纳皮尔的对数进行了调整，形成了现在常用的以 10 为底的对数。之后不到 3 年，布里格斯的学生埃德蒙·冈特（Edmund Gunter）就发明了冈特尺。[③] 大约在 1622 年，

---

① 〔美〕伊丽莎白·爱森斯坦：《作为变革动因的印刷机：早期近代欧洲的传播与文化变革》，何道宽译，北京大学出版社，2010，第 291、379 页。

② 〔美〕伊丽莎白·爱森斯坦：《作为变革动因的印刷机：早期近代欧洲的传播与文化变革》，何道宽译，北京大学出版社，2010，第 409 页。

③ 〔美〕伊丽莎白·爱森斯坦：《作为变革动因的印刷机：早期近代欧洲的传播与文化变革》，何道宽译，北京大学出版社，2010，第 333 页。

威廉·奥特瑞德（William Oughtred）发明了计算尺。① 为了积分求解，后来的数学家又设计了微分分析仪、积分机、差分分析仪等机械模拟计算机。20世纪以后，当电子计算机和数字计算机发明以后，这些机械模拟计算机才被淘汰②。这些不断增加的算力是近现代科学技术发展的算力基础。

二 透视画法与解剖学、博物学的发展

1. 透视画法

> 在现代科学史上，透视的出现是现代科学史第一期出现的标志；望远镜和显微镜的发明是第二期的标志；摄影术的发现是第三期的标志。在观察性科学或描述性科学里，图像显示与其说是对语言表述的说明，不如说它本身就是一种语言表述。③

这种能够准确描述动植物性状的“新语言”，为解剖学、博物学的考察和记录提供了一种科学的新工具，推动了解剖学和博物学的发展。

2. 维萨里《人体的结构》的出版

1543 年，有两本伟大的印刷书问世。一本是哥白尼的《天体运行论》；另一本是维萨里（Andreas Vesalius）的《人体的结构》。哥白尼不喜欢印刷作坊，他的书是由他的学生雷蒂库斯负责印刷出版的。维萨里则喜欢亲力亲为，他亲自学习印刷出版的流程和工艺，跟印刷商交朋友，与懂拉丁语和希腊语的编辑一起工作，还与提香工作室的艺术家讨论解剖图的绘制，跟镌刻师讨论图版制作等问题。《人体的结构》标志着解剖学作为一门现代描述性科学的确立，被认为是医学发展的重要一步，是医学出版的里程碑，维萨里

---

① Wikipedia，Slide rule，https：//en.wikipedia.org/wiki/Slide_ rule.

② Wikipedia，Differential analyser，https：//en.wikipedia.org/wiki/Differential_ analyser.

③ 〔美〕伊丽莎白·爱森斯坦：《作为变革动因的印刷机：早期近代欧洲的传播与文化变革》，何道宽译，北京大学出版社，2010，第 164 页。

因此被称为现代人体解剖学的创始人。

16世纪解剖学的发展是从整理盖伦的《解剖学》开始的。维萨里编辑了盖伦全集的主要版本，他对盖伦《解剖学》的整理，就像伊拉斯谟对圣哲罗姆《圣经》的编辑一样，是从古代医学到现代医学的重要转折点。

跟其他手稿一样，在上千年的手工传承过程中，医学文献大量散佚，解剖图丢失，数据一团乱麻；药学著作与药物治疗经验脱节；在手抄书沿着希腊语—阿拉伯语—拉丁语的来回翻译的过程中，医药术语混淆了，动植物图谱走样了，恰当的命名遗失了。[①] 为了对古代解剖学手稿进行系统的翻译、校勘和出版，人文主义医学研究者——包括维萨里、拉伯雷（François Rabelais）、德国的“矿物学之父”阿格里科拉和出版商查尔斯·埃蒂安纳等——以拉丁语和希腊语等为“方法”，对古代医学手稿进行了系统的搜集、修订和整理，重新梳理了解剖学的概念和术语。

《人体的结构》的出版不仅是对古代医书的整理和出版，还改变了中世纪医学体力劳动和脑力劳动相互分离的弊端，为现代医学创造了新的图像语言。

中世纪西方的医学体系跟现代医学有很大的差别。中世纪大学医学院的老师和学生学习希腊语、拉丁语和古代医学典籍，但不亲自动手给人看病。给病人治病是药剂师和外科医师的工作，治疗手段包括草药和外科手术。解剖则是在医学博士的指导下，由理发师操作。脑力劳动与体力劳动、理论与实践相互脱节，导致盖伦《解剖学》中存在的错误传承千年都没有被察觉。维萨里认识到，脑力劳动和体力劳动相互脱节影响了医学的发展。他认为，亲身操作是学习解剖学最好的方法。在帕多瓦大学任教期间，维萨里一直将尸体作为解剖学的主要教学工具。当时教会严禁解剖人体，维萨里想方设法通过合法或不合法的手段为学生提供亲手解剖的操作机会。基于大量实践研究，维萨里发现，由于罗马帝国不允许解剖人体，盖伦的解剖学知识主要来自动物解剖，包含大量错误。

---

① 〔美〕伊丽莎白·爱森斯坦：《作为变革动因的印刷机：早期近代欧洲的传播与文化变革》，何道宽译，北京大学出版社，2010，第358页。

医学文献中存在大量错误的另一个原因是手工抄写过程中图表的大量丢失和走样。这种现象不仅在解剖学中存在，在关于药草的植物学研究中也存在图片的丢失和错误。15 世纪印刷机发明以后，木刻和镌刻图画的大批量、精准复制，为开发解剖学的“视觉词汇”提供了技术工具。[①]

> 倘若没有图像记录的方法来保存观察结果的话，倘若这样的图像不是完全而准确的三维图像，作为一门科学的解剖学简直是不可能的（这句话适用于其他一切观察性和描述性的科学）。

维萨里与提香的学生、插画家约翰·凡·卡尔卡（Johan van Calcar）过从甚密。他们合作出版了盖伦的《性解剖学指南》（*Tabulae Anatomicae Sex*），其中用 6 张大型木刻海报的形式为学生制作了详细的解剖学插图[②]，探索了用“视觉词汇”表达解剖学知识。

为了出版《人体的结构》，维萨里邀请提香工作室的艺术家为这本医学书绘制插图，还亲自到威尼斯监督镌刻画的制版。最后，又亲自把这些刻版运到巴塞尔的印刷所，维萨里亲自坐镇督察，将《人体的结构》印制完成。[③] 在完成这部伟大图书的过程中，维萨里及其同行坚持采用准确、精确的语言描绘真实数据，努力避免含糊其词、难以捉摸的术语，表现出严谨、重视实验事实的现代科学的立场。

1543 年，《人体的结构》的出版是现代医学发展史上的一个标志性事件，它不仅意味着盖伦全部著作的恢复，也标志着一个超越盖伦的时代的开启。《人体的结构》是一套 7 卷本的解剖学著作，该书纠正了 300 多处盖伦解剖学的错误，还配有 250 多幅由提香工作室的艺术家绘制的人体解剖图。

《人体的结构》出版之后，一个又一个更加精细的出版计划纷至沓来，

---

① 〔美〕伊丽莎白·爱森斯坦：《作为变革动因的印刷机：早期近代欧洲的传播与文化变革》，何道宽译，北京大学出版社，2010，第 164 页。

② Wikipedia. Andreas Vesalius. https：//en. wikipedia. org/wiki/Andreas_ Vesalius.

③ 〔美〕伊丽莎白·爱森斯坦：《作为变革动因的印刷机：早期近代欧洲的传播与文化变革》，何道宽译，北京大学出版社，2010，第 356 页。

目标都是要超越维萨里这本书。有了多种版本的解剖学著作以后，医学院学生接触的不再是单一权威的教材，而是各种可供选择的观点。这些观点促使他们重新评估各项证据，鼓励他们进一步用数据去核对描绘的文字。于是，整个古代医学的图示得到了全面的检视。

3. 博物学的发展

在现代医学问世之前，世界各国都有自己的草药历史。药剂师出于治病的需要，会搜集和研究各类动物、植物和矿物等。在中世纪大学中，动物、植物、矿物都属于医学院的研究范畴。

人类很早就开始研究自然界的动物、植物。在古希腊，亚里士多德的学生泰奥弗拉斯托斯（Theophrastus）被称为“西方植物学之父”，他著有《植物志》和《植物之生成》，记录了亚历山大大帝远征亚洲带回的棉花、胡椒、桂皮、乳香和檀木等植物。古罗马医生和药理学家迪奥斯科里德斯（Pedanius Dioscorides）用希腊文撰写的《药物论》，介绍了约 600 种药用植物。在手工抄写时代，这些早期药物学和植物学的典籍中的图片也大量消失。

15 世纪中叶，透视画法和印刷技术为人类搜集世界物种、制定植物分类提供了新的研究工具。1485 年，彼得·舍费尔在美因兹出版了《德意志植物志》。为了出版这部书，他邀请一位医学专家审核刚刚做完插图的稿子。这位医学专家曾编辑过盖伦的医书和阿拉伯医学家阿维森纳的《药典》。他在审核中发现，许多植物并非本土所见，“只能靠听说的样子来画，不能反映真实的颜色和形状”。于是，彼得·舍费尔邀请了一位医师和一位画家，开展了对德国植物的考察活动。这次考察中生成了约 100 幅高质量的植物图画，被编进了《德意志植物志》。从此，图书中的插图不再是一种装饰，而成了一种记录植物真实性状的视觉语言。[①]

---

① 〔美〕伊丽莎白·爱森斯坦：《作为变革动因的印刷机：早期近代欧洲的传播与文化变革》，何道宽译，北京大学出版社，2010，第 163 页。

这种统一的、视觉化的“植物语言”为建立统一的植物信息采集和分类系统，提供了一种植物表征的特殊语言。

15 世纪末开始的“大航海”运动带动了全球范围的物种大交换。从 15 世纪末到 16 世纪中叶，欧洲园艺家争先恐后地从印度、新世界，从一切地方寻找新奇的植物，带回欧洲。来自远方的动物和植物数量远远超过古人在羊皮卷中记录的物种①。

> 植物学家考察植物的地域越来越辽阔，他们逐渐意识到古人命名的植物仅仅是世界上植物的一小部分而已……新发现的药草在古人的著作里未曾提及。

为了描述、记录和整理世界植物资源，植物学家发展出一套记录和描述植物的标准“语言”——用“透视画法”画出的植物图。博物学家亚历山大·洪堡（Alexander Von Humboldt）和达尔文（Charles Darwin）都留下了非常精彩的绘画作品。19 世纪英国的“茶叶大盗”罗伯特·福琼（Robert Fortune）、英国东印度公司的验茶员（tea inspector）约翰·里夫斯（John Reeves）等人，都曾雇用、训练中国画师，按照西洋透视画法来描绘中国植物。

借助“透视画法”和镌刻制版技术，欧洲人开始搜集世界各地积累的关于动植物的“地方知识”。林奈的弟子佩尔·奥斯贝克（Pehr Osbeck）研究了李时珍的《本草纲目》，系统地搜集、描绘了中国植物的形态、构成、品性和作用等。② 苏格兰“植物猎人”傅礼士（George Forrest）考察中国云南的植物，他培训云南当地人学习辨别、搜集和制作标本，贴标签，做国际运输的一整套的知识。18 世纪德国的女性博物学家梅里安（Maria Sibylla

---

① 〔美〕伊丽莎白·爱森斯坦：《作为变革动因的印刷机：早期近代欧洲的传播与文化变革》，何道宽译，北京大学出版社，2010，第 304 页。

② 周琰：《从未知国到异托邦：17-20 世纪西方在中国的植物猎取》，《澎湃新闻·思想市场》，https：//www.thepaper.cn/searchResult? id=%E4%BB%8E%E6%9C%AA%E7%9F%A5%E5%9B%BD%E5%88%B0%E5%BC%82%E6%89%98%E9%82%A6。

Merian）把加勒比地区西印度群岛的黑人奴隶很早就知道的“金凤花有堕胎功能”的异域知识传递给欧洲人。①

随着来自世界各地的植物种类越来越多，分类和整理变得越来越迫切。欧洲的印刷所变成了汇集、分析和整理世界植物学知识的信息中心。②

> 1554年，意大利医师、植物学家马蒂奥利编写的《迪奥斯科里德斯的药物学》初版问世，每隔一段时间，印刷商就根据从通讯中得到的药物样本和信息修订一次，印行了一版又一版。许多奇花异卉、异域树木因而被引进欧洲。土耳其的七叶树、丁香和郁金香就是通过马蒂奥利1581年版的《迪奥斯科里德斯的药物学》进入了欧洲的植物园。

到1623年，欧洲植物学界描绘的植物已经从600种增加到6000多种。③数据的积累使更加精确的分类成为必需。18世纪下半叶到19世纪初，法国出现了65个植物分类系统；英国出现了52个植物分类系统。1753年，瑞典医学家和植物学家卡尔·林奈（Carl Linnaeus）出版了《植物种志》（*Species Plantarum*），提出了“属+种”的植物双名命名分类法。19世纪末，林奈的双名命名法逐渐成为主流。1905年，在维也纳举行的国际植物大会上，林奈的国际植物命名法成为国际标准。植物学从药学中分离出来④，成为一个独立的学科。

综上所述，解剖学和植物学著作的出版，使图画从中世纪手稿中的装饰

① 吴燕：《失落的知识与“失语”的人群——从〈植物与帝国〉看多重因素影响下的知识传播》，《科普创作评论》2021年第3期，第66~73页。

② 〔美〕伊丽莎白·爱森斯坦：《作为变革动因的印刷机：早期近代欧洲的传播与文化变革》，何道宽译，北京大学出版社，2010，第64~65页。

③ 〔美〕伊丽莎白·爱森斯坦：《作为变革动因的印刷机：早期近代欧洲的传播与文化变革》，何道宽译，北京大学出版社，2010，第304页。

④ 周琰：《从未知国到异托邦：17-20世纪西方在中国的植物猎取》，《澎湃新闻·思想市场》，［2024-01-08］. https://www.thepaper.cn/searchResult?id=%E4%BB%8E%E6%9C%AA%E7%9F%A5%E5%9B%BD%E5%88%B0%E5%BC%82%E6%89%98%E9%82%A6。

性要素，变成了一种科学表达的“视觉语言”。图文参照的表达方式反过来也影响了文字的精确性和准确性。从此，科学知识传播的每一个术语都应该是精确的，不给歧义留下任何空间。①

三　地图的出版

> 今天的人，在完全相同的地图上去搜寻早期远航的线路。如果我们告诉他们，古人航海并没有完全相同的世界地图，他们会做何感想？

现代人在地理课本上看到的带有标准比例尺的、可信赖的、作为导航工具的地图，是在印刷机发明以后才出现的。早期地图，无论是地理信息内容准确性，还是表达形式，都不是今天这个样子②。地图——关于地理知识的生产和表征方式——受到媒介技术的影响。

在手工抄写时代，地图依靠手工绘制，地图也不是今天的样子。古罗马的波伊廷格（Peutingeriana）地图长 6.75 米、宽 0.34 米，详尽展示了古罗马帝国的路线网络布局，地中海沿岸地区和岛屿都被“压扁”了。2 世纪，托勒密在亚历山大城用希腊语撰写了一部古代最伟大的地理学和地图学知识大全《地理学》。该书由地名录、地图集和制图学构成，汇编了当时人们已知的地理知识。13 世纪以前，这部书一直不为人知。13 世纪，一位拜占庭学者在东罗马帝国的一个修道院里发现了希腊文《地理学》的一个抄本，但其中地图没有了，他按照内容重新绘制了托勒密的世界地图。③ 300~1300 年手工绘制的地图中仅有 600 余幅流传下来。④

---

① 〔美〕伊丽莎白·爱森斯坦：《作为变革动因的印刷机：早期近代欧洲的传播与文化变革》，何道宽译，北京大学出版社，2010，第 293 页。

② 〔美〕伊丽莎白·爱森斯坦：《作为变革动因的印刷机：早期近代欧洲的传播与文化变革》，何道宽译，北京大学出版社，2010，第 6 页。

③ Wikipedia，Geography（Ptolemy），https：//en.wikipedia.org/wiki/Geography_（Ptolemy）.

④ 〔美〕伊丽莎白·爱森斯坦：《作为变革动因的印刷机：早期近代欧洲的传播与文化变革》，何道宽译，北京大学出版社，2010，第 299 页。

中世纪地图跟现代地图差异很大。中世纪人只知道亚、非、欧三洲，当时的地图是“T-O”地图，O指圆盘形，T将圆盘形分成三部分。T字交叉的位置是耶路撒冷，上面是亚洲，右侧是非洲，左侧是欧洲，英格兰群岛位于左下方。在圆盘形的边缘，画着很多不知名的怪兽。很多T-O地图上还画着“伊甸园”的位置。这些地图不仅忠实地描绘了当时已知的地理知识，也体现了基督教的宇宙观。[①]

印刷机发明以后，1472年，德国奥格斯堡出版的《词源学》中附带有粗糙的世界地图，这是第一幅机器印刷的世界地图。[②] 1480~1496年，德国印刷商和制图师亨利库斯·马特鲁斯（Henricus Martellus）出版了一系列地图，包括托勒密《地理学》中的世界地图。这些机印地图上都没有美洲大陆。

1. 最早的美洲地图

1453年，奥斯曼土耳其攻陷君士坦丁堡后，切断了东、西方的贸易通道，给欧洲经济带来了沉重的打击。欧洲人试图向西航行，寻找马可·波罗游记中那个金碧辉煌的东方大国，哥伦布（Christopher Columbus）就是其中之一。

哥伦布不是一个学者，他自学了拉丁语和葡萄牙语，阅读了托勒密的《地理学》、《马可·波罗游记》和普林尼的《自然志》等书籍，做了数百个边注。他按照马特鲁斯印制的托勒密“世界地图”，测算了从欧洲到中国的距离。如果计算准确的话，15世纪没有一艘轮船能携带足够的食物和淡水从欧洲航行到中国。但哥伦布是一个业余地理爱好者，他少算了整个太平洋和美洲大陆的宽度，错误估算了航程所需要的时间。于是，他充满信心地

① 〔美〕伊丽莎白·爱森斯坦：《作为变革动因的印刷机：早期近代欧洲的传播与文化变革》，何道宽译，北京大学出版社，2010，第323页。

② 〔美〕伊丽莎白·爱森斯坦：《作为变革动因的印刷机：早期近代欧洲的传播与文化变革》，何道宽译，北京大学出版社，2010，第322页。

向中国启航，结果发现了美洲大陆。[1]

哥伦布远航回到欧洲后，与他同行的制图师胡安·德拉科萨（Juan de la Cosa）将新绘制的世界地图献给了西班牙的伊莎贝拉一世女王和费迪南二世国王。这张地图把新大陆当作东方的一部分，新大陆西部则被标记为"未知之地"。1497~1504 年，意大利探险家亚美利哥·韦斯普奇（Amerigo Vespucci）几次到新大陆探险，他将航线、地理、自然等旅行记录编写成两本小册子出版，使欧洲人对新大陆有了更多的了解。亚美利哥认为这不是东方，而是一个新大陆，因此他用"新世界"标注这块新土地。1507 年，德国制图师马丁·瓦尔德泽米勒（Martin Waldseemuller）[2] 根据亚美利哥的小册子出版了一本《宇宙学简介》，书中附有一张世界地图，首次用"亚美利哥"为这块新大陆命名；"美洲"作为一块独立的"拼图"，首次出现在世界地图上。这张地图也被称为"美国的出生证"。[3]

2. 第一部《世界地图集》（Atlas）[4]

在印刷机出现的最初 100 年，印刷出版的地图主要是印刷商发掘的手工绘制的老地图。[5] 人们发现，这些"印刷"地图错漏百出，还不如远航水手手工绘制的地图准确。到了 16 世纪下半叶，以墨卡托、亚伯拉罕·奥特利乌斯为代表的荷兰新派地理学家才将制图学带进了一个新时代。[6] 墨卡托提出了墨卡托投影制图法，还创造了 Atlas 这个词，表示"对整个宇宙的描述"[7]。今天这个词指地图合集。奥特利乌斯则于 1570 年在安特卫普出版了

① Wikipedia, Christopher Columbus, https://en.wikipedia.org/wiki/Christopher_Columbus.

② Wikipedia, Martin Waldseemüller, https://en.wikipedia.org/wiki/Martin_Waldseem%C3%BCller.

③ Wikipedia, Amerigo Vespucci, https://en.wikipedia.org/wiki/Amerigo_Vespucci.

④ Wikipedia, Atlas, https://en.wikipedia.org/wiki/Atlas.

⑤ 〔美〕伊丽莎白·爱森斯坦：《作为变革动因的印刷机：早期近代欧洲的传播与文化变革》，何道宽译，北京大学出版社，2010，第 44 页。

⑥ 〔美〕伊丽莎白·爱森斯坦：《作为变革动因的印刷机：早期近代欧洲的传播与文化变革》，何道宽译，北京大学出版社，2010，第 322 页。

⑦ Wikipedia, Atlas, https://en.wikipedia.org/wiki/Atlas.

第一部完整的《世界地图集》（*Theatrum Orbis Terrarum*）。

这套地图集的编纂采取了16世纪人文主义印刷商普遍的做法，不仅搜集了古代地图资料，还建立了一个庞大的通信网络，不断搜集新的地理信息，以编入新版地图中。通过一版又一版地印刷出版，不断更新“地理知识”。

> 16世纪的编辑和出版商建立了庞大的通信网络，他们听取读书人对每一版的批评，有时还公开承诺公布批评者的名字，感谢提供新信息的人或指出错误的人，承诺有错必纠。
>
> 亚伯拉罕·奥特利乌斯采用这种方法，为他的《世界地图集》建立起一种国际范围的合作。他收到来自世界各地的反馈和建议，绘制地图的人争先恐后地把《世界地图集》尚未覆盖地区的地图寄给他。
>
> 《世界地图集》……很快就重印了几次。纠正和修改的建议使奥特利乌斯及其制图人忙得不亦乐乎，持续地为新版本而修正图版……不到三年，他就收到许多新地图，于是他增加了17幅地图作为附录，稍后又将这些新地图融入《世界地图集》。奥特利乌斯1598年去世时，《世界地图集》已经被翻译成了拉丁语、荷兰语、法语和西班牙语等至少28种版本……最后一版是1612年由普朗坦的印刷所印制的。[①]

奥特利乌斯的《世界地图集》是地图发展史上的一个里程碑。在他之前，当代地图被视为托勒密地图的附件。在《世界地图集》里，古代地图被放在当代已知世界的后面，成为现代地图的附件。于是，古人知识的局限性就以图解和文字的形式凸显出来了，读者一眼就能看清古人

---

① 〔美〕伊丽莎白·爱森斯坦：《作为变革动因的印刷机：早期近代欧洲的传播与文化变革》，何道宽译，北京大学出版社，2010，第64页。

的世界观“残缺不全”，还不到“我们发现的这个地球的四分之一”①。从此，航海家再也不用亚历山大时期的世界地图，他们对已知世界的边疆更感兴趣。

3. 阿姆斯特丹：世界地理信息中心

紧随奥特利乌斯和墨卡托之后，荷兰地图出版商和地球仪制造商威廉·布劳和洪第乌斯等人把阿姆斯特丹变成了一座名副其实的世界级的搜集、整理资料的中心城市。布劳、洪第乌斯等为了获取改进地图和地球仪的新数据，不惜在阿姆斯特丹码头等待远航归来的水手，争先获取远航水手的航海日志。②

布劳的儿子继承了父亲的印刷所，1662~1672年，在阿姆斯特丹出版了10卷本的《大地图集》（*Grand Atlas*）。《大地图集》，汇集了三方面的地理观察数据：第一，古代地理学研究数据；第二，西方航海家和探险家的实地考察数据；第三，搜集了世界各民族用不同方法、不同表征方式绘制的本地地图，在不同的地图表达方式的基础上，确定的标准的图例、投影画法等现代地图的表达规范。

从1570年奥特利乌斯的第一部《世界地图集》出版到1670年布劳父子这套《大地图集》的出版，这100年时间被认为是荷兰地图出版的“黄金时代”。③

4. 把世界绘进地图

地图是人类汇集、表达关于地球的知识的容器，人类很早就在地图上画上了经线和纬线，还会在一些“格子”中填上“未知”。早期出版的世界地

---

① 〔美〕伊丽莎白·爱森斯坦：《作为变革动因的印刷机：早期近代欧洲的传播与文化变革》，何道宽译，北京大学出版社，2010，第117~118页。

② 〔美〕伊丽莎白·爱森斯坦：《作为变革动因的印刷机：早期近代欧洲的传播与文化变革》，何道宽译，北京大学出版社，2010，第300页。

③ 〔美〕伊丽莎白·爱森斯坦：《作为变革动因的印刷机：早期近代欧洲的传播与文化变革》，何道宽译，北京大学出版社，2010，第374页。

图，图例和子午线的位置都不一致。1571 年，奥特利乌斯出版的《世界地图集》非洲地图上，子午线就位于南非的佛得角。

地球表面并不存在这一条条假想的经线和纬线。在航海史上，经度测量曾是一个长期难以解决的问题。1714 年，英国议会通过了一项“经度法案”①，提供高额奖励，悬赏寻求解决经度测量问题的方法。1762 年，英国钟表匠约翰·哈里逊（John Harrison）发明的精准计时“天文钟”成功地解决了经度测量问题的方式。后经艰苦的争取，他最终获得了“经度法案”的奖金。这可能是世界上最早的资助课题。

1884 年，在国际子午线会议上，22 个国家投票通过将格林威治子午线作为世界的本初子午线。② 自此以后，地球表面无论是空无一物的海面还是人迹罕至的地区都被“装进”了一个个“格子”中，地球上每一个点都被赋予了一个经纬度坐标，世界被绘进了地图中。

随着机印地图一版一版地更新，“伊甸园”在地图上消失了，旧的地理观念被抛弃，地图绘制方法和图例逐渐标准化，世界各地的边界和地名逐渐统一，一种新的地图表达方式、一个统一的空间框架逐步形成。通过地理课的教学，这个空间框架也被嵌入现代人的头脑中，形成了现代人的“世界观念”。

四 技术手册付梓和工程教育的滥觞

在印刷技术出现之前，实用技术的传播主要依赖布道坛上的口头报告。口头报告不能表达清单、图表和图形③，不利于技术的创新扩散。以透镜为例，透镜在 13 世纪已经出现，但在 300 年的时间里这项发明的进展缓慢。很多人听说过这项发明，但对实物是什么样子、如何制作等模糊不清。有关透镜的一切都属于行会的秘密。印刷机发明以后，透镜随着图文并茂的小册

① Wikipedia，Longitude Act.，https：//en. wikipedia. org/wiki/Longitude_ Act.

② Wikipedia，Prime meridian，https：//en. wikipedia. org/wiki/Prime_ meridian.

③ 〔美〕沃尔特·翁：《口语文化与书面文化：语词的技术化》，何道宽译，北京大学出版社，2008，第 75 页。

子传播开来，行会秘密大白于天下。从 16 世纪起，很多工匠纷纷投身透镜的制作，对这项 13 世纪的技术发明进行了持续改进，并相互争夺发明权，"伽利略的镜筒"就是其中之一[①]。

这种图文并茂的小册子使中世纪行会的秘密被付梓，读者通过阅读小册子就可以了解大量以前无法知道的事情。维萨里的教科书让读者看见了静脉和动脉血管。雅克·贝松的《机器一览》（*Theatre of Machines*）则让"端坐在扶手椅里的旅行者"看到了大型工厂和矿山的机器。这些技术小册子改变了技术产品和知识的传播状况，不仅增加了技术产品的销售量，还加快了技术更新迭代的速度。16 世纪，技术必须依靠出版才能进一步发展，逐渐成为一项社会共识。[②]

印刷机发明后的第一个 100 年是小册子井喷的时代。印刷小册子投资少、出版周期短、资金周转快，出版商、作者和各类仪器制造人都能从中受益。[③] 于是，教人如何酿酒、如何做面包、如何计算利息、如何丈量土地、如何使用六分仪、如何自我诊疗、如何学习算数、如何祈祷、如何操作印刷机、如何制作几何仪器、如何换算度量衡、如何学习十进制、如何学习修辞和写作等各类小册子喷涌而出。印刷技术时代的小册子就像互联网时代的"短视频"一样，不仅扩大了产品和服务的销售范围；而且把新技术从欧洲传播到美洲新大陆，推动了新技术的创新扩散，加快了技术更新迭代的速度，也推动了与"机械技艺"相关的工程职业教育的发展。

机械技艺（Mechanicae Artes）是与文科课程（Liberal Arts）相对应的一套实践技能。公元 9 世纪，加洛林王朝时期的爱尔兰哲学家约翰·埃留根纳（John Scotus Eriugena）将机械技艺分为七个部分：纺织、农业、建筑、

---

① 〔美〕伊丽莎白·爱森斯坦：《作为变革动因的印刷机：早期近代欧洲的传播与文化变革》，何道宽译，北京大学出版社，2010，第 346 页。

② 〔美〕伊丽莎白·爱森斯坦：《作为变革动因的印刷机：早期近代欧洲的传播与文化变革》，何道宽译，北京大学出版社，2010，第 346~349 页。

③ 〔美〕伊丽莎白·爱森斯坦：《作为变革动因的印刷机：早期近代欧洲的传播与文化变革》，何道宽译，北京大学出版社，2010，第 147~148 页。

军事、贸易、烹饪和冶金锻造；12 世纪，法国圣威克多修道院的休（Hugh of Saint Victor）用航海、医学和戏剧艺术取代了贸易、农业和烹饪，提升了机械技艺的重要性。[①]

15 世纪中叶，印刷机发明以后，机械技艺的创新发展速度不断加快。16~17 世纪是六分仪、望远镜、计算尺等观察、测量技术快速发展的时期。18 世纪下半叶，英国的瓦特发明了蒸汽机，推动了机械工程专业的发展。1872 年，电动机的发明使电气工程成为一项专门职业。19 世纪后期，詹姆斯·麦克斯韦（James Maxwell）和海因里希·赫兹（Heinrich Hertz）又开创了电子工程专业。20 世纪，真空管和晶体管的发明加速了电子学的发展[②]。20 世纪初，莱特兄弟（Wright Brothers）试飞成功以后，航空工业得到了快速的发展。

随着工程技术的发展，社会需要大量的工程技术人才。1829 年，德国创办了历史最悠久的技术大学——斯图加特大学。40 多年后，奔驰汽车公司在斯图加特诞生。1850 年，美国人口普查中首次统计了工程师的人数，当时只有 2000 人。1862 年，美国联邦政府出台《莫里尔法案》（也叫《赠地法案》），该法案增加了对应用科学和工程教育的投入，试图改变美国的工程教育，使美国成为世界技术教育的领导者。该法案通过后 50 年，美国工程教育就超过德国，成为世界工程教育的领导者。1875 年，剑桥大学设立应用力学专业和教席。直到 1907 年，牛津大学才设立工程学教席[③]。19 世纪以后，工程教育形成了四个主要分支：化学工程、土木工程、电气工程和机械工程。现在，工程教育已经成为社会需求最大的专业教育门类。

工程技术的发展使人类拥有了前所未有的操控、改变自然造物的性状，制造“人造物”的能力，极大地改善了人类的物质生活条件。近现代史上，涌现出一批改变人类命运的伟大工匠，如解决经度测量问题的钟表匠约翰·

---

① Wikipedia, Artes Mechanicae, https://en.wikipedia.org/wiki/Artes_mechanicae.

② Wikipedia, History of Engineering, https://en.wikipedia.org/wiki/History_of_engineering.

③ Wikipedia, Engineering, https://en.wikipedia.org/wiki/Engineering.

哈里逊、发明蒸汽机的詹姆斯·瓦特、发明内燃机的德国人尼古拉斯·奥托（Nikolaus Otto）、发明无线电的意大利人马可尼（Guglielmo Marconi）、发明飞机的美国莱特兄弟等，他们对人类发展做出的贡献不亚于那些伟大的科学家和伟大的思想家。

五　技术为近代“科学革命”的诞生铺路

与社会科学不同，自然科学研究是一项“解谜”的工作，解释的对象是大自然，自然科学理论必须接受自然的检验。托马斯·库恩将自然科学的这一难点描述为在“理论与自然界的接触点时经常会遇到极大的困难”①。在理论和自然界的这个接触点上，布局着一系列技术工具：第一，表征自然对象的媒介技术；第二，观察自然对象的望远镜、显微镜和X摄像技术等；第三，观测和测量自然的工具，如六分仪、象限仪等；第四，科学试验技术工具，包括化学实验设备和电学的莱顿瓶等。因此，自然科学理论的重大突破总是离不开技术发明。换句话说，印刷技术时代出现的图文并茂的小册子推动了观察、测量和科学试验技术的不断发展，为17世纪“科学革命”的诞生铺平了道路。

17世纪的技术发明中，有两项发明极大地扩展了人类对自然界的观察，一是伽利略改进后的望远镜；二是由荷兰微生物学家和显微镜学家安东尼·范·列文虎克（Antonie Philips van Leeuwenhoek）发明的显微镜。前者影响了哥白尼革命，后者开创了微生物学的研究。从此，人类对世界的观察超越了感官的局限，进入了超级宏观和微观的世界。

16~17世纪还出现了一批辅助测量工具，提高了人类观察和记录的精度。天文学家第谷·布拉赫（Tycho Brahe）是最后一位裸眼观察星星的天文学家，他虽然没有望远镜，但他设计和制造了当时最大的辅助天文观测设备——一台黄铜的象限仪，用于确定天空中星体、彗星的路径和方位。近代

① 〔美〕托马斯·库恩：《科学革命的结构》，金吾伦、胡新和译，北京大学出版社，2018，第25页。

大学的科学研究也离不开这些观察和测量设备。发明蒸汽机的瓦特早年曾担任格拉斯哥大学实验室的技师，负责制作及修理黄铜象限仪、平行尺、天平、望远镜零件和气压计等仪器设备。①

科学研究中还有一类能够操控、改变自然造物的性质和结构，制造“人造物”的工具，例如，用于储存静电的莱顿瓶（Leyden jar），制备纯净氧气的设备，还有把一种气体样品与另一种气体样品分离的技术设备等。

技术工匠对自然现象的反复观察和实验不仅为科学理论的提出积累了实验数据，还直接提供了理论思路。典型的例子是迈克尔·法拉第（Michael Faraday）和詹姆斯·麦克斯韦的合作。法拉第是伟大的电磁学家，但由于家境贫寒，他几乎没有接受过正规教育，他靠阅读自学了大量科学技术知识。法拉第在担任化学家汉弗莱·戴维的助手时，完成了一系列电磁感应的实验，证明变化的磁场会产生电场。但法拉第缺乏数学方面的知识，他把自己的发现告诉了麦克斯韦，后者提出了电磁学的第一个方程，被称为法拉第方程。之后，麦克斯韦又提出3个方程，建立了“电磁场动力学理论”，被称为“物理学的第二次伟大统一”②。

从人类技术发展史来看，科学与技术的关系从来都不是单向的，有些经验性、偶然性的技术发明未必依赖理论；但科学理论与自然现象的“接触”一定离不开技术。否则，未经验证的理论只能是一种假说和猜想。

第五节　现代科学的诞生：哥白尼革命

印刷技术时代人类知识体系最大的飞跃是现代科学的诞生，“科学”一词代替哲学成为真理和知识的象征。在古希腊和中世纪，科学一直被

---

① Wikipedia，James Watt，https：//en. wikipedia. org/wiki/James_ Watt.

② Wikipedia，James Clerk Maxwell，https：//en. wikipedia. org/wiki/James_ Clerk_ Maxwell.

称为“自然哲学”，现在，所有的学科都自称“科学”，如人文科学、社会科学、教育科学、心理科学、自然科学等。科学是在印刷技术媒介生态下，“新瓶酿新酒”酿造出来的一种全新的知识体系。近代科学的突破发生在15~17世纪，从哥白尼开始到牛顿物理学的确立，实现了从古代知识体系向现代知识体系的变革。因此，这场科学革命也被称为哥白尼革命。

科学不像大众文化，它是少数人从事的事业。在基督教神学看来，路德的《九十五条论纲》和哥白尼的《天体运行论》都属于异端邪说。但是，路德的《九十五条论纲》高居16世纪的畅销书排行榜前列，被一版再版地印刷；哥白尼的《天体运行论》则可以进入16世纪“滞销书”排行榜的前列。《天体运行论》初版仅印了400册，由于其中包含冗长而繁复的计算，“除少数博学之士外谁也看不懂”。[①] 由于销售得非常慢，以至于过了23年，到1566年，巴塞尔的一位印刷商才认为有必要出版第二版。又过了51年，到1617年，布劳才在阿姆斯特丹出版了第三版。[②]

《天体运行论》如此少人问津，这是不是表明印刷技术对科学著作出版发行的意义不大？答案当然是否定的。在任何时代，专注于高深科学研究的都是少数人。印刷技术对现代科学的影响主要体现在以下三个方面。

第一，改变了科学文献的搜集和获取方式。

第二，改变了科学家个人的工作方式。

第三，促进了科学共同体的相互合作。

科学著作的批量印刷使哥白尼、牛顿等现代科学家无须像中世纪“游学之士”那样四处游历，就可以轻而易举地获得从古到今所有的数学、天

---

① Wikipedia, De Revolutionibus Orbium Coelestium, https://en.wikipedia.org/wiki/De_revolutionibus_orbium_coelestium；但也有研究者认为，《天体运行论》第一版的印数有500~800册。见O. Gingerich, Copernicus and the Impact of Printing. *Vistas in Astronomy*, 1977, 17: 201-218。

② 〔美〕伊丽莎白·爱森斯坦：《作为变革动因的印刷机：早期近代欧洲的传播与文化变革》，何道宽译，北京大学出版社，2010，第383~384页。

文学著作。他们可以把大量的时间用于专注分析和思考天文学、物理学问题。

一　哥白尼革命的起因

哥白尼革命的起因是解决基督教历史上传统的历法问题：怎样计算每一年的复活节日期？按照《圣经》记载，耶稣被罗马人钉在十字架上，死后第三天复活。耶稣复活是基督教信仰的基础。为了纪念这个神圣的节日，在复活节前后都安排了一系列纪念活动。最早的复活节是按照犹太教的阴历计算的，与逾越节是同一天。罗马帝国当时使用的是恺撒主持修订的“儒略历”。犹太历法是按月亮的活动周期制定的，儒略历是太阳历，两者并不一致。按犹太历法计算的复活节在儒略历上不固定，导致复活节前后的一系列纪念活动也游移不定。公元 325 年，君士坦丁一世在尼西亚主教会议上讨论了复活节问题，决定在罗马帝国境内统一采用儒略历来计算复活节，废止了犹太历法的计算方法。在东、西罗马帝国分治以后，犹太教、基督教、东正教等各有一套复活节的计算方法，导致复活节计算成为长期困扰基督教世界的一个难题。

解决历法问题的前提是必须搜集长时期的天文观测数据。①

> 和解剖学家及物理学家不同，天文学家不得不研究长时段的天文观察记录……如果要改进年历，就必须掌握长时段的周期；如果要掌握长时段的周期，就必须排列千百年间一系列的观察所得；如果要搜集千百年间的观察所得，那就必须掌握不同的语言以及描写时空的不同体系。

在手工抄写时代，要想积累和搜集“长时段”的天文观测数据几乎是不可能的。印刷机发明以后，随着铅印星表一版一版地印刷，天文学家终于

① 〔美〕伊丽莎白·爱森斯坦：《作为变革动因的印刷机：早期近代欧洲的传播与文化变革》，何道宽译，北京大学出版社，2010，第 362 页。

从抄写和记忆星表的简单劳动中解放出来，开始把时间、头脑和精力投入更复杂的问题中。印刷出版物将雷乔蒙塔努斯（Regiomontanus）、哥白尼、第谷、开普勒、伽利略和牛顿等科学家联系在一起，依靠他们的隔空“接力”，人类终于实现了从古代科学到现代科学的范式革命。

让我们聚焦哥白尼阅读的那本《天文学大成》，从雷乔蒙塔努斯开始说起。

二　雷乔蒙塔努斯

雷乔蒙塔努斯（1436~1476）是15世纪德国的数学家、占星家和天文学家。[①] 他于1470年在纽伦堡创办了世界上第一家科学出版社。1472年，出版了《托勒密天文学精要》（*Epytoma in Almagestum Ptolemai*），这本书深刻地影响了哥白尼的研究。雷乔蒙塔努斯短暂的一生跨越了两个时代，他从一名中世纪的“游学之士”变成了第一位科学出版商。

雷乔蒙塔努斯师从奥地利天文学家、数学家波伊巴赫（Georg Peuerbach，1423~1461）学习数学和天文学。红衣主教贝萨里翁（Basilios Bessarion）发现当时出版的一本《天文学大成》里有很多错误，就委托波伊巴赫翻译编写一本更好的《天文学大成》。波伊巴赫自己的希腊文水平有限，又邀请了他的学生雷乔蒙塔努斯共同参与这项工作。《天文学大成》由13卷组成，其中不仅包括亚里士多德的宇宙论思想，还有星图、三角学、和弦表，以及对太阳、地球、月亮、金星、木星、火星和土星等运动、距离的描述，是古代世界最伟大的知识体系。

这三位学者像中世纪“游学之士”那样，走遍了欧洲，四处寻找高品质的《天文学大成》手稿。到1461年波伊巴赫去世的时候，仅完成了《天文学大成》前6卷的编译和修订工作。[②] 之后，雷乔蒙塔努斯继续搜寻资料。他一度效命于匈牙利宫廷，在布达的图书馆为国王整理希腊手稿，并为

① M. Shank，Regiomontanus：Encyclopædia Britannica，https：//www. britannica. com/biography.

② Wikipedia，Regiomontanus，https：//en. wikipedia. org/wiki/Regiomontanus.

占星术研究者编写三角表、切线表等。

1472 年雷乔蒙塔努斯出版的《托勒密天文学精要》以一个中世纪阿拉伯语版本为基础，虽然存在若干错误，但仍然算是一个成功的译本。首先，它不仅是一个“节本”，它指出了托勒密天文学尚未解决的问题，还搜罗了托勒密书中的数据；哥白尼在《天体运行论》中使用了这些旧数据。其次，它给许多天文学家提供了检查《天文学大成》细节的机会，1000 多年来，天文学家很少有这样的机会。①

雷乔蒙塔努斯还计划出版《三角学》、数学表和天文星表等，但遗憾的是，1476 年，雷乔蒙塔努斯英年早逝，年仅 41 岁。这一年，哥白尼才 3 岁。《三角学》在他去世半个多世纪以后才被印刷出版，另外的一些手稿则消失了。

三 尼古拉·哥白尼

哥白尼（Nicolaus Copernicus，1473～1543）于 1491 年入读克拉科夫大学，修读数学、天文学和占星术。1496 年，他来到文艺复兴重镇意大利，先后在博洛尼亚大学、帕多瓦大学学习教会法、医学、占星术等课程。在这里，他还学会了希腊语，结识了很多天文学、占星术方面的学者，并进行了第一次天文观测。

作为印刷技术时代的第一代“原住民”，哥白尼比以前的天文学家幸运得多。他不必四处游历，就可以获得天文图书、词典和参考书，其中就包括雷乔蒙塔努斯甄选和修订过的《托勒密天文学精要》和他编写的《三角学》。于是，在弗莱堡的阁楼上，哥白尼仰望星空，决定“重读一切能够到手的哲学家的著作”。②

哥白尼跟伊拉斯谟、维萨里属于同一代人。他们广泛搜集和阅读古代典

---

① 〔美〕伊丽莎白·爱森斯坦：《作为变革动因的印刷机：早期近代欧洲的传播与文化变革》，何道宽译，北京大学出版社，2010，第 365 页。

② 〔美〕伊丽莎白·爱森斯坦：《作为变革动因的印刷机：早期近代欧洲的传播与文化变革》，何道宽译，北京大学出版社，2010，第 362 页。

籍。哥白尼不仅阅读托勒密的“地心说”，了解了阿里斯塔克斯的“日心说”以及对托勒密体系的批评，而且他还收集了古希腊人、阿拉伯人的天文观察记录，以及13世纪编制的《阿方索星表》。哥白尼发现，古代天文学计算的不一致是因为受到当时观测条件的限制和手工抄写的笔误；更重要的是，不同的天文学体系采用的数学计算方法不同。①

> 哥白尼继承的大量数据……是错谬的数据……有些错谬的数据是不称职的观测者搜集的，其他一些错误则是在抄写过程中的……笔误或传输过程中的误置……。哥白尼努力厘清前人观察所得的那些尘封已久、混乱不堪的记录。他“重读一切到手的著作”，以“一网打尽”地甄别和处理前人留下的错误。

1510~1514年，哥白尼撰写了《评注》（*Commentatiolus*），介绍了“日心说”理论。这个小册子只有几页，省略了大段的数学推理，没有正式出版，仅把副本发给了一些天文学家。②《评注》为哥白尼的“日心说”赢得了声誉。第谷·布拉赫读过这本小册子，他在《天文学复兴》中引用了《评注》的一段内容。③

1539年，维滕堡大学的年轻数学家雷蒂库斯（Georg Joachim Rheticus）来到弗莱堡，拜哥白尼为师学习天文学。此时，哥白尼已经基本完成了《天体运行论》的初稿，出于种种原因，哥白尼并不打算出版这本书。德国当时是国际印刷出版中心，雷蒂库斯不仅给哥白尼带来了最新出版的数学、天文学书籍，还向哥白尼介绍了德国新兴的印刷行业，竭力劝说他的老师出版这部划时代的科学著作。在雷蒂库斯的努力下，哥伦布最终同意将《天体运行论》交由德国纽伦堡的印刷商约翰·彼得雷乌斯（Johannes

① 〔美〕伊丽莎白·爱森斯坦：《作为变革动因的印刷机：早期近代欧洲的传播与文化变革》，何道宽译，北京大学出版社，2010，第371~372+362页。

② S. Rabin, Nicolaus Copernicus: The Stanford Encyclopedia of Philosophy, https://plato.stanford.edu/archives/fall2019/entries/copernicus/.

③ Wikipedia, Nicolaus Copernicus, https://en.wikipedia.org/wiki/Nicolaus_Copernicus.

Petreius）印刷出版。1543年，《天体运行论》第一版出版，不久哥白尼就去世了。

《天体运行论》提出了“日心说”理论，但使用的仍然是旧的图表和有误的数据。与科学革命的巨大声望相比，20世纪的科学研究者在重读哥白尼的《天体运行论》时，往往有一种失望的感觉。开普勒后来评论说，《天体运行论》就是《天文学大成》的翻版，哥白尼的工作是解释托勒密的文本而不是解释自然。[①]

哥白尼的伟大贡献在于，他开启了“日心说”与“地心说”两大理论的争论，为天文星表的编制提供了新的计算方法。《天体运行论》出版8年后，1551年，维滕堡大学的数学家、天文学家伊拉斯谟·莱茵霍尔德（Erasmus Reinhold）出版了《普鲁士星表》。这套星表采用了哥白尼的计算方法，对恒星进行编目。1554年，弗兰芒天文学家约翰·斯塔狄乌斯（Johannes Stadius）根据哥白尼的日心模型并使用《普鲁士星表》的参数，发表了一份新的《星历表》。后来，第谷的观测表明，斯塔狄乌斯的《星历表》比《普鲁士星表》更准确。

四　第谷·布拉赫

接过哥白尼“接力棒”的是丹麦天文学家、占星家和炼金术士第谷·布拉赫（1546~1601）。第谷出身丹麦贵族家庭，1559年他13岁时进入哥本哈根大学学习法律。1560年8月21日发生的日全食激发了第谷对天文学的兴趣。14岁的少年第谷搜索了当时的天文学出版书目，购买了《论世界的球体》（*De sphaera mundi*）、《宇宙志》（*Cosmographicus liber*），雷乔蒙塔努斯的《三角学》《阿方索星表》《普鲁士星表》，以及斯塔狄乌斯的《星历表》[②]等一系列天文学资料，开始了他自学成才的天文学研究。1563年，

① 伊丽莎白·爱森斯坦：《作为变革动因的印刷机：早期近代欧洲的传播与文化变革》，何道宽译，北京大学出版社，2010，第365页。

② 《星历表》是一本带有表格的书，它按照一定的坐标系，给出天体随时间变化的位置（有的还提供运动的速度）。

第谷在观察木星和土星的合相（conjunction）天象时，发现在几种星表的预测中，斯塔狄乌斯《星历表》的误差最小。他意识到天文学的进步需要系统的、严格的天文观察。1571 年，第谷自己建造了一个小型天文台。1572 年 11 月 11 日，第谷在仙后座发现了一颗新星，一时名声大噪，成为享誉欧洲的天文学家。

1576 年，丹麦和挪威国王弗雷德里克二世（Frederick Ⅱ）将赫文岛（Hven）赐予第谷建造新天文台，并为他提供津贴，支持他开展天文学研究。第谷在赫文岛建造了天堡和星堡两座天文台，还建造了天文仪器修造厂、印刷厂和图书馆等。他不断改进仪器和测量方法，设计了一批当时最精密的天文仪器，如方位仪、纪限仪、三角仪、象限仪、赤道浑仪和天球仪等。第谷和助手们在这里进行了 20 多年持续、稳定的天文观测，积累了大量资料。在多年的观测和研究中，第谷更正了绝大多数已知的天文记录，赫文岛也成为当时欧洲的天文研究中心。

1588 年，弗雷德里克二世去世以后，丹麦王室对第谷的支持锐减。1597 年，第谷带着自己的天文仪器和观测记录离开赫文岛。1599 年，受鲁道夫二世的邀请，第谷移居布拉格担任宫廷天文学家，他在布拉格附近建造了一座新的天文台。1600 年，第谷邀请开普勒到布拉格，合作编制《鲁道夫星表》（*Tabulae Rudolphinae*）。1601 年，第谷去世，他把所有的天文观测数据留给了开普勒。

第谷的天文观测证明了托勒密体系存在的错误，但他没有接受哥白尼的“日心说”，而是自己提出了一个“太阳和月亮围绕地球旋转，行星围绕太阳旋转”的混合体系。

第谷是历史上最后一位裸眼观察星星的天文学家，他对太阳系进行了全面的观测，留下了超过 777 颗恒星的准确位置，对所有已知的天文记录进行了全面的检验和更新。他留下的天文观测数据为开普勒进一步发展哥白尼的“日心说”理论提供了重要的数据基础。

五　开普勒

第谷去世以后，开普勒（Johannes Kepler，1571～1630）继承了皇家天文学家的职位，也继承了第谷的天文观测设备、资料和观测数据，继续完成《鲁道夫星表》的编制。开普勒是一个数学天才，也是一位杰出的技术工匠，曾发明开普勒望远镜，他还是一位杰出的印刷商，第谷的大量图书是由开普勒监督出版的。

跟第谷不同，开普勒一直是哥白尼“日心说”的支持者。1589～1594年，开普勒在图宾根大学神学院就读期间，就学习并了解了托勒密的“地心说”和哥白尼“日心说”，从那时候起，他就一直是哥白尼理论坚定的支持者。第谷去世之后，开普勒利用第谷的数据修正了哥白尼的“日心说”模型，提出了开普勒三定律，重新定义了行星的轨道。

（1）椭圆轨道定律：所有行星围绕太阳运动的轨道都是椭圆，太阳处在椭圆的一个焦点上。

（2）面积定律：行星和太阳的连线在相等的时间间隔内扫过的面积相等。

（3）周期定律或者调和定律：椭圆轨道半长轴的立方与周期（公转一圈所用的时间）的平方成正比。

开普勒第一定律、第二定律发表在1609年出版的《新天文学》（*Astronomia Nova*）中，第三定律发表于1619年出版的《世界的和谐》（*Harmonices Mundi*）中。1618～1621年，开普勒编辑出版了7卷本的《哥白尼天文学概要》（*Epitome Astronomiae Copernicanae*），这部书首次完整地论述了哥白尼的“日心说”，并表达了开普勒的主要天文学思想，以及他在物理学和形而上学方面的哲学立场。书中还首次出现了“惯性”（Inert）的概念。

在欧洲三十年宗教战争的艰苦岁月中，开普勒历尽辛苦，终于在1623年编写完成了《鲁道夫星表》。当时，鲁道夫二世已经去世，继任国王忙于战争之事，难以筹措出版经费。直到1627年，《鲁道夫星表》才印刷出版，这是当时最准确的一个星表，一直沿用到现在。

六　伽利略

伽利略（Galileo Galilei，1564～1642）与开普勒属于同一代人，他出生在意大利比萨，父亲和弟弟都是音乐家，作为长子的伽利略一直承受着巨大的经济压力。为了应对经济压力，伽利略在比萨大学任教期间不得不开设“算师”私人辅导班，还自己设计和生产计算尺以增加收入。伽利略一生有多项技术发明，如望远镜、计算尺、显微镜和温度计等，也数次与他人发生过关于发明权的争议。

1. 印刷传播“思想市场”与创新的涌现

争夺发明权和发现权的现象是从印刷技术时代才开始出现的。图文并茂的印刷小册子把一项新发明或新发现传播给广大的受众，激活了人群中潜在的创新者。于是，B 改进了 A 的发明，C 又改进了 B 的发明，这种持续的迭代加快了技术创新的步伐。当分散的新技术、新数据、新证据等创新要素汇集到印刷传播的“思想市场”中时，就共时性地、在多个杰出科学家和发明家的头脑中涌现重大创新的思想苗头。例如，达尔文与华莱士几乎同时提出了进化论思想，尼古拉·特斯拉和古列尔莫·马可尼同时发明了无线电，贝尔与穆齐同时发明了电话等，都是“思想市场”激发创新的著名案例。

2. 科学的语言是数学和几何学

伽利略是第一位通过天文望远镜长期观察星星的人，被誉为“观测天文学之父”。伽利略利用天文望远镜观察到月球上的陨石坑和山脉，还发现了木星的 4 个卫星和土星环等。这些观测推翻了亚里士多德的静止宇宙模型，为哥白尼“日心说”提供了更多的实证证据。伽利略强调实验的重要性，被誉为“实验物理学之父”。他强调不能迷信“文字之书”（指《圣经》），要读“自然之书”（指观察和实验），对基督教长期信奉的自然哲学理论提出了挑战。伽利略的一系列科学实验证明了亚里士多德的《物理学》中的错误，为牛顿物理学做出了很多奠基性的贡献。伽利略还认识到数学和几何学在科学研究中的重要作用，他强调，科学的语言是数学和几何学，而不是拉丁语。自此，世界各地的科学家拥有了一种共同使用的、不需要翻译的科学语言。

3. 遭遇审判

在伽利略的时代，罗马教廷对印刷术的态度已经从最初的欢迎变成了把它视作一种挑战和威胁，并开始限制印刷品的流通。1559 年，罗马教廷颁布了第一份“禁书目录”。1616 年，哥白尼的《天体运行论》被列入了“禁书目录”，与哥白尼“日心说”有关的思想和学说都被列入了“异端邪说”的范畴。

1632 年，伽利略出版了《两大世界体系的对话》，他批判了亚里士多德和托勒密的宇宙观，以扎实的证据和逻辑捍卫了哥白尼的新天文学理论。1633 年，该书被列入“禁书目录”，伽利略也遭到宗教裁判所的审判，被判永久监禁。在监禁期间，伽利略完成了他的另一部伟大著作《关于两门新科学的对话》，内容涉及速度和速率、重力和自由落体、惯性、撞击和摆的运动等问题，集中表达了伽利略的物理学理论以及实验主义的哲学思想。《关于两门新科学的对话》推翻了亚里士多德的“以太（第五元素）说”和“四因说”，为现代物理学奠定了基础。

七 科学出版中心的转移

1616 年《天体运行论》被列入“禁书目录”、1633 年伽利略被审判这两件事情对意大利的文化复兴和科学研究造成了毁灭性的打击。1633 年以后，在天主教教区，关于宇宙论和天文学的任何讨论，都可能遭到罗马教廷的审查和审判。

1636 年，伽利略的《关于两门新科学的对话》写完以后，不能在天主教控制的意大利出版。一位荷兰的新教印刷商造访意大利，用外交邮袋将手稿偷运到莱顿，在荷兰出版。[①] 伽利略被审判以后，身处法国（也属于天主教国家）的笛卡尔停止写作他那鸿篇巨制的《论世界》，这部伟大的作品从未完成，也未发表。[②] 天主教区的很多印刷商为了继续出版业务，被迫向北迁移。就这样，科学出版中心逐渐从意大利、法国迁移到了北边的荷兰、德国、瑞士等新教国家，以及与欧洲隔海相望的新教国家英国。牛顿的侄子约翰·孔迪特（John Conduitt）写道：艾萨克爵士有幸出生在一个自由的国家，他可以自由发表意见，不像伽利略那样畏惧宗教裁判所，不像笛卡尔那样被迫流亡到一个陌生的国家，去发表自己的学说。[③] 这是世界科学出版中心的第一次转移——从意大利转移到了英国。

八　科学学会和学术期刊的出现

在印刷技术打造的“创新扩散”生态环境下，科学思想和技术发明快速增长，现代科学技术与中世纪自然哲学渐行渐远。科学研究者对相互交流与合作的需要，对“科学共同体”的心理归属感，在 17 世纪催生了最早的科学学会和学术期刊。

1. 科学学会的诞生

科学学会最早出现在意大利，包括 1603 年在罗马创办的林塞学会（Lincean Academy）；1657 年，在佛罗伦萨成立的西门托学会，这个学会的成员中包括几名伽利略的学生；1657 年，在威尼斯成立的威尼斯学会。后来，由于罗马教廷加强了对科学出版的审查，在赞助人停止资助之后，意大利这 3 个学会分别于 1651 年、1667 年、1661 年关闭。1660 年，英国皇家学会成立，当时的英国国王查理二世授予皇家学会皇家宪章，这是世界上存续

① 伊丽莎白·爱森斯坦：《作为变革动因的印刷机：早期近代欧洲的传播与文化变革》，何道宽译，北京大学出版社，2010，第 419~420 页。

② 伊丽莎白·爱森斯坦：《作为变革动因的印刷机：早期近代欧洲的传播与文化变革》，何道宽译，北京大学出版社，2010，第 411 页。

③ 伊丽莎白·爱森斯坦：《作为变革动因的印刷机：早期近代欧洲的传播与文化变革》，何道宽译，北京大学出版社，2010，第 420 页。

至今的最古老的科学学会。1666 年，巴黎成立了法兰西学院的科学院。

现代科学知识牢牢地扎根于经验证据。这并不是说，每一位科学家都要目睹他相信的一切事实。为了确认、汇集经验证据，科学界需要制定一套规范，让科学事实的目击者能够按照一定的规则提供精心编写的有关事实的观察报告。“一切试验和观察都要用充分而逼真的细节写成文字报告，而且最好伴以证人和证书。”[①] 实验报告作为公共知识的一部分，供科学家进行验证和相互分享，并积累形成关于“自然之书”的数据记录，支持新的宇宙理论体系的建立。

最早关注并制定实验标准的科学共同体是西门托学会。[②] 西门托学会的座右铭是“证明和反驳”，即提供真实事实的证据并驳斥虚假事实。西门托学会出版了一本论文汇编《西门托学会自然实验文集》，列出了各种物理参量的特性，测量设备，以及如何测量热度（温度计）、湿度（湿度计）和时间（摆锤）等。物理测量在当时还是一个新的领域。1667 年，《西门托学会自然实验文集》在意大利印行，但不能在意大利的书店出售。英国皇家学会将其付梓印刷以后，《西门托学会自然实验文集》才开始广泛传播，成为 18 世纪物理实验的规范和标准。

2. 学术期刊的出现

在现代学术期刊出现以前，欧洲的科学研究成果通过书信通信网络相互交流。17 世纪 30 年代，法国教士、自然哲学家马兰·梅森（Marin Mersenne）创办的“梅森信箱”，是当时欧洲最大的学术通信网络，伽利略、笛卡尔、夸美纽斯等人都在梅森的通信录中。梅森把他收到的论文和书信用印刷机批量复制，然后发送给“梅森信箱”的所有联系人。欧洲学术圈当时流传着

---

① 〔美〕伊丽莎白·爱森斯坦：《作为变革动因的印刷机：早期近代欧洲的传播与文化变革》，何道宽译，北京大学出版社，2010，第 293 页。

② L. C. Bruno “Landmarks of Science：From the Collections of the Library of Congress” . *New York*：*Facts on File*，1989：17 - 18；Wikipedia. Accademia del Cimento，https：//en. wikipedia. org/wiki/Accademia_ del_ Cimento.

一句话：“告诉梅森一个发现，就意味着在全欧洲公开发表。”“梅森信箱”连接着整个欧洲的学者[①]，相当于学术期刊的前身。

1665 年 1 月，法国《博学者杂志》（*Journal of Scavans*）创刊，这是欧洲最早出版的学术期刊，内容包括新书简介、名人讣告、科学新发现和教会法律事务等，现在主要刊登人文学科的内容。1665 年 3 月，英国《皇家学会哲学会刊》创刊，皇家学会的秘书奥尔登伯格（Henry Oldenburg）担任这本期刊的编辑。奥尔登伯格对科学出版的价值有着清晰的理解。他不遗余力地与欧洲范围内的学者通信、交流，及时掌握最新的研究动态，并帮助学者联系出版社、寻找资金、资助出版他们的研究成果。他认为，研究成果的出版可以让其他学者分享研究发现，并进行重复实验，检验研究成果的效度和信度。在这个新的人类知识创新与传播生态体系下，现代科学技术进入了快速发展阶段。

九　艾萨克·牛顿

“哥白尼革命”最后一位登场的科学家是艾萨克·牛顿（Isaac Newton，1643~1727）。牛顿出生于 1643 年[②]，此时，古登堡印刷机已经诞生近 200 年；哥白尼《天体运行论》出版 100 年；牛顿上大学之前，英国皇家学会成立；牛顿读大学期间，《皇家学会哲学会刊》创刊。牛顿生活在一个全新的时代。到了牛顿的时代，整个古代知识已经被整理停当，被“装进”了一本本印刷图书中，可以轻易地购买或借阅；16 世纪以来，哥白尼、第谷、开普勒、笛卡尔、伽利略等打破旧思想、探索现代科学的成就，也一一展现在牛顿的面前。历史期待牛顿完成建立现代科学体系的使命。

对于印刷机发明 200 年以后剑桥大学的图书资料情况，牛顿的同事、英国著名的古典学者、历史语言学家理查德·本特利（Richard Bentley）有这

① 〔美〕伊丽莎白·爱森斯坦：《作为变革动因的印刷机：早期近代欧洲的传播与文化变革》，何道宽译，北京大学出版社，2010，第 398 页。

② 牛顿的出生日期有两个，一个是 1642 年 12 月 25 日（儒略旧历）；另一个是 1643 年 1 月 4 日（格里高利历，即现代公历）。

样的描述："两百年前恢复希腊语《圣经》时只有一种手稿……现在，我们有了 30000 种不同的文本。"[①] 这也反映了牛顿当时的科研条件。

牛顿利用本地的书店和图书馆，搜罗了古代和当代所有的书籍。牛顿都搜集了哪些书籍呢？经济学家凯恩斯的《牛顿其人》[②] 显示，牛顿开展了以下几方面的研究和阅读。

第一，对神学教义的研究，特别是对"三位一体"教义的研究。牛顿反对"三位一体"教义，他发现很多文献是后来伪造的。

第二，对所有"上天启示"类作品的研究。牛顿研究了所罗门圣殿的规模、大卫书、启示录、教会史，以及大量其他著作。他试图从这些口语时代流传下来的教义中，推想出宇宙起源的真相。

第三，对炼金术的研究。剑桥大学图书馆藏有大量早期英格兰炼金术士的手稿，研究炼金术一直是剑桥大学未曾中断的秘密传统。在撰写《原理》的那几年，每年的"春季 6 周和秋季 6 周"，牛顿完全沉浸在炼金术的研究之中，"实验室的炉火几乎未曾熄灭过"。

第四，除了以上三类文献，牛顿也搜集和阅读了大量当代学者的科学著作。他贪婪地吸收玻义耳和胡克的著作；读《皇家学会哲学会刊》并做了详细的笔记；详细记录了阅读伽利略《两大世界体系的对话》和笛卡尔《哲学原理》的心得；他抄录笛卡尔的惯性原理、研读笛卡尔的《几何学》等。[③]

人类难以解释在充分掌握资料的基础上，牛顿怎样创立了现代物理学的理论体系，于是只好将这项荣耀归于上帝。

> 自然界和自然界的定律隐藏在黑暗中；
>
> 上帝说："让牛顿去吧！"

---

① 〔美〕伊丽莎白·爱森斯坦：《作为变革动因的印刷机：早期近代欧洲的传播与文化变革》，何道宽译，北京大学出版社，2010，第 209 页。

② 〔英〕凯恩斯：《牛顿其人》，郝刘祥译，《科学文化评论》2004 年第 1 期，第 99~106 页。

③ 〔美〕伊丽莎白·爱森斯坦：《作为变革动因的印刷机：早期近代欧洲的传播与文化变革》，何道宽译，北京大学出版社，2010，第 392 页。

于是，一切成为光明。

只有像凯恩斯这样，在“高深知识”层次上有过长期思考、提出过影响人类命运的伟大思想的杰出学者，才能从细节中观察到牛顿在这项开创性工作中投入的长期专注和心血。凯恩斯发现：

牛顿得出结论的心智过程，与他在《原理》中阐述这套理论体系的逻辑过程，没有任何相似之处。有一个故事，讲他告诉哈雷关于行星运动的最基本发现之一时的情形。“是的”，哈雷答道，“但你是怎么知道的呢？你已经证明了吗？”牛顿吃惊地答道，“什么？我已经知道多年了”。

牛顿开创了现代科学，但他并不是按照现代科学方法完成他的工作的。凯恩斯说，牛顿不是理性时代的第一人。他是最后一位魔法师、最后一位巴比伦人和苏美尔人、最后一位像几千年前为我们的智力遗产奠定基础的先辈那样看待可见世界和思想世界的伟大心灵。①

牛顿的独特天赋在于，他能在内心中持久地抓住一个纯粹心智上的问题，直到彻底澄清它为止。牛顿能够连续数小时、数日甚至数周紧紧抓住一个问题不放。他相信，只要他能坚持到底，只要没有任何外来干扰，所有秘密都会向他显露：阅读、抄写和实验，一切都由他自己来做、无人进来打搅、严格对外保密、没有不谐和的阻拦或批评。

牛顿就这样“独自航行在奇异的思想大海之上”，持续、专注地奋斗了 25 年。1687 年，在他 45 岁的时候，《自然哲学的数学原理》出版了。

牛顿花费了 25 年时间，以一种勤勤恳恳的工匠精神，对前人留下的与

① 这段内容重新编写自凯恩斯《牛顿其人》，郝刘祥译，《科学文化评论》2004 年第 1 期，第 99~106 页。

世界起源有关的所有的思想、迷信、传说和实验等，进行了全面的审读和检视，在头脑中对各种思想理论进行了反复的组合、排列和逻辑推演，最后提出了一套统一的解释宇宙运动规律的天文学、物理学的理论体系，完成了从亚里士多德物理学到牛顿物理学的“范式”革命。

1833 年，英国哲学家和科学史学家威廉·惠威尔（William Whewell）参考“Artist”（艺术家）创造了“Scientist”（科学家）① 一词，标志着现代科学从哲学中分离出来，人类知识体系从孔德所说的“哲学时代”进入了“科学时代”。借用卢利亚的说法，如果说哲学是文本形成的思维的产物，科学就是印刷技术形成的思维的产物。

总体来看，在印刷技术生态环境下，数学、观察/测量工具、实验工具、学术共同体等都发生了“革命性的变化”，当哥白尼、第谷、开普勒、伽利略、笛卡尔、牛顿等现代天文学家、物理学家用一套新的“概念网络……重新网住自然”②，建立了天文学、物理学理论体系之后，库恩所谓的从亚里士多德物理学到牛顿物理学的“范式革命”诞生了。但是，库恩完全忽视了印刷技术的作用。库恩的著作发表 30 多年后，1979 年诺贝尔物理学奖获得者温伯格（Steven Weinberg）曾说，最符合库恩所谓范式革命的，似乎只有哥白尼革命。③

怀特海曾经提问：“为什么一直无精打采的研究‘在 16 世纪和 17 世纪突然加快了步伐’？”④ 显然，从“无精打采”到“加快步伐”之间，最重要的变化就是印刷机的诞生。

第六节　印刷技术时代的教育变革

16 世纪是欧洲教育从中世纪转向现代学校教育制度的一个历史转折点。

---

① Wikipedia，Scientist，https：//en. wikipedia. org/wiki/Scientist.

② 托马斯·库恩：《科学革命的结构》，金吾伦、胡新和译，北京大学出版社，2018，第 125 页。

③ 刘钝：《另一种科学革命？》，《中华读书报》2002 年第 24 期。

④ 〔美〕伊丽莎白·爱森斯坦：《作为变革动因的印刷机：早期近代欧洲的传播与文化变革》，何道宽译，北京大学出版社，2010，第 289 页。

现代教育学的核心概念，如教学大纲、班级、课程、学科、教学法等一系列词汇都是在1450~1650年开始出现在欧洲教育词典上，并逐渐传播扩散到美国的南北部地区。[①] 当时，伊拉斯谟、梅兰希顿、彼得·拉米斯、蒙田（1533~1592）和培根（1561~1626）等文艺复兴时期的人文主义学者，都以不同的方式投身当时的教育改革事业。

伊拉斯谟是“新媒介，旧教育”改革的代表。他利用印刷机大量出版的古代文献的“优质资源”，为学习拉丁语的学生编写了质量更高、语言更优美的拉丁文教材。他编写的《教学对话集》（*The Colloquie*）、《句子集》（*Adagia*）和修辞学教科书等新教材在当时非常畅销，受到了广大教师和学生的欢迎。

彼得·拉米斯和梅兰希顿则是“新媒介，新教育”改革的代表。他们敏锐地感知到印刷技术时代对人才的不同要求，从读写素养、课程、教材、教学法等方面，推动了以“班级授课制”为核心的现代学校教育制度的创立。

一　读写素养、新人文课程与拉米斯教材范式

随着《圣经》、《印刷机操作手册》、《机器一览》、《几何原本》、《天体运行论》、《人体的结构》和《世界地图集》等图书的印刷出版，一种全新的、经过精准校对的印刷文本、数学、解剖图、地图、天文星表等“精密科学生活的载体”，逐渐取代不准确的记忆和错漏百出的手抄书，成为日常使用的知识表达修辞。印刷“硬”技术的变革，带来了一种与手工抄写时代的修辞学完全不同的印刷修辞“软”技艺。

印刷书的连续出版和广泛传播，带来了一种新的数据采集和反馈机制，研究发现可以得到快速检验和反馈，为可重复、可验证的实验研究和实证研究奠定了基础。还出现了下文将要介绍的新的教材编写范式。于

---

① D. Hamilton Instruction in the Making：Peter Ramus and the Beginnings of Modern Schooling，https：//www. onlineassessment. nu/onlineas_ webb/contact_ us/Umea/David/ramustext030404. pdf.

是，在“文字/数字/图、人造纸、印刷机”这一组“硬”技术基础上，形成了一套生产知识、表征和组织知识、学习知识的新的“软”技艺。“硬”技术+“软”技艺，构成了印刷技术时代的“通用框架方法”，如图4-9所示。

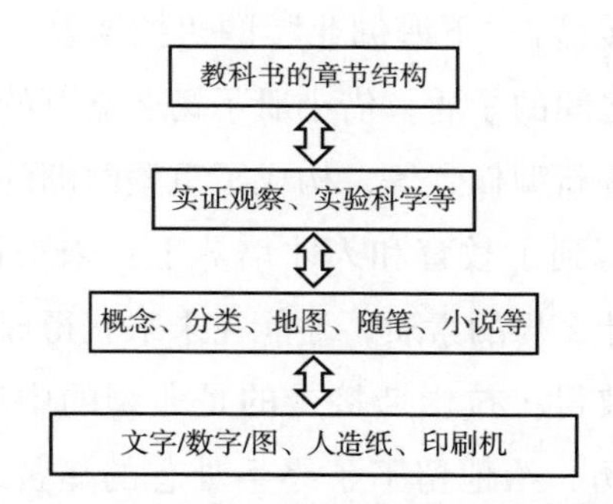

图 4-9　印刷技术时代的“通用框架方法”

这种“精密科学生活的载体”不能通过中世纪的口语讲授或辩论等方法来教授，“唯有静默地扫描书面讲解”才能够理解和吸收①。读与写取代记忆与演讲，成为印刷技术时代一个文化人的基本素养。

人们越来越熟悉规整的页码、标点、分节符、页头书名和索引等，这些创新有助于重组一切读者的思想，无论其职业背景或技艺是什么。于是，无数活动受到一种“系统精神”的影响。② 就像麦克卢汉所说，当印刷文字按照页码线性展开时，一种系统化的思维模式，潜移默化地影响了读者个人的心智模式。一种新人类——“印刷人”诞生了。

印刷文本的这种新特征不仅要求教师和学者采用新技艺表征和组织知识，而且要求学习者具备读、写、算的新素养，这样才能通过阅读——“静默地扫描书面讲解”，学习新的医学、数学、科学知识，成为印刷技术时代有文化的劳动者。

---

① 〔美〕伊丽莎白·爱森斯坦：《作为变革动因的印刷机：早期近代欧洲的传播与文化变革》，何道宽译，北京大学出版社，2010，第 335 页。

② 〔美〕伊丽莎白·爱森斯坦：《作为变革动因的印刷机：早期近代欧洲的传播与文化变革》，何道宽译，北京大学出版社，2010，第 62 页。

1. 新的印刷素养课程：读、写、算

16 世纪印刷时代的变革跟今天的世界局势有很多相似之处。刚刚崛起的印刷商，大航海带来的全球化发展机遇，天主教与新教的斗争，传统手工业的转型升级与产业转移，“下海创业”的伊拉斯谟、阿尔杜斯等新型人文主义学者与教会学者之间的矛盾，借小册子扬名立万的技术工匠，靠畅销书出名的拉伯雷、蒙田等新型作者等，构成了重塑欧洲的变革力量。对未来的憧憬与担忧，最后都落到了教育和人才培养上：未来社会需要什么样的人才？一个人应该具备什么样的素质，才能在未来获得成功？

法国教育改革家彼得·拉米斯接受的是典型的中世纪教育，那种“死记硬背”的受教育经历，给他留下了终生难忘的痛苦记忆。面对印刷技术带来的知识“爆炸”，拉米斯试图以亚里士多德的《工具论》为基础，为当时的课程和教学改革找到“一种既实用又有条理的方法”[①]。但他很快发现，亚里士多德提出的“知识三分类”存在很大的问题，他的逻辑学不属于“三分类”知识的任何一类。亚里士多德在手工抄写时代创造的那套工具，已经无法适应印刷技术带来的变革。于是，拉米斯变身为 16 世纪最著名的亚里士多德批判者，他从改造传统的“三艺”课程入手，开始了他的课程和教学改革。

拉米斯敏锐地认识到，传统修辞学中的“记忆力训练”和“抄写训练”[②] 是口头辩论的需求，不符合印刷技术生态下读写教学的发展。因此，他去掉了传统修辞学中的记忆，保留了“风格”和“发表”两部分内容；把传统修辞学中的“创意”和“谋篇布局”两项内容放到了逻辑学课程中，形成了拉米斯主义（Ramist）的“新修辞学”和“新逻辑学”课程。他用法语撰写的修辞学教科书，广受欢迎，多次再版。

“文字+口头演讲”和“文字+印刷出版”，这两种不同的文科课程存在

---

① W. J. Ong, “Ramist Classroom Procedure and the Nature of Reality”, *Studies in English Literature, 1500–1900*, 1961, 1 (1): 31–47.

② 这种抄写练习既是一种培养抄书匠的学习活动，也是一种听课过程中记笔记的技能。

什么样的差别？

第一，从文本表达的严谨性来看，当一个人朗读或吟唱诗歌的时候，内容必然包含大量的冗余。即使他跳过一大段，听众也不会感觉突兀、接不上；但学生在朗读印刷教材的课文时，一旦串行，所有人就听出来了。这表明，印刷图书的表达修辞更为严密、逻辑严谨，它与口传演讲的修辞学，有着显著的区别，属于两种不同的类别。或者说，印刷技术改变了传统的修辞表达技艺。

第二，从表达风格来看，美国学者艾玛·安妮特·威尔逊（Emma Annette Wilson）对亚里士多德和拉米斯主义两种风格的逻辑学教科书进行了内容分析，她发现拉米斯主义教科书更关注动词，而亚里士多德教科书似乎更喜欢名词，前者偏向讨论概念、原因、形式、结果等动态的逻辑结构；后者则偏向于一种停滞的概念分析①。

第三，现代小说的诞生，也体现了印刷技术前后文学表达的差别。在印刷技术出现以前，西方历史上著名的文学作品，如《一千零一夜》《十日谈》《坎特伯雷故事集》等，都是以一个人讲故事的方式来组织和表达内容，换句话说，这些文学作品采用了讲述者个人的表达视角，可以采用口头演讲的形式来发表。1605年和1615年，塞万提斯的《堂吉诃德》分两部分出版，这是第一部现代意义上的小说。之后，英国作家班扬把“对白”引进小说。笛福又把“故事情节”引进英国小说。1742年，里查森把情节、人物、描写和对白糅合起来，出版了他的第一本小说《约瑟夫·安德鲁斯》，这是第一部完全意义上的小说。② 至此，小说逐渐变成了一种依赖阅读的文学作品形态。以《哈利·波特》为例，这部7卷本的小说，人物繁多、场景多变，故事情节错综复杂。构思和撰写这样一部鸿篇巨制的复杂性，不亚于建造一座伟大的巴黎圣母院。

除了感受到印刷术给修辞学带来的变革，拉米斯还清醒地认识到数学的

① Sellberg E. Petrus Ramus：The Stanford Encyclopedia of Philosophy，https：//plato. stanford. edu/archives/win2020/entries/ramus/.

② 〔加〕哈罗德·伊尼斯：《传播的偏向》，何道宽译，中国人民大学出版社，2003，第128页。

重要性，积极推动在学校开设数学课程。他撰写并出版了《数学家》(*Scholarum Mathematicarum*)，努力将算师的地位提高到与诗人及演说家同样令人尊敬的高度。他宣传德国的数学教育成就，提议要把终生积蓄捐出来，在巴黎大学设置纯数学和应用数学的教席。后来，英国又以法国为榜样，推动了英国数学课程的开设。①

拉米斯对中世纪“三艺”课程进行了大刀阔斧的改造，突出了读、写、算的重要性，确定了读、写、算素养在现代社会的重要性。可以说，拉米斯的课程改革是中世纪教育和现代学校读写教育的一个分水岭。

2. 拉米斯教材范式

拉米斯还提炼出了印刷教材内容组织的基本框架，沃尔特·翁称之为“拉米斯教材范式”。拉米斯强调对文本的分析，分析是拉米斯方法的核心。分析是对一本图书内在构成的“拆解”，“识别每个单词和单词之间的关系……以及文本是如何按照一定的规则编织在一起的”，② 通过分析，就可以画出一门课程的“拉米斯知识地图”。③ 清晰的“知识地图”有助于在多个抄本中查遗补缺、去掉重复和错误的内容，是处理中世纪流传下来的杂乱手抄本、编纂《民法大全》等全本知识的生产工具。④

画出各门课程的“知识地图”，还有助于梳理多门课程的内容逻辑结构，并按照一定的逻辑顺序，重新编排各部分的内容，从而形成清晰的教学路径。在文本分析和知识地图的基础上，拉米斯和他的合作者提炼出了各门

---

① 〔美〕伊丽莎白·爱森斯坦：《作为变革动因的印刷机：早期近代欧洲的传播与文化变革》，何道宽译，北京大学出版社，2010，第 340 页。

② W. J. Ong，“Ramist，Classroom Procedure and the Nature of Reality”，*Studies in English Literature*，1500-1900，1961，1 (1)：31-47.

③ 〔美〕小威廉·E. 多尔、M. 杰恩·弗利纳等主编《混沌、复杂性、课程与文化：一场对话》，余洁译，教育科学出版社，2014，第 7 页。

④ 舒国滢介绍了文艺复兴时期欧洲人文主义法学的几种主要的思想流派，在这几种思想的竞争中，“彼得·拉米斯的新逻辑学愈来愈受到后世法学家的关注，并加以利用”，见舒国滢《欧洲人文主义法学的方法论与知识谱系》，《清华法学》2014 年第 1 期，第 126~156 页。

学科教材共同的编写规则[①]：

> 首先是冷冰冰的学科定义和分类，由此再引导出进一步的定义和分类，直到该学科的每一个细枝末节都解剖殆尽，处理完毕。

16世纪中叶，法律学者采用“拉米斯教材范式”对中世纪的罗马法课程体系进行了彻底的改造。

> 自1553年开始，以印刷为目的的一代法律学者着手进行编辑整部手稿的任务，包括重新组织各个部分，根据内容把它们归入不同的段落，以及为引文编制索引。他们使这部古典文献变得完全可以为读者所用了，文体上明白易懂，内在逻辑通畅。他们彻底改造了这个学科。[②]

为各学科编写分级教材本身就促使人去重新评估继承下来的教学程序，重新安排各领域的知识内容。相当于所有的古代知识用印刷技术时代的表达修辞和版式结构，重新修改和组织了一遍。

按照“拉米斯教材范式”编写的教科书，内容组织简洁清晰、循序渐进，就像一本教学手册一样，只要按照它的设计一步一步实践，就可以组织和开展教学。大卫·汉密尔顿（David Hamilton）评论说，16世纪的“拉米斯教材”就像21世纪的“杀手级App”一样[③]，迅速得到教育实践者的采纳和推广。编写印刷教材成为一种有利可图、赢得声名的新时尚，也为新型教学法的推广提供了重要的途径。随着世界全民义务教育的大发展，教材逐渐成为出版业中一个蓬勃发展的专门类别。

---

① 〔美〕沃尔特·翁：《口语文化与书面文化：语词的技术化》，何道宽译，北京大学出版社，2008，第102页。

② 〔美〕尼尔·波兹曼：《童年的消逝》，吴燕莛译，广西师范大学出版社，2004，第45~46页。

③ D. Hamilton, Instruction in the Making: Peter Ramus and the Beginnings of Modern Schooling, https://www.onlineassessment.nu/onlineas_webb/contact_us/Umea/David/ramustext030404.pdf.

二 班级授课制

班级授课制是指“将学生按大致相同的年龄和知识程度编成班级，教师按照各门学科教学大纲规定的内容和固定的教学时间进行教学”的一种制度①。班级授课制不仅是现代学校制度的核心单元，而且是中小学最为常见的基本教学组织形式。

班级授课制作为一种教学组织形式，早在古希腊、古罗马时代就已经出现了。但是，按照学生年龄分级、按知识掌握程度分班、按学科组织教学的真正意义上的“班级授课制”是在 16 世纪欧洲的古典文科中学出现的。梅兰希顿、斯图谟、夸美纽斯等人对班级授课制的形成做出了重要的贡献。

1. 班级授课制的早期探索

梅兰希顿是较早在中学实行分级教学的教育家。1527 年，梅兰希顿率队考察萨克森邦的学校教育状况，在 1529 年发表了《考察报告书》，提出在拉丁文法学校，应该根据掌握知识的程度或学业进度将学生划分为不同年级，对不同年级的学生提出不同的学习要求，安排不同的学习内容，并以不同的方式进行教学。这是最早提出的班级授课制的雏形。

1538 年，斯特拉斯堡文科中学校长斯图谟撰写了《学校课业的正确安排》（*On the Correct Setting Out of School Studies*），对文科中学的教学组织进行了重新安排。斯图谟按照学生的年龄，把学生划分为 10 个班级，每个班级都有不同的学习要求和学习内容，并由不同的教师专门负责，实行分级教学。这个按年龄分级的方法，简便易行，很快就被很多中学采纳，并逐步扩散到英国、德国、瑞士等国家和地区。现代学校的班级授课制普遍采用生理年龄作为分级基准就来自斯图谟的创新。

---

① 这部分内容参考了张斌贤、季楚潇、钱晓菲《夸美纽斯是班级授课制的“创立者”吗》，《高等教育研究》2022 年第 6 期，第 80~94 页。

2. 夸美纽斯的《大教学论》

夸美纽斯是17世纪捷克的教育改革家。他人生的黄金时代正好处于欧洲“三十年战争”时期，一生颠沛流离，曾到德国、英国、瑞典、荷兰、波兰和匈牙利等地生活和工作。他早年在德国受教育，他的老师阿尔斯特德（Johann Heinrich Alsted）是一位“拉米斯主义”学者①。因为这些经历，他对16世纪欧洲的教育改革有比较全面的了解，他利用平生所学，努力推动捷克的教育发展。他编写过捷克语的教材，在《大教学论》和《泛智学校》两本书中，他对班级授课制进行了系统的论述②。

> 夸美纽斯认为，各级学校的教学工作要遵照自然的“秩序”，“把时间、科目和方法巧妙地加以安排”。具体办法是建立学年制和班级授课制度。一切公立学校每年秋季招生一次，同时开学，同时放假（他把一学年分为四个学季）；把学生按年龄和学力分成年级和班级；每班专用一个教室，由一位教师同时教导全班学生，全体学生在教师指导下做同样的功课，为每个年级制定统一的教学计划和课时表，使每年、每月，每周、每日、每时都有一定的教学任务；除平时考查外，学年结束时举行一次隆重的考试，使全体学生（心智缺乏者除外）能同时达到一定程度，升入高一年级。此外，他还对班级的组织、课堂纪律、课堂教学方法等作了周密的筹划。

夸美纽斯《大教学论》第三十二章专门讨论了印刷技术。他解释说，新、旧两种教学方法之间的区别，就像手工抄书与印刷机印书之间的区别一样。

夸美纽斯仔细研究过印刷技术的特点，他借助讨论大规模批量印刷的优势，来证明一位教师采用标准、有序的教学模式“同时教几百人”的可行

① Wikipedia，Johann Heinrich Alsted，https：//en. wikipedia. org/wiki/Johann_ Heinrich_ Alsted.
② 〔捷〕夸美纽斯：《大教学论》，傅任敢译，人民教育出版社，1984，第14页。

性。夸美纽斯说，（1）2 个青年所能印出的书数较之 200 个人同时抄的还要多。（2）手抄本的字体大小、页数等，每本都不一样；而印本则是完全一样的。（3）手抄本不能保证抄本与原本完全一样，但经过编辑仔细校对的印刷书印刷成百上千本完全一样。

夸美纽斯参考印刷出版流程，一步步对照介绍了班级授课制的教学过程。（1）准备：打湿弄软纸张 Vs. 敦促学生用心。（2）浇上墨水 Vs. 教师把功课朗读一遍。（3）把纸张一张一张放到印刷机上 Vs. 要求学生一个个地复述讲过的内容。（4）印好的书页在风中晾干 Vs. 学生复述、考试与比赛。（5）装订 Vs. 年终考试。夸美纽斯还借用“印刷术”这个术语，把新的教学方法称为“教学术”。

夸美纽斯在 17 世纪提出的这个教学步骤，与 19 世纪赫尔巴特提出的“五段教学法”，以及 20 世纪美国教育心理学家罗伯特·加涅（Robert M. Gagné）提出的“九大教学事件”之间，存在明显的继承关系。如此看来，现代课堂教学的步骤，似乎也受到了印刷出版流程的启发。

3.《普鲁士学校规程》与全民义务教育

随着教育、经济和技术的发展，一个国家的国民受教育水平日益成为国家竞争力的重要标志。普及教育逐渐成为现代国家的一项使命和需求。1763 年 9 月 23 日，普鲁士颁布《普鲁士学校规程》（*the Prussian School Code of 1763*），此后不久，又颁布了《西里西亚学校规程》（*the Silesian School Code, 1765*）。这两部法律颁布和实施后，普鲁士王国境内逐渐建立起了由世俗政权主导、教会协助的国民教育制度。

根据这两部法律，普鲁士不仅进一步强化了义务教育制度，直接推动了小学教育的发展，而且促进了教师培养、教师资格证书、教师考核等一系列制度的建设，为小学教育的长远发展奠定了坚实的基础。

普鲁士模式的义务教育逐渐传播到其他国家。丹麦、挪威、瑞典、芬兰和英国等政府很快采纳了义务教育制度。法国 1833 年通过了第一部义务教育法。美国第一个通过义务普及公共教育法的州是马萨诸塞州，时间是 1852 年；1918 年，密西西比州成为美国最后一个颁布义务教育法的州。苏联于 1930 年实施了义务教育法。中国在 1986 年通过了九年义务教育法。由于人口增长和义务教育的普及，2006 年，联合国教科文组织测算，在随后的 30 年里，接受正规教育的人数将超过以往人类历史上的所有人数之和。①

综上所述，学生按年龄分级、按学业成绩分班、教师按照各种科目开展教学这种现代学习制度，是在印刷机出现之后才逐渐出现、改进和完善的。这个改进、完善的过程，就是按照印刷技术所带来的劳动分工和劳动成本，重新梳理、创建校外校内教育教学劳动分工的过程。依靠校外印刷产业提供的由专家教师撰写、由出版社精心编辑的标准化教科书，降低了单个教师的劳动负荷，教师按照教科书的步骤一步一步地完成教学任务，普遍提高了学校的教学质量。

因此，现代学校制度包括班级授课制离不开校外的教科书出版业和其他的教学支持行业，这是印刷技术出现之后，人类教育的一次系统性变革。无论这种教育制度的出现，还是现代学校制度的运转，都离不开印刷技术所营造的传播生态环境。

第七节 迈向现代社会

15~16 世纪发生的这一场印刷技术变革，是距离今天的互联网变革最近的“上一次”同类技术变革，比较全面地展示了新媒介技术怎样影响和导致了劳动生产方式、宗教与政治、文化、技术和科学以及教育的系统性变革。在这个变革的过程中，发生了早期资本主义生产方式的萌芽，出现了新的图书排版和内容组织方式，现代人习以为常的词典、统计年鉴、复式记账法等工具书；地图、解剖图等图文并茂的新型图书；阿拉伯数字和几何图形的普及；标准化的教科书以及报纸和期刊等连续出版物等都是在这一时期出

① Wikipedia, Compulsory Education, https: //en. wikipedia. org/wiki/Compulsory_ education.

现或者得到大面积推广应用的。

这是人类社会从中世纪迈向现代化的一个重要转折点。这个建立在印刷技术基础上的信息和文化传播网络，为现代民族国家和现代人的诞生提供了技术设施基础。

一　现代国家的崛起

印刷技术时代是欧洲告别神权和封建王朝统治、走向现代民族国家的时代。美国社会学家本尼迪克特·安德森（Benedict Anderson）指出，现代国家不是依赖神圣信仰，也不是依赖血缘关系建立起来的国家“共同体”。共同的民族语言、共同的地理边界、共同的历史记忆和文化认同，把他们联结成为一个“想象的共同体”。

1. 神圣语言拉丁文的式微和民族语言的崛起

本尼迪克特·安德森认为，民族、民族属性与民族主义是一种“特殊的文化人造物”（Cultural Artefacts）——它是一种想象的政治共同体，因为即使是最小的民族的成员，也不可能认识他们大多数的同胞，依靠共同体的想象，把他们联结在一起。① 这种“人造物”建立在印刷资本主义营造的共同语言的基础上，是在 18 世纪末被创造出来的。

在印刷术发明以前，欧洲各地的口语方言多得难以胜数，把欧洲分割成了大大小小的口语传播系统，拉丁文就成为跨越不同传播网络的“通用语”。在中世纪的西欧，拉丁文不仅是传播基督教教义的神圣语言，还是唯一的书面教学语言。当时能够阅读拉丁文的人寥寥无几，就像“文盲大海上的几个小岩礁”。在上千年的时间内，罗马教廷就是利用这种神圣语言、教堂的雕像、彩色玻璃和《圣经》故事等，建构起了一个跨多种语言区的“宗教共同体”。早期印刷出版物的内容也以拉丁文为主。1500 年以前出版的书籍有 77%是用拉丁文写

① 〔美〕本尼迪克特·安德森：《想象的共同体——民族主义的起源与散布》（增订版），吴叡人译，上海人民出版社，2016，第 6 页。

的，1501年，在巴黎印行的书籍中，80个版本都是用拉丁文写的。”①

拉丁文这个“小”图书市场很快就饱和了，为了扩大图书的销售市场，印刷商一直在拓展本国语的市场空间。从1517年宗教改革开始，通俗语印刷品不断增加。路德的《九十五条论纲》被翻译成了德文，路德的德文《圣经》、丁道尔的英文版《圣经》、彼得·拉米斯用法语撰写的《辩证法》《修辞学》等教科书，在当时的销量都很大。到了1575年，巴黎印行的法文版书籍开始占据多数。1640年以后，由于以拉丁文写的新书日益减少，而各国通俗语著作与日俱增，出版渐渐不再是一个国际性贸易了。②

1776年，蒸汽机发明以后，出现了蒸汽印刷机，印刷速度大幅提高，推动了报纸这种每日、连续出版物在世界各地的发展。报纸创造出一种新的群体仪式：大规模、分布式的大众化阅读。这个仪式每半天或一天就重复一遍。黑格尔观察到，现代报纸是晨间祈祷的代用品。③ 18世纪，报纸作为一种“单日畅销书”，为出版业带来了巨大的财富，也导致了民族语言的进一步普及和拉丁文的进一步式微。

地理大发现也进一步动摇了拉丁文的神圣地位。英国人征服印度后对梵语的研究，拿破仑征服埃及后对古埃及象形文字的解读，以及对闪米特语言的研究等，这些更古老的文字的存在，动摇了欧洲人对拉丁文作为唯一神圣语言的信仰。在探索世界的过程中，欧洲出于实用目的收集的非欧语言语汇表（例如植物的名称）、编写的简单的辞典等进一步切断了语言与神圣权力之间的联系，欧洲人认识到“语言是由语言使用者在他们自己之间所创造、成就出来的一个内部领地（internal field）”④。

① 〔美〕本尼迪克特·安德森：《想象的共同体——民族主义的起源与散布》（增订版），吴叡人译，上海人民出版社，2016，第14+17页。

② 〔美〕本尼迪克特·安德森：《想象的共同体——民族主义的起源与散布》（增订版），吴叡人译，上海人民出版社，2016，第18页。

③ 〔美〕本尼迪克特·安德森：《想象的共同体——民族主义的起源与散布》（增订版），吴叡人译，上海人民出版社，2016，第31页。

④ 〔美〕本尼迪克特·安德森：《想象的共同体——民族主义的起源与散布》（增订版），吴叡人译，上海人民出版社，2016，第68~69页。

这种以民族语言为基础形成的“印刷语言”为建立“想象的共同体”提供了技术手段。经由“一种大众传播媒体、教育体系和行政管制等制度，进行的系统的、马基雅维利式的民族主义意识形态灌输”，“想象的共同体”的底层规则[①]形塑了个人与族群的集体归属、国土的地理边界，以及一个民族的共同历史。

2. 国家地理边界的诞生：以泰国为例

随着地理大发现和地图学的发展，标准化的地图和学校开设的《地理课》逐渐在现代国家国民的心中营造出一个清晰、共同的国家边界。泰国历史学家东猜·维尼察古在一篇论文中追溯了“有边界的”泰国在1850~1910年出现的复杂过程[②]。

泰国历史上只有两种类型的地图，都是手工绘制的。第一种被称为“宇宙图”，是对传统佛教宇宙论当中的三个世界的一种形式化的、象征的表现。宇宙图把尘世之上的天国和尘世之下的地狱沿着单一的垂直纵轴，嵌进一个可见的世界之中，是一种对佛教宇宙观念的表达，没有任何导航作用。第二种是用于行军或航海的实用地图指南，通常用行军和航行时间来做注解，缺乏比例尺的概念。这两类地图都没有标出泰国的国家边界。它们的制图者可能也完全无法理解英国考古学家理查德·穆尔（Richard Muir）对现代国家边界的定义。[③]

> 边界位于临接国家领土的接触面的国与国之间的边界，……在国家主权间的垂直接触面与地表交会之处……作为垂直的接触面，边界没有宽度。

1874年，美国传教士凡戴克（J. W. Van Dyke）撰写了泰国的第一本地

① 〔美〕本尼迪克特·安德森：《想象的共同体——民族主义的起源与散布》（增订版），吴叡人译，上海人民出版社，2016，第159页。

② 〔美〕本尼迪克特·安德森：《想象的共同体——民族主义的起源与散布》（增订版），吴叡人译，上海人民出版社，2016，第167~169页。

③ 〔美〕本尼迪克特·安德森：《想象的共同体——民族主义的起源与散布》（增订版），吴叡人译，上海人民出版社，2016，第168页。

理教科书。1882 年，曼谷设立了一所制作地图的专科学校。1892 年，泰国开始实施现代学校制度，规定地理课为初中阶段必修课程。1900 年前后，约翰逊（W. G. Johnson）出版了《暹罗地理》（*Phumisat Sayam*），该书成为泰国的标准地理学教科书。1900～1915 年，传统地图消失了，取而代之的是“从鸟瞰视角”定义的、有边界的国土空间地图。

3. 重新发现的共同历史记忆

在手工抄写时代，由于没有标准化印刷的地图，还没有形成清晰的民族国家的边界。另外，世界各地使用的历法也各不相同，有月亮历（阴历），也有太阳历（阳历）。很多民族只有口传史诗，没有自己的历史。

1582 年，教皇格里高利十三世主持了历法改革，以耶稣诞辰为公元纪年的开端，重修儒略历，形成了现代公历。这种新历法陆续被世界各国采纳，建立起了统一的时间框架。

法国大革命期间，1793 年 10 月 5 日，国民公会决定废止基督教的格里高利历法（公历），改行“共和历法”，目的是割断历法与宗教的联系。该历法自 1793 年 11 月 26 日开始采用。从 1806 年 1 月 1 日开始，拿破仑政权废止了共和历，重新恢复采用格里高利历法。

《元历史》的作者海登·怀特（Hayden White）注意到，领导欧洲近现代史学的 5 个天才都出生在“国民公会将时间割断之后的 25 年内”：兰克（Ranke）生于 1795 年，米什莱（Michelet）生于 1798 年，托克维尔（Tocqueville）生于 1805 年，而马克思和布尔克哈特（Burkhardt）生于 1818 年。[①]

以“兰克史学”为代表的历史研究还受到 17 世纪“科学革命”和 18 世纪“工业革命”的影响，追求历史研究的客观性、真实性，要“写历史一如它所发生的”。这样的历史观摒弃了《圣经》中福音书式的历史写作风格，提倡用科学态度和科学方法研究历史。于是，各国在自己的地理疆域内

---

① W. Hayden, *Metahistory: The Historical Imagination in Nineteenth-Century Europe*, Baltimore: The Johns Hopkins University Press, 1973: 140；转引自本尼迪克特·安德森《想象的共同体——民族主义的起源与散布》（增订版），吴叡人译，上海人民出版社，2016，第 191～192 页。

挖掘一手的历史材料和文物，把重要文物陈列在国家博物馆，并“溯时间之流而上”，把历史材料“装进”了由标准地图、公历纪年构成的同质的、空洞的历史框架中，并借历史教科书，将民族国家的历史传递给每一个国民，营造了关于民族国家历史的共同记忆。

综上所述，依赖印刷资本主义所建构的传播生态系统、统一的民族国家语言/文字、共同的国家边界，以及共同的历史记忆，塑造了现代民族国家“想象的共同体”。随着大航海带来的全球化运动，欧洲人将这一套关于现代民族国家的概念、工具和治理技术，扩散到了世界各地，并逐步发展成为印刷技术时代全球交流、合作与治理的底层规则。

二 人的现代化

在18世纪工业革命以前，人类社会长期处于生产力水平低下、缺吃少穿、缺医少药、瘟疫频发的落后状态。在漫长的人类历史发展进程中，物质生产的动力来源一直依赖人、牛和马等大型牲畜的劳动。所以，在很长一段历史时期内，把战败的士兵变成奴隶是一种惯例，世界上的奴隶贸易也有很长的历史。直到1776年，瓦特发明蒸汽机以后，矿物燃料煤才取代人和牲畜，成为动力的主要来源，劳动生产率才有了大幅提高。[①]

> 工业革命起飞，使得英国国家财富和人民消费力不断超过人口的增长。截至1870年，英国的蒸汽机能力约为400万马力，相当于4000万男人所能产生的力。但“这样多的人一年会吃掉3.2亿蒲式耳的小麦，这是1867~1871年整个联合王国年产量的3倍多”。无生命的动力源的使用，容许从事工业的人突破生物学限制，惊人地提高生产力，增加了社会财富。

自工业革命以来200多年的时间内，蒸汽机、内燃机、电动机、火车、汽车和飞机等各类实用技术的快速发展，使人类具有了改“自然造物”为

---

① 朱步冲：《没有什么注定命运，它是我们创造的结果》，《三联生活周刊》2010年第18期，https://www.lifeweek.com.cn/article/21656。

“人造物”，操控自然的能力。

在宗教改革、科学革命和工业革命以前，人类无法掌控自己的命运，中世纪的人匍匐于神坛之下，祈求上帝和大自然的庇护。工业革命以后，人具有了操控自然的能力，从神的奴仆变成了宇宙的主宰——“上帝死了！”

19 世纪，德国哲学家、教育家弗里德里希·尼特哈默（Friedrich Immanuel Niethammer）倡导人文主义（Humanism）的教育理念，即一种与有神论对立的、人自主自立的非宗教的生活方式。进入 20 世纪以后，人文主义又进一步发展到强调“以人为本”，关注人类的福祉和自由，关注人的幸福和自我实现。“人文主义”一词逐渐褪去了西塞罗的古典修辞，16 世纪的“文科课程”中所包含的“技艺”（Arts）的成分变成了一个抽象的政治理念。

人如何从神的奴仆变成了宇宙的主宰？思想史家认为，启蒙思想是现代人获得解放的思想源泉。马克思主义唯物史观则驱使我们进一步追寻启蒙思想背后的生产力工具。本章对印刷技术变革若干历史细节的分析表明，现代人获得解放的力量来自两种技术对人的赋能。

第一种技术是“世界 3”范畴的印刷技术。15～17 世纪对《圣经》手稿的挖掘和修订，从思想上打破了神权对人的桎梏。17 世纪的科学革命又为人类解开了自然的奥秘。这两项变革合在一起，使人类摆脱了神权思想的控制。

第二种技术是“世界 1”范畴的物理、化学等技术。工业革命以来，由于“世界 1”类技术的快速增长，为人类赋予了操纵自然的能力。人类把大量的自然材料改造成了“人造物”，不仅改善了人类的生存条件，还增加了社会商品的总交易量，以货币计算的人类财富大幅度增长。而近代以来“世界 1”技术的快速发展也离不开图文并茂的印刷小册子所带来的“创新扩散”的生态环境。

所以，伊丽莎白·爱森斯坦说，如果忽略了印刷技术所营造的信息通信网络，我们就失去了理解“塑造现代思想主要力量”的机会。①

---

① 〔美〕伊丽莎白·爱森斯坦：《作为变革动因的印刷机：早期近代欧洲的传播与文化变革》，何道宽译，北京大学出版社，2010，第 14 页。

第五章
电子媒介

电的发明和直、交流电传输技术的发展，为人类信息的表达和传输提供了新的媒介技术。随着1837年电报和摩尔斯编码体系的出现，人类迈进电子媒介时代，出现了电报、照相机、电影、广播和电视等新媒介技术，其中，最具代表性的是广播和电视。

媒介传播手段的快速更新，使传播作为推动社会变革的力量引起了学术研究者的关注。20世纪，不仅出现了传播学这个专门学科，各个学科领域的学者也从不同的角度研究人类传播现象，不仅推动了传播学的发展，也推动了其他相关学科的理论创新。

第一节 电子传播技术的发展

人类很早就观察到电、磁现象，18～19 世纪电磁学的发展，为远距离电子通信系统的建设奠定了科学理论和技术基础，出现了电报、照相机、电话、电影、广播和电视等电子媒介技术，人类首次建立起了连接世界各主要区域的全球通信网络。

一 电子传播技术的发展

1. 电报的发明[①]

19 世纪初就有人提出，利用静电、多根电线（如用 26 条线代表 26 个字母，35 条线代表字母和数字）等，开展远距离信息传输的设想。1816 年，英国发明家弗朗西斯·罗纳德（Francis Ronalds）使用静电制造了第一台工作电报。1833 年，哥廷根大学的数学教授卡尔·弗里德里希·高斯（Carl Friedrich Gauss）和物理教授威廉·韦伯（Wilhelm Weber）采用正电压或负电压脉冲传送二进制编码的字母表。1835～1836 年，慕尼黑建立了城市内的电报网络。

1837 年，美国画家和发明家塞缪尔·摩尔斯（Samuel Morse）独立开发并在美国获得了电报专利。摩尔斯用摩尔斯电码来表达拉丁字母表。1838 年 1 月 11 日，摩尔斯在新泽西州莫里斯敦附近发送了美国的第一封有线电报，传输距离仅为 3 公里。1844 年，摩尔斯在华盛顿和巴尔的摩之间发送了那封著名的电报："上帝创造了何等奇迹！"传输距离为 71 公里。

2. 照相机的发明

人类历史上第一张照片由法国发明家约瑟夫·尼埃普斯（Joseph

---

① 内容改编自 Wikipedia，Electrical Telegraph，https：//en. wikipedia. org/wiki/Electrical _ telegraph#Telegraphy_ and_ longitude。

Niépce）于 1827 年创作，名为《Le Gras 窗外的风景》（View from the Window at Le Gras）。据现代学者研究，这张照片的曝光时间可能长达数天。2003 年，这张照片入选美国《生活》杂志评选的《改变世界的 100 张照片》名单。①

1829 年，达盖尔（Louis Daguerre）开始与约瑟夫·尼埃普斯合作，研制照相机。1833 年尼埃普斯不幸去世后，达盖尔继续研究，并不断改进这项技术。由于没有人愿意投资这项新技术，1839 年，达盖尔在法国科学院和美术学院的联席会议上向公众公开了这项发明。②

同期，英国化学家、数学家和语言学家威廉·亨利·福克斯·陶尔伯特（William Henry Fox Talbot）发明了负片，使曝光时间更短。有了"负片-正片"的冲洗工艺，照片的大批量应用才成为可能。③ 英国天文学家和化学家约翰·F. W. 赫歇尔（John Herschel）把这项新技术命名为"摄影"（Photography），英语的含义是"用光书写"。这项技术后来还影响了电影的发明。

3. 电话的发明

人们通常认为贝尔发明了电话，实际上，与无线电、电视、灯泡和计算机等其他有影响力的发明一样，电话的发明是多位发明家的创新思想相互启发、持续改进的成果。查尔斯·布尔瑟（Charles Bourseul）、安东尼奥·梅乌奇（Antonio Meucci）、约翰·菲利普·里斯（Johann Philipp Reis）、亚历山大·格雷厄姆·贝尔（Alexander Graham Bell）和以利沙·格雷（Elisha Gray）等人都被认为是电话的发明者。但在商业上获得巨大成功的还是贝尔的发明。1875 年，贝尔的"电报发射器和接收器"获得美国专利授权。

---

① Wikipedia，View from the Window at Le Gras，https：//en. wikipedia. org/wiki/View_ from_ the_ Window_ at_ Le_ Gras.

② Wikipedia，Louis Daguerre，https：//en. wikipedia. org/wiki/Louis_ Daguerre.

③ B. Newhall，*The History of Photography：From 1839 to the Present*，New York：The Museum of Modern Art，1964：33.

4. 电影的发明[①]

光线在人的视网膜上造成的影像会保留一段时间。如果在影像消失之前，接着提供第二幅画面，就会在人的视网膜上形成连续、变动的影像，这种现象被称为视觉暂留（Persistence of Vision）。现代影视剧、动画的原理就是视觉暂留。

早在宋朝时期，中国人就发现了视觉暂留的现象，并制作了“走马灯”。1828 年，法国人保罗·罗盖发明了“幻盘”，它是一个被绳子从两面穿过的圆盘，盘子的一面画了一只鸟，另一面画了一个空笼子。当圆盘旋转到一定速度时，鸟就被“关进”笼子里了。

19 世纪 30~90 年代，大西洋两岸的发明家持续完善、改进这项发明。1895 年 12 月 28 日，卢米埃尔兄弟在巴黎为大约 40 名付费观众和受邀客户进行了首次商业公开放映，这一天被认为是电影诞生日。最早的电影只是一个静态镜头，展示了一个事件或动作，没有剪辑或其他电影技术。1915 年，《一个国家的诞生》上映，创造了推、拉、摇、移、特写等一系列独特的“蒙太奇”镜头语言。1920 年以后，有声电影技术取代了默片，逐步发展形成了今天电影的表达修辞语言。

电影创造了一种融合文字符号、声音、视觉画面的新型修辞表达文体，这种新表达手段不仅可以讲故事（电影、电视剧），还可以表达非虚构的历史、人文和科学内容（纪录片）。美国电影评论家、作家、出版商和教育家詹姆斯·摩纳哥（James F. Monaco）早在 1977 年就出版了专著[②]，对电影语言以及电影教育等进行了专门的探讨。

---

① Wikipedia, Film, https://en.wikipedia.org/wiki/Film # History; Wikipedia. History of animation. [2022-10-28]. https://en.wikipedia.org/wiki/History_ of_ animation.

② J. F. Monaco, *How to Read A Film: Movies, Media, and Beyond*, Oxford: Oxford University Press, 1977.

5. 广播电台[①]

广播是通过无线电波将音频（声音）传输给广大观众的无线电讯传播网络。电台是这个无线网络的中心节点，听众利用一个无线电接收装置——收音机来收听电台播放的声音内容。“电台—无线电波—收音机”构成了一个 1 对多的、单向的、远距离声音传播网络。

广播是电子传播技术发展的又一个里程碑。荷兰海牙的 PCGG 于 1919 年 11 月 6 日开始对外广播，是世界上第一家商业广播电台。美国第一家获得商业许可的广播电台是宾夕法尼亚的 KDKA 电台，它于 1920 年 11 月 2 日报道了当年美国总统选举的结果。

广播（Radio）技术带来的声音的远距离、大范围传播为民族语言发音的标准化提供了一种技术解决手段。就像印刷报纸推动了民族文字的标准化一样，随着广播大规模进入家庭，各民族语言的标准化——“普通话”出现了。广播很快被应用到教育领域，美国大学纷纷开设新专业，培养广播人才。1932 年，马萨诸塞州的库里学院创办了广播专业，为广播节目制作培养专业人才。

6. 电视广播系统

电视广播是通过无线电波将视频节目传输给广大观众的无线传播网络。电视台是这个无线网络的中心节点，听众利用家用电视机接收电视台播放的视频节目。“电视台—无线电波—电视机”构成了一个一对多的、单向视频传播网络。

电视广播是在语音广播（电台）的基础上发展起来的。19 世纪 20~30 年代，英国、美国、德国、加拿大等都启动了通过无线广播同时播放音频和视频信号的实验探索。1936 年 11 月 2 日，英国广播公司（BBC）在音频的基础上，首次播出拓展广播服务，这是世界上第一个常规高清电视服务，这

---

① Wikipedia，Radio Broadcasting，https：//en. wikipedia. org/wiki/Radio_ broadcasting.

一天被认为是电视的诞生日。[①] 二战的爆发推迟了电视进入普通家庭的时间。直到20世纪50年代，电视才开始大规模进入英美家庭。在中国，电视进入普通家庭的时间是在改革开放以后的80年代。

随着电视在家庭中的普及，通过广播电视提供教育服务的技术条件日臻成熟。1969年，英国出现了第一个依托广播电视开展教育服务的开放大学系统——英国开放大学。

二　全球通信网络的建立[②]

在第一个电报系统投入使用后不久，建设海底通信电缆的设想就提上了议事日程。经过多方面的技术探索和工程准备后，1850年，英吉利海峡潜艇电报公司在加莱（法国）和多弗（英国）之间铺设了世界上第一条海底电缆。由于绝缘层技术不过关，电缆很快受损。1851年，潜艇电报公司重新募集资金，成功地铺设了一条新电缆，连通了英国和欧洲大陆。

1854年，美国金融家和商人赛勒斯·W. 菲尔德（Cyrus W. Field）领导大西洋电报公司开始建造第一条跨大西洋电报电缆。在克服无数技术上、工程上、商业上的困难之后，第一条跨大西洋的电报电缆在1858年完工，在欧洲和美国引起了一片欢呼，英国维多利亚女王与美国总统布坎南互致贺电，庆祝这一伟大的历史时刻（如图5-1所示）。赛勒斯·W. 菲尔德一夜之间成为与富兰克林、哥伦布齐名的英雄人物。

然而，这条线路的传输速度很慢，维多利亚女王98个字的信息用了16个小时才发出。3周后，在传递732条消息后，电缆出现故障，传播中断。在短暂的运行期间，英国政府通过电报撤销了一项要求2个加拿大代表团前往英国的命令，仅这一条消息就节省了50000英镑，彰显了跨海远距离电报传输的巨大发展前景。

---

① Wikipedia，Television Broadcaster，https：//en. wikipedia. org/wiki/Television_ broadcasting.

② 此词条中的事件、人物、主要事件等基本事实参照 Wikipedia，Transatlantic Telegraph Cable，https：//en. wikipedia. org/wiki/Transatlantic_telegraph_cable；Wikipedia. Submarine Communications Cable.［2022-10-22］. https：//en. wikipedia. org/wiki/Submarine_ communications_ cable。

图 5-1　维多利亚女王与美国总统布坎南发电报祝贺大西洋海底电缆开通

赛勒斯·W. 菲尔德没有灰心，他筹集资金准备第二次尝试。在此期间，红海和地中海的海底电缆也成功铺设，为海底电缆的建设积累了更多的技术和经验。1865 年，第二条大西洋海底电报电缆开始铺设，工程进行到一半的时候，电缆断裂，工程被迫停止。菲尔德又锲而不舍地发布了一份新的招股说明书，并成立了英美电报公司。1866 年，第三条大西洋海底电报电缆开始铺设，并于 7 月 27 日成功连接，投入使用。同年 9 月，菲尔德又成功抓取、修复了 1865 年铺设的第二条电缆。这样，大西洋海底就有了两条可以高速传输信息的电缆。

1860~1870 年，英国电缆公司陆续建设了通往印度孟买、沙特阿拉伯、中国、澳大利亚、新西兰的海底电缆。海底电报电缆实现了各主要大陆之间的快速通信，使私人和商业信息可以跨越大陆和海洋快速传输。1840 年，一封寄往印度的信要 2 年才有回音，到 1850 年使用电报只需要 4 分钟。[①]

1888 年，赫兹（Heinrich Hertz）证明了无线电波的存在。1894 年，马可尼（Guglielmo Marconi）开发出无线电报系统。人类电子通信进入无线传

---

① Victoria Bell 导演《发明天才》（*The Genius of Invention*）第 3 集，2013。

输的时代。在大航海时代之后，人类迎来了又一场伟大的“通信大航海”。这个快捷的全球通信网络，对世界经济、政治、商业贸易和新闻行业的发展都产生了广泛而深远的影响。

第二节　技术特征：远距离大众传播

在简单梳理电子媒介和传播技术的发展简史之后，我们按照本书提出的媒介技术定义，从符号、载体、内容复制和传播、传播特征4个维度，来分析电子媒介的技术特征。

一　符号

在电子媒介时代，人类信息传播过程中首次使用了两套符号系统。一套是文字、图片、声音、动态图像等表意符号。为了适应人的认知需要，这种新媒介继承了人类自古以来发明的所有表达符号系统，并创造了一种包含文字、声音、画面的新的表达体系——多媒体表达。另一套是存储和传播过程中使用的模拟电信号，即摩尔斯电码。这套新的电子表征符号是电子媒介最主要的技术特征。

1. 摩尔斯电码：模拟电信号编码系统

美国画家、发明家塞缪尔·摩尔斯大约在1837年开发了摩尔斯电码的最初版本，这个版本只包括数字，不包括字母和其他字符。1840年，阿尔弗雷德·维尔（Alfred Vail）把摩尔斯的编码扩展到包括字母和特殊字符。维尔通过统计英语字母的使用频率来设计每个字母的编码。每个摩尔斯电码由一系列点和线组成，最常用的字母被分配最短的点和线，以提高信息的传输效率。1848年，德国人弗里德里希·格克（Friedrich Gerke）又对扩展编码方案进行了大幅改进，形成了今天国际标准摩尔斯电码，如图5-2所示。

国际摩尔斯电码

1. 一个点的长度是一个单位。
2. 一个破折号的长度是三个单位。
3.同一字母的点、破折号之间的间距为一个单位。
4.字母与字母之间的间距为三个单位。
5.单词与单词之间的间距为7个单位。

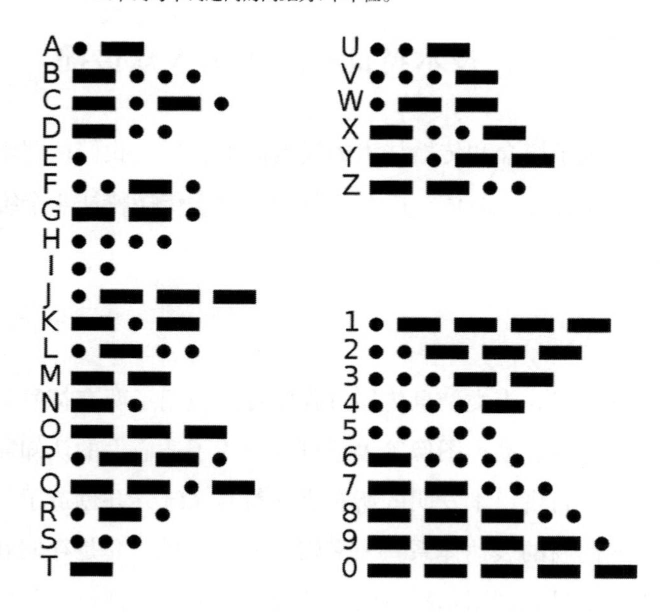

图 5-2　国际标准摩尔斯电码

2. 表意符号的创新：多媒体表达

人无法“阅读”电信号，必须由电报员把接收到的摩尔斯电码翻译成文字，再由电话听筒把电信号转变成声音，由电视的电子枪和喇叭把电信号转变成文字、图像和声音等，人的眼睛、耳朵等感官系统才能接收电子信息。

由于文字、声音、图片、动态图像等不同的表意符号都以模拟电信号的形式保存和传播，随着技术的发展，信息传播逐渐出现了以下新特征。

第一，多媒体信息传播。例如，电视就可以同时传送文字、图片、声音、动态图像等多种表意符号，实现了多媒体信息传播。这是电子媒介带来的一个前所未有的革命性变化。

第二，电子时代的表达修辞。就像口传时代的吟诵诗歌、手工抄写时代的散文和对话录、印刷技术时代的小说一样，在电子传播时代，也出现了一系列新的表达体裁。电报用非常简洁的文字表达信息；广播是声音的单模态表达；摄影是画面的单模态记录和表达技术；默片时代的电影是一种没有声音、使用动态画面表达的新媒介；有声彩色电影则融合了声音、画面、色彩、文字等多模态表达修辞手段。

第三，照相机与绘画艺术的转向。在照相机发明以前，记录真实人物、植物、历史场面的唯一手段就是绘画。画家绘制一幅人物肖像或一个历史画面常常需要花费数月甚至几年的时间。照相机发明以后，记录一个历史场景、一个人的肖像只需要一瞬间，新媒介在记录成本、记录效率方面远远超过了手工绘画的旧媒介。于是，绘画原本承担的记录真实的功能就被照相机取代了。

二 载体

在人类历史上，记录声音一直是一个技术难题。18 世纪以来，随着化学、电学、电子元器件的发展，人类才发明出可以记录、传播声音和连续影像的新型载体。

最早的录音设备是由法国印刷商、书商和发明家斯科特·德·马丁维尔（Scott de Martinville）发明的，斯科特在校对一本物理教科书时，偶然发现了听觉解剖图，他通过对人的听觉结构的模仿，发明了最早的留声机（Phonautograph）。1877 年，托马斯·爱迪生发明了一台能够记录和重现声音的留声机。[①] 1887 年，德裔美国发明家埃米尔·柏林纳（Emile Berliner）发明了留声机唱片（见图 5-3 左）[②]。1928 年，德国发明家弗里茨·普弗勒默（Fritz Pfleumer）发明了记录声音的磁带（magnetic tape）。20 世纪 30 年代，人

① Wikipedia，Phonograph，https：//en. wikipedia. org/wiki/Phonograph.

② Wikipedia，Emile Berliner，https：//en. wikipedia. org/wiki/Emile_ Berliner.

类在磁带的基础上发明了供广播电台和录音室的专业人员使用的卷对卷磁带录音机。

第二次世界大战后，录音机开始大规模进入美国家庭。之后，又出现了便携式的录音磁带、录像带等记录载体（见图 5-3）。[1][2][3][4]

黑胶唱片

录音磁带

录像带

图 5-3　声音和视频的记录载体

与吟诵诗人、莎草纸、印刷书等载体不同，存储在胶片、磁带上的内容无法直接收听和收看，需要借助电唱机、录音机、录像机等设备将电磁信号转变成声音、图像等表意符号，才能被普通观众听到和看到。大学很快开设了音频、视频制作专业，为电台、电视台培养制作、录制唱片、磁带和录像带的专业人才。

三　内容复制与传播

在电子传播媒介发明以前，信息传播的速度总是受限于交通工具的行进速度——人走、马跑、火车、飞机的速度。口语传播信息由人携带，靠人的行走来传播。在手工书写时代和印刷技术时代，图书和书信都是实物，通过罗马大道等货物运输通道传播。

电子媒介技术在人类历史上第一次把信息传播和物品运输分离开来，从

---

① Wikipedia, Sound_ recording_ and_ reproduction, https: //en. wikipedia. org/wiki/Sound_ recording_ and_ reproduction#Digital.

② Wikipedia, Phonograph Record, https: //en. wikipedia. org/wiki/Phonograph_ record.

③ Wikipedia, Magnetic Tape, https: //en. wikipedia. org/wiki/Magnetic_ tape.

④ Wikipedia, Videotape, https: //en. wikipedia. org/wiki/Videotape.

此，信息通过专门的通信网络传播，摆脱了交通工具的束缚。理论上，信息传播的速度能达到30万公里/秒，可以在地球上的任意两点之间建立一个实时对话关系——世界的空间尺度被“缩小”了，变成了一个“地球村”。

四　传播特征

电子媒介带来的远距离、高速、大众传播生态，彻底改变了15世纪以来依赖印刷技术建立的信息传播环境。新的电子传播环境具有以下特征。

第一，出现了一个大范围的同步传播生态系统。以中国除夕夜的春节联欢晚会为例，电视把这台晚会的画面同步送到千家万户，十几亿人在各自家中分布式地参与同一个庆典，这在人类历史上是前所未有的事情。

第二，电子媒介的远距离传播，影响了20世纪的国际关系和政治格局。如前一章所述，在印刷技术时代，一个国家的大众媒介——报纸的传播范围与语言文字的边界、国家的边界基本上是重叠的。电子媒介使一个国家的传播能力远远超出了本国的国界，在全球关系中制造出一种新的竞争与合作关系。在第二次世界大战中，德国、英国、美国等国家利用广播媒介开展了广泛的宣传战和心理战，为现代传播学的理论研究提供了大量实战素材，传播学中的“子弹论”就是从第二次世界大战的宣传战中归纳、提炼出来的一种理论。

第三，电子媒介加快了“创新扩散”的速度，推动了世界产业链和贸易链的重构。以奥运会的电视直播为例，体育赛事的全球直播广告，让原来本地化的耐克、阿迪达斯、可口可乐等品牌，变成了全球品牌。

第四，电子媒介创造了新的表达修辞手段，将人类带入“读图时代”，极大地促进了音乐、戏剧、电视等娱乐消费行业的发展，人类进入了“次生口语”时代。[①]“次生口语”精准地描述了电子媒介的传播特征。一方面，

---

① 〔美〕沃尔特·翁：《口语文化与书面文化：语词的技术化》，何道宽译，北京大学出版社，2008，第104页。

电子媒介扩大了口传吟诵的传播范围；另一方面，广播电视等电子媒介是一种单向传播媒介，观众在收听、收看时，处于被动接收信息的状态，与聆听、观看吟诵诗人的演唱的情形类似。这种单向、被动的特征使电子媒介很难成为一种阅读媒介，制约了它在教育领域发挥作用。

第三节　电子媒介对近代社会发展的影响

电报推动了报纸的发展，从而诞生了第一个真正意义上的大众传播媒介，随之出现了勒庞所谓的“乌合之众”。报纸在美国独立战争、电报在美国南北战争中发挥了巨大的作用。20 世纪以来，广播、电视又给英国、美国等西方国家的政治治理带来了一系列的变革。

一　大众传播与乌合之众

1. 电报推动了全球报业的发展

早期报纸主要是地方小报，发行范围主要局限于本地，内容也是当地人熟悉的人和事。地方小报的主要收入来源是广告。为了吸引读者以售卖广告，报纸充满了有关犯罪和性的耸人听闻的消息。由于内容供应有限，报纸不一定每天出版，可能一周、两周才出版一期。地方小报上的新闻不一定是最新发生的事情。

电报改变了报纸的信息来源。1844 年，在摩尔斯公开演示电报功效的第二天，《巴尔的摩爱国者报》就利用摩尔斯建立的华盛顿—巴尔的摩电报线路，为读者提供了众议院对俄勒冈事件所采取行动的新闻报道。这篇报道的最后一句话是：“我们为读者提供的是截止到 2 点钟的来自华盛顿的消息。空间的隔阂已被彻底消除。”① 就这样，电报发明了报纸的“今日新闻

① A. F. Harlow, *Old Wires and New Waves*: *The History of the Telegraph*, *Telephone and Wireless*, New York: Appleton-Century, 1936: 100，转引自尼尔·波兹曼《娱乐至死》，章艳译，广西师范大学出版社，2004，第 89 页。

(头条)"①,那些没有时效性的当地新闻失去了"头条"的位置。1866 年,大西洋电缆完工后,电报源源不断地传递远方的新闻,促进了日报的大发展。②

很快,获取远方新闻的速度和报道的程度就成了影响报纸经营的关键因素。美联社、路透社等世界新闻报业集团纷纷成立。1846 年 5 月,由纽约市的《太阳报》、《纽约先驱报》、《纽约信使和询问者》、《纽约商业日报》和《纽约晚间快报》等共同成立了美联社(Associated Press),分担传播"美墨战争"新闻的费用。1849 年,《纽约论坛报》加入美联社;1851 年 9 月,《纽约时报》也成为美联社的会员。③ 现在,美联社是世界上规模最大的新闻通讯社。

1850 年,德国一家图书公司的员工保罗·路透(Paul Reuter)在德国亚琛创立了一家新闻服务公司,用信鸽在布鲁塞尔和亚琛之间传输消息。1851 年,世界上第一条跨越英吉利海峡的电缆启用后,路透社在伦敦设立事务所,采用电报和信鸽两种方式在英吉利海峡两岸传送新闻稿件。英国新闻界最开始拒绝采纳仅靠电报提供的外国新闻。1858 年,《泰晤士报》采纳了一条路透社用电报从法国发送的拿破仑三世的重要演讲的报道。这条用电报发送的正式报道以惊人的速度穿越英吉利海峡——用几分钟的时间传递和解码,用几小时印刷和出版,初步显示了电报在新闻报道上的时效优势。1865 年 4 月 26 日,路透社接到从爱尔兰北部发来的电报,得到 11 天前林肯遇刺的消息,这篇报道遭到了伦敦股票交易者的公开指责,声称他们受到了愚弄。这篇报道在 2 个小时后的急件中得到了证实④,从而确立了电报在全球新闻报道中的地位。路透社将总部搬到伦敦,并在伦敦皇家交易所设立了通讯社(News Agency),负责收集新闻报道,将其出售给报社、杂志社、广

---

① 〔美〕尼尔·波兹曼:《娱乐至死》,章艳译,广西师范大学出版社,2004,第 90 页。
② 〔加〕哈罗德·伊尼斯:《传播的偏向》,何道宽译,中国人民大学出版社,2003,第 148 页。
③ Wikipedia, Associated Press, https://en.wikipedia.org/wiki/Associated_Press.
④ 〔美〕保罗·莱文森:《软边缘:信息革命的历史与未来》,何道宽译,清华大学出版社,2002,第 54 页。

播公司和电视广播公司等新闻订阅机构。

1920 年前后，广播投入商业化应用；1936 年，广播电视节目的出现进一步加深了世界范围内新闻、科技、经贸、学术和政治的交流。电子通信技术就这样消除了地区的边界，把英国、美国及世界其他国家和地区纳入同一个信息网络，深刻影响了现代世界政治、经济、贸易、文化、教育的交流和发展。这是自亚历山大东征和大航海运动之后，人类历史上的第三次全球化进程。

2. 大众传播与“乌合之众”的诞生

从 19 世纪初开始，英国工业革命带来的产业升级和转移在欧洲引发了一系列政治动荡，风波席卷意大利、法国、德国、爱尔兰、匈牙利、波兰、乌克兰、丹麦等欧洲国家和地区。在里昂、布拉格等地多次爆发了无产阶级革命。1846 年欧洲农业歉收，大量农村人口被迫离开乡村到城市谋生。1847 年经济动荡，又进一步加剧了新兴大工业生产与封建君主制之间的矛盾。1848 年，卡尔·马克思和弗里德里希·恩格斯在伦敦出版了《共产党宣言》。

在社会矛盾的呼唤下，一批激进的自由主义报纸纷纷创刊。大众媒体的涌现又催生出一种独特的群体心理效应，导致了“乌合之众”的出现。1895 年，古斯塔夫·勒庞（Gustave Le Bon）在《乌合之众：大众心理研究》（*The Crowd: A Study of the Popular Mind*）一书中分析了“乌合之众”的群体心理特征。他观察到：一个人，在孤身一个人的时候，他清醒地知道不能焚烧宫殿或者洗劫商店；但是当他成为群体的一员的时候，可能就会盲从于群体的冲动，做出劫掠、杀人的事情。勒庞总结，媒体在说服受众时，不需要提供任何推理和证据，只需要不断斩钉截铁地重复断言，这是进行大众动员最有效的手段。

二　大众传播文化与美国的崛起

在人类历史上，1776 年是一个特殊的年份。这一年，瓦特发明了蒸汽机；美国宣布独立，通过了《独立宣言》；亚当·斯密出版了《国富论》。

美国是由一批在欧洲受迫害、受打压的清教徒建立的国家。受新教理念的影响，一批崇尚读书识字的印刷人给美国这个年轻的国家赋予了一种不同于欧洲旧大陆的独特气质。一方面，依靠读书识字的能力，美国可以大量吸收英国在文化、科技方面的发展成就。耶鲁大学第八任校长蒂莫西·德怀特（Timothy Dwight）就曾精辟地描述了美洲当时的情况。

> 几乎每一种类型、每一种题材的书都已经有人为我们写就。在这方面我们是得天独厚的，因为我们和大英帝国的人说着同一种语言，而且大多数时候能与他们和平相处。和他们之间的贸易关系长期为我们带来大量的书籍，艺术类、科学类以及文学类的书籍，这些书大大地满足了我们的需要。①

另一方面，美国没有老欧洲遗留的那些错综复杂的历史问题，制度创新的阻碍小。此外，开发新大陆面对的残酷的生存压力迫使每一个美国人通过不断学习掌握各种技艺，社区也通过各种渠道源源不断地把新技术和新产品送到垦荒前线。

美国是第一个建立在铅字印刷的基础上、由一群能读会写的国民建立起来的新兴国家。② 这些新移民一落地就开始在殖民地美洲建立起由图书馆、报纸、小册子和演讲厅构成的，没有阶级之分、生机勃勃的阅读文化。

（一）美国的阅读文化

1. 图书馆

在殖民地时代的早期，每个牧师都会得到10英镑来启动一个宗教图书

① J. B. Daniel, *The Americans: The Colonial Experience*. New York: Random House, 1958: 315，转引自尼尔·波兹曼《娱乐至死》，章艳译，广西师范大学出版社，2004，第42~43页。

② 尼尔·波兹曼：《娱乐至死》，章艳译，广西师范大学出版社，2004，第53页。

馆。1640~1700 年，马萨诸塞和康涅狄格两个地区的文化普及率达到了 89%~95%。这很可能是当时世界上具有读写能力的人最集中的地区。[①] 进入 19 世纪后，美国所有的地区都形成了一种以铅字为基础的印刷文化。1825~1850 年，收费图书馆的数量翻了三番。[②] 那些专门为劳动阶层开设的图书馆也开始出现，并成为提高文化教育程度的一种手段。1829 年，纽约学徒图书馆有 1 万册藏书，有 1600 名学徒在此借书阅读。到 1851 年，这个图书馆已向 75 万人次提供了借阅服务。

2. 报纸

由于较高的文化普及率，美国报纸的普及程度很快就超过了英国。美国的第一份报纸是 1690 年在波士顿出版的《国内外要闻》，只有 3 页，只出版了 1 期。1704 年，第一份连续发行的美洲报纸《波士顿新闻信札》出版。此后，《波士顿报》（1719 年）和《新英格兰报》（1721 年）相继问世，编辑詹姆士 · 富兰克林是本杰明 · 富兰克林的哥哥。到了 18 世纪末，人口只有英国一半的美国拥有了相当于英国报纸数量的 2/3 的报纸。[③]

3. 小册子和演讲厅

除了报纸，在殖民地广泛传播的还有各种小册子。1786 年，本杰明 · 富兰克林评论到，美国人醉心于报纸和小册子。托克维尔（Alexis de Tocqueville）也注意到美国的小册子文化。他在 1835 年出版的《美国的民主》中说，在美国，各党派之间不是通过写书来反驳对方的观点，而是通过散发

---

① J. D. Hart, *The Popular Book: A History of America's Literary Taste*, London: Oxford University Press, 1950: 8. 转引自尼尔 · 波兹曼《娱乐至死》，章艳译，广西师范大学出版社，2004，第 39 页。

② 哈特：《通俗书籍：美国文学趣味的历史》，牛津大学出版社，1950，第 86 页。转引自尼尔 · 波兹曼《娱乐至死》，章艳译，广西师范大学出版社，2004，第 49 页。

③ J. B. Daniel, *The Americans: The Colonial Experience*, New York: Random House, 1958: 327.

小册子，这些小册子以惊人的速度在一天之内迅速传播，而后消失。[①] 托克维尔还观察到另外一个现象，那就是美国演讲厅的普及。1835 年前，在美国的 15 个州中有 3000 多个演讲厅。[②] 到 1835 年，美国“几乎每个村庄都有自己的演讲厅”。[③]

19 世纪初，美国蒸汽火车开通以后，报纸和小册子沿着横贯东西的铁路线，把新知识、新产品、新技术源源不断地送到了西部垦荒的前线。报纸成了知识的源泉。[④] 1848 年，美国邮政总长在工作报告中说，报纸“始终受到公众的尊敬……是在人民中间传播知识的最好媒介”[⑤]。19 世纪 40 年代电报的发明、19 世纪中叶跨大西洋海底电缆的开通，进一步推动了美国与欧洲之间在科学、技术方面的交流与合作。这个由图书、报纸、小册子和演讲厅、电报、大西洋海底电缆构成的知识、信息传播基础设施，为新大陆的崛起提供了一个重要的知识传播网络。

（二）创新的“思想市场”

这个通信网络是当时世界上最先进的信息传播网络，从内部而言，它推动了美国社会的进步和发展；从国际上看，它促成了美、英、德、法、意等国科学家在前沿技术领域的合作。无数前沿技术创意和早期不成熟的技术方案汇集在这个通信网络上，形成了一个丰富的“思想市场”。创新者可以得到思想的启发，还可以通过改进和不断完善他人的方案，推动新技术不断涌现。本章前文介绍的电报、照相机、电话、广播、电视、直流电/交流电等发明，就是由多个国家的科学家和发明家“接

① D. Tocqueville, *Democracy in America*, New York: Random House (Vintage), 1954: 58. 转引自尼尔·波兹曼《娱乐至死》，章艳译，广西师范大学出版社，2004，第 48 页。

② M. Curti, *The Growth of American Thought*. New York: Harper and Brothers, 1951: 356. 转引自尼尔·波兹曼《娱乐至死》，章艳译，广西师范大学出版社，2004，第 51~52 页。

③ M. Berger, *The British Traveller in America, 1836-1860*. New York: Columbia University Press, 1943: 158. 转引自尼尔·波兹曼《娱乐至死》. 章艳译，广西师范大学出版社，2004，第 52 页。

④ 〔美〕尼尔·波兹曼:《娱乐至死》，章艳译，广西师范大学出版社，2004，第 47 页。

⑤ 〔加〕哈罗德·伊尼斯:《传播的偏向》，何道宽译，中国人民大学出版社，2003，第 143 页。

力”完成的。

这个大众传播网络是最近150多年来全球最先进的科学技术及工业化、现代化的传播通信系统。当时最前沿的科学、技术、思想都汇集在这个以英语为主要交流语言的通信网上，为美国的崛起提供了最前沿的思想、科学和技术知识。

三 美国南北战争中电报和铁路的作用

1861年，美国爆发了南北战争。林肯依靠电报和铁路指挥北方军队，取得了战争的胜利。2010年美国历史频道制作的纪录片《美国：我们的故事》第5集中，介绍了林肯总统如何利用电报和铁路这两种先进技术领导北方军队夺得了战争的胜利。

1. 电报[①]

在电子媒介出现以前，战争中经常需要快马加鞭、跋山涉水、耗费数日才能将消息送达。由于局势不明，消息传递不畅，经常会顾此失彼，贻误战机。1619年，明朝军队与努尔哈赤在萨尔浒的决战，就是一个因消息传递不畅而被敌对方各个击破的典型战例。[②]

1861年南北战争爆发的时候，美国已经铺设了50000英里的电报网。林肯意识到电报的重要性，坚决要求将联邦的所有电报传输设施划归军方控制。南北战争期间，与白宫一街之隔的一幢建筑里有一个小办公室，里面安置了一个电报收发装置，这就是南北战争时期林肯的作战指挥中心。林肯在这里组织、指挥和控制战事。从各处采集的信息被反馈到林肯和华盛顿的指挥官手中，林肯得以随时跟进每场战斗的战况，并直接发布命令。整个南北战争期间，林肯从这个小办公室发出了约1000份电报，在其中一场战役里，

① Marion Milne，Jenny Ash等导演《美国：我们的故事》（*America*：*The Story of Us*）第5集，2010。

② 1619年，明朝军队和努尔哈赤的军队在萨尔浒的决战是一个传统战争的典型案例。明军由于局势不明，根本无法形成有效的配合，被努尔哈赤的军队以少胜多、各个击破。见黄仁宇《万历十五年》，中华书局，2006，第236～254页。

当罗伯特·李将军的部队逼近华盛顿时，林肯用电报直接向将士们下令，要求他们听从自己的指令。林肯在掌握全局信息的情况下做出的准确判断是北方军队获得胜利的重要因素。

2. 铁路①

自19世纪30年代开建以来，美国的铁路设施渐渐将触角延伸到了全国的每个角落。林肯意识到这将彻底改变军队调度的效率。他和铁路拥有者达成协议，将北方铁路网纳入政府管辖，使铁路也成了一种战争武器。有一次林肯直接将25000名新兵调度至1200英里以外的南方。如果从公路走，需要2个多月才能到达，而通过铁路只需7天即可到达。

南北战争中，北方有24000英里的铁路线，南方拥有的铁路线则短得多，战争初期只有9000英里。在战争持续的4年中，北方新修了4000英里铁路线，南方只新修了400英里。1863年冬，南方军队距离首都只有30英里，但落后的铁路运输使弗吉尼亚州的南方军队陷入饥荒，无法对北方军队发起有效的攻击，最终导致了南方军队的失败。

四　电子传播媒介对西方现代政治的影响

广播电视是一种单向、中心式的大众传播媒介，跟口传时代的口头吟唱有相似之处。对普通听众和观众来说，这种单向的大众传播媒介只能听和看，不能说和写。因此，沃尔特·翁把电子媒介时代称为“次生口传时代”②。

有了广播电视，伯里克利在古希腊广场雄辩的演讲就可以借助电信号传播给远距离的广大的听众和观众，显示出广播在社会动员、政治宣传（Propaganda）中的强大威力。广播演讲也成为二战前后欧美政治家必须掌

---

① Marion Milne、Jenny Ash等导演《美国：我们的故事》（*America: The Story of Us*），第5集．2010。

② 〔美〕沃尔特·翁：《口语文化与书面文化：语词的技术化》，何道宽译，北京大学出版社，2008，第104页。

握的一项新技能。英国国王乔治六世天生口吃，也不得不接受语言矫正，克服巨大的心理压力，通过广播向国民发表“国王的演讲”[①]；美、英、德政坛的新兴政治家无一不是利用广播开展政治宣传、社会动员的高手。

1. 罗斯福的“炉边谈话”[②]

“炉边谈话”是美国第32任总统富兰克林·D. 罗斯福（Franklin D. Roosevelt）在晚间发表的一系列广播讲话。1929年，罗斯福在担任纽约州州长时首次发表广播演讲。1933年3月12日，罗斯福在宣誓就任总统8天后，发表了第一次“炉边谈话”，超过6000万名听众收听了这次谈话。罗斯福在这次“炉边谈话”中，向公众介绍了《紧急银行法》，他用清晰的语言告诉公众过去几天做了什么、为什么要这样做、接下来的步骤是什么，有效地稳定了市场情绪。广播历史学家约翰·邓宁（John Dunning）说：“这是历史上第一次有很大一部分人可以直接听首席执行官的讲话。”

罗斯福的每一次电台演讲都要花费四五天的时间准备，讲稿要修改十几次。在罗斯福就任美国总统的12年间共做了30次“炉边谈话”。“炉边谈话”一直受到公众的高度关注，为推行罗斯福的新政、带领美国走出大萧条、取得第二次世界大战的胜利等发挥了巨大的作用。

“炉边谈话”重新定义了美国总统与人民之间的关系。从此以后，每一位美国总统都定期向美国人民发表讲话。1982年，罗纳德·里根总统开始每周六定期发表广播演讲。2009年，奥巴马总统首次使用社交媒体Twitter

① 乔治六世是伊丽莎白二世女王的父亲，于1936年登基，1952年去世。乔治六世患严重口吃，他无法在公众面前发表演讲，并接连在大型仪式上出丑。原本的口吃毛病不再只是个人生理问题，而是上升到了国家和王室形象的高度，1939年，面对战火蔓延，乔治六世努力克服口吃和心理障碍发表了那篇被视为对纳粹宣战的著名演讲。乔治六世的演讲说得吃力费劲，并不完美，但这也让他的演讲充满了真诚。他的勇气极大地鼓舞了英国人民的斗志。2012年获得奥斯卡优秀影片奖的《国王的演讲》就是根据这段真实故事改编的。

② Wikipedia, Fireside Chats, https://en.wikipedia.org/wiki/Fireside_chats.

与公众交流。

2. 温斯顿 · 丘吉尔（ Winston Churchill ）的著名战时演讲[①]

第一次、第二次世界大战之间是广播技术和广播电台快速发展的时期。广播演讲成为英国政治生态中的主要媒介形式。1939 年 9 月 1 日，德国入侵波兰，第二次世界大战爆发。9 月 3 日上午 11 点，英国首相张伯伦在广播中向英国公众宣布：“今天早上，英国驻柏林大使向德国政府递交了最后一份照会，声明说，除非我们在 11 点前收到他们准备立即从波兰撤军的消息，否则两国将进入战争状态。我现在不得不告诉你们，我们没有收到这样的承诺，因此我们国家与德国进入战争状态。”英国正式对德宣战，同时也表明张伯伦“绥靖”政策的失败。

1940 年 5 月，温斯顿 · 丘吉尔接任首相，在法国沦陷期间，丘吉尔在下议院发表了 3 个著名的演讲。分别是：第一，1940 年 5 月 13 日，丘吉尔首次以首相身份向下议院发表了后来被称为《鲜血、辛劳、泪水和汗水》（*Blood*, *Toil*, *Tears and Sweat*）的演讲，名句“除了鲜血、辛劳、泪水和汗水，我没有什么可提供的”就出自这篇演讲。第二，1940 年 6 月 4 日，在敦刻尔克撤退期间，丘吉尔在下议院发表了《我们将在海滩上战斗》（*We Shall Fight on the Beaches*）的演说，著名的“我们将在海滩上战斗，我们将在登陆场战斗，我们将在田野和街道上战斗，我们将在山丘上战斗；我们永远不会投降”就出自这次演讲。第三，1940 年 6 月 18 日，在法国沦陷后的至暗时刻，丘吉尔又在下议院发表了《这是他们最好的时光》（*This Was Their Finest Hour*）的演讲：“让我们振作起来，承担起我们的责任，这样，如果大英帝国和它的联邦能够延续一千年，人们仍然会说：‘这是他们最好的时光’”。

---

① Wikipedia, Winston Churchill, https: //en. wikipedia. org/wiki/Winston_ Churchill; Wikipedia, We Shall Fight on the Beaches, https: //en. wikipedia. org/wiki/We_ shall_ fight_ on_ the_ beaches; Wikipedia, This was their Finest Hour, 2022 - 11 - 13, https: //en. wikipedia. org/wiki/This_ was_ their_ finest_ hour。

丘吉尔曾做过战地记者，也是一名得过诺贝尔文学奖的作家。他的每一篇演讲都经过反复修改和练习。通过对丘吉尔演讲稿的研究发现，他的文字稿以无韵诗的形式排版，这表明丘吉尔的演讲受到西方赞美诗风格的影响，他就是 20 世纪“站在话筒前”向全体英国人发表演说的“伯里克利”。2000 多年前，伯里克利在古希腊广场的演讲只能感召在场的听众，丘吉尔的战时演讲则通过 BBC 的广播传递给了每一个英国人，对陷入困境的英国人来说是极大的鼓舞和动员。

3. 美国总统竞选的电视辩论

在广播电视发明前，19 世纪美国政治生活的主要方式是辩论，当时盛行“树墩”辩论。1858 年，林肯和道格拉斯的竞选辩论就是“树墩”辩论。辩论总共分 7 轮进行，分别在伊利诺伊州的渥太华和弗里波特两地进行。林肯和道格拉斯站在两个伐木后的“树墩”上，听众围绕两位辩论者。按照规则，每个人讲一个半小时。第一位演讲者讲一个小时，第二位讲一个半小时，然后由第一位讲演者做半小时的反驳——这一切都是在没有扩音设备的条件下进行的。每一轮辩论结束之后，辩论人都声嘶力竭、筋疲力尽。尽管如此辛苦，这 7 场辩论还是吸引到总共 12000~15000 人在场观看。①

20 世纪 50~60 年代，随着电视大规模进入平民家庭，美国总统竞选辩论也从“树墩”、集市、体育场馆等场所搬进了电视台的演播室。

美国历史上第一场总统电视辩论是 1960 年 9 月 26 日在芝加哥 CBS 演播室举行的，辩论双方是民主党总统候选人参议员约翰·肯尼迪和共和党总统候选人副总统理查德·尼克松。肯尼迪初出茅庐，尼克松则是一名有经验的政治家和熟练的广播辩论专家。人们认为，凭借对外交政策的了解和熟练的辩论才能，尼克松会在这场辩论中占上风。然而，电视与广播不同，它是一

① 〔美〕沃尔特·翁：《口语文化与书面文化：语词的技术化》，何道宽译，北京大学出版社，2008，第 104 页。

种视觉表达媒介，尼克松的辩才并没有给他加分。他身材偏瘦、脸色苍白、西装颜色与辩论背景融为一体，由于拒绝电视化妆师的修饰，他显得胡子拉碴。相比之下，肯尼迪年轻、风度翩翩，在镜头前的表现更为轻松、富有活力。这些视觉语言为肯尼迪加分不少。民调显示，第一场辩论肯尼迪领先尼克松。在后来的三场辩论中，尼克松吸取教训，采用了电视化妆技术，赢得了第二场、第三场辩论的胜利。第四场辩论，双方打成了平手。但随后这三场辩论的收视率都没有第一场高。[①] 许多观察家将肯尼迪在第一场辩论中战胜尼克松视为大选的转折点。

1960 年的电视辩论表明西方政治从广播时代走进了电视时代。政治家的体态、表情和皮肤管理等都成了政治竞选中的视觉语言。1909~1913 年执政的美国第 27 任总统威廉·霍华德·塔夫脱（William Howard Taft）是一个体重 300 磅的壮汉。[②] 1960 年之后的美国总统竞选人则需要担忧体重、皱纹等问题。2007 年，希拉里·克林顿（Hillary Clinton）为了角逐民主党 2008 年总统候选人，打了肉毒杆菌，令自己的脸部暂时焕发青春。第二天肉毒杆菌失效后，她皮肤松弛，老态重现。一位政治评论员无情地调侃说："现在该是肉毒杆菌赢得一次总统大选的时候了！"

为了在竞选中获胜，美国总统候选人会主动去各类 Talk Show（脱口秀）节目亮相，以获得更多与观众交流的机会。小布什、克林顿、奥巴马等多次参加电视 Talk Show 节目，唐纳德·特朗普（Donald Trump）担任总统前，就曾制作并出演了在美国广受欢迎的真人秀节目"学徒"。电视让美国政治也成了"娱乐至死"的表演渠道。

第四节　电子媒介与创新的扩散

媒介技术的创新，还加快了创新扩散的速度，推动了社会的变革。1962

① Wikipedia. United States Presidential Debates. ［2022 - 11 - 13］. https://en. wikipedia. org/wiki/United_ States_ presidential_ debates.

② 尼尔·波兹曼：《娱乐至死》，章艳译，广西师范大学出版社，2004，第 8 页。

年，美国传播学家埃弗雷特·罗杰斯出版的《创新的扩散》（*Diffusion of Innovations*），解释了大众传播网络是如何加快和加大创新扩散的速度和范围，推动现代社会的快速发展。

一　创新扩散理论

创新扩散理论旨在解释新思想、新技术传播的方式、原因和速度。关于创新扩散的研究始于19世纪末的欧洲，法国社会学家加布里埃尔·塔德（Gabriel Tarde）、德国人类学家和地理学家弗里德里希·拉策尔（Friedrich Ratzel）和利奥·弗罗贝尼乌斯（Leo Frobenius）是最早关注扩散问题的研究者。20世纪20~30年代，美国中西部的农业研究中开始兴起创新扩散的研究。1943年，Ryan和Gross对艾奥瓦州杂交玉米种子的创新扩散过程的研究，是这个领域被引用最多的经典研究。1962年，在俄亥俄州立大学农村社会学系任教的埃弗雷特·罗杰斯在总和超过508项创新扩散研究——内容覆盖人类学、早期社会学、农村社会学、教育学、工业社会学和医学社会学等多学科领域——的基础上，总结出创新事物在一个社会系统中扩散的基本规律，提出了著名的创新扩散S曲线。

1. 创新扩散理论的主要变量

创新扩散理论的模型中包括5个主要的变量：属性和特质；采用者；传播渠道；时间；社会制度。每一个变量的含义如表5-1所示。

表5-1　创新扩散理论的5个要素

变量	含义
属性和特质	创新包括广泛的类型。例如，相对于现状，提出的新思想、新知识、新技术、新产品等，都可以被视为一项创新
采用者	采纳创新的最小单位。在大多数研究中，采用者可以是个人，也可以是组织（企业、学校、医院等）、集群或国家
传播渠道	允许创新信息在人或组织之间扩散的路径。传播渠道允许信息从一个单元传输到另一个单元

续表

变量	含义
时间	时间的流逝是影响创新采纳程度的一个重要变量。例如,在 Ryan 和 Gross 关于杂交玉米采用的研究中,大多数农民头几年只在一小块田地上种植杂交玉米,10 年后才开始大面积种植杂交玉米品种
社会制度	社会系统是制度、规则、惯例等外在因素和个人认知、偏好等一系列内在因素的组合。这一组合影响着潜在采用者的最终决定。例如,《创新的扩散》一书中介绍了一个在秘鲁偏远乡村推广饮用开水的项目,目的是降低微生物感染,改善村民的健康状况。但是,按照当地的惯例,只有身体不适的人才饮用开水,这项推广运动最终失败了

2. 采用者的5种类型

按照采用者采纳一项创新的时间早晚，创新扩散理论将创新采用者分为 5 类：创新者、早期采用者、早期大众、后期大众和落后者。每一类采用者的含义如表 5-2 所示。

表 5-2 采用者的 5 种类别

采用者类别	含义
创新者	这些人想成为第一个尝试创新的人。他们勇于冒险,对新想法很感兴趣,往往是第一个提出新想法的人
早期采用者	这些人通常是意见领袖。他们已经意识到改变的必要性,拥抱变革的机会,因此乐于接受新想法
早期大众	这些人很少是领导者,但他们比普通人更能接受新想法。在看到创新的有效证据后,他们愿意采用创新
后期大众	这些人对变革持怀疑态度,只有在大多数人尝试过之后才会采用创新
落后者	这些人受传统束缚,非常保守。他们对变革持怀疑态度,是最难采用创新的群体

如果以时间为横坐标，以一个时间段的采用者在总采用人数中所占的百分比为纵坐标，图形化地描述一项创新的采纳过程，一项创新被采纳的过程近似正态曲线，如图 5-4 所示。

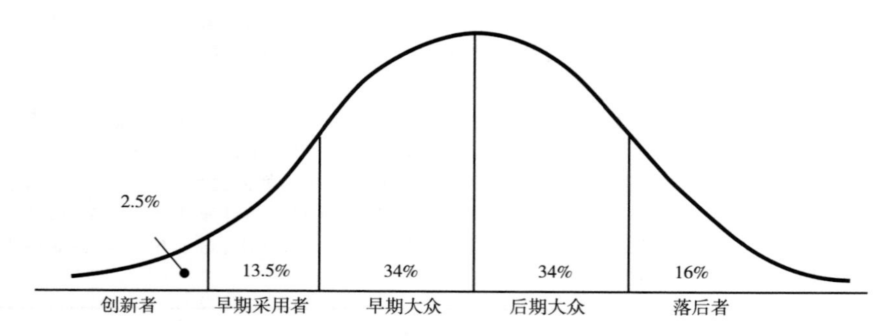

图 5-4　创新扩散正态曲线

图 5-4 中从左往右，最左部区域的创新者占总采用人数的 2. 5%；早期采用者占总采用人数的 13. 5%；“早期大众”约占总采用人数的 34%；“后期大众”占总采用人数的 34%；最右边的“落后者”占总采用人数的大约 16%。

3. 创新扩散的 S 曲线

将图 5-4 中的正态曲线进行如下改变：横坐标仍然是时间，而纵坐标改成采用者累计百分比，这就形成了著名的创新扩散 S 曲线，如图 5-5 所示。

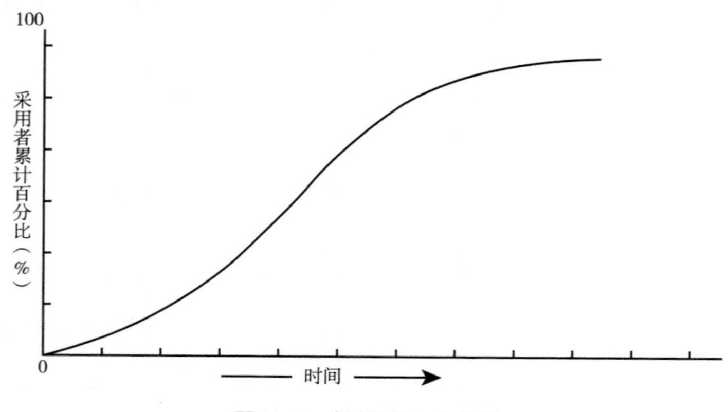

图 5-5　创新扩散 S 曲线

S 形曲线越陡，说明一项创新被采用或者扩散的速度越快；S 形曲线越平缓，说明一项技术被采用或扩散的速度越慢。[①] 这就是著名的创新扩散 S 曲线。

二　创新扩散不断加快

新媒介技术也是一种创新，是一种特殊的创新。一方面，新媒介在刚出现时，要依靠旧媒介所建构的传播渠道来扩散；另一方面，当新媒介完全取代旧媒介以后，整个社会创新扩散的传播渠道就从旧媒介升级为新媒介。由于新媒介的传播速度、传播范围通常优于旧媒介，所以，社会整体创新扩散的速度呈现不断加快的趋势。在分析“内卷”等社会现象时，应该关注传播媒介这个技术因素。

1. 英国50%的家庭采纳创新所用的时间

在 2013 年出品的 BBC 纪录片《发明天才》（*The Genius of Invention*）第 4 集中，介绍了电话、电、收音机、个人电脑、彩色电视、智能手机和互联网等 7 种消费品进入 50%的英国家庭所花费的时间，[②] 如图 5-6 所示。其中，电话用了 71 年才进入 50%的英国家庭，创新扩散的速度最慢；互联网则只用了 10 年时间就被 50%的英国家庭采用，创新扩散的速度最快。

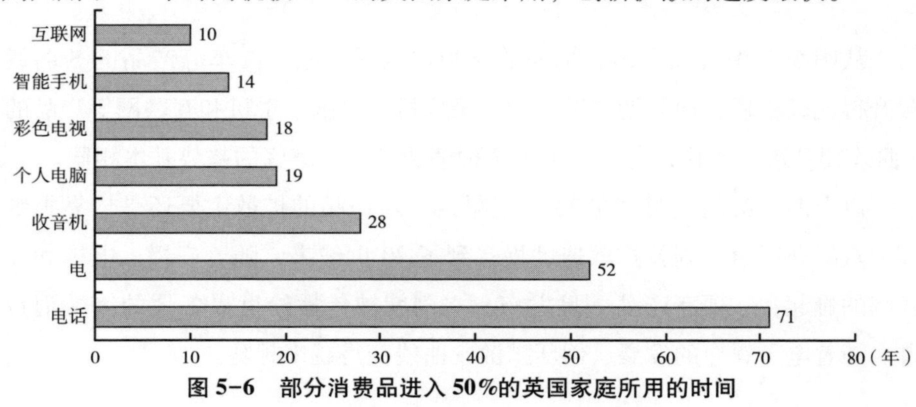

图 5-6　部分消费品进入 50%的英国家庭所用的时间

① 〔美〕埃雷特·M.《创新的扩散》，辛欣译，中央编译出版社，2002，第 20 页。

② Victoria Bell 导演，《发明天才》（*The Genius of Invention*）第 4 集，2013。

2. 1900～2005年，美国主要家用消费品创新扩散的 S 曲线

2008 年 2 月 10 日，《纽约时报》发表的一篇分析美国收入和消费不平等的文章，介绍了 1900～2005 年火炉、电话、电、汽车、收音机、冰箱、洗衣机、烘干机、洗碗机、空调、彩电、微波炉、录像机、电脑、手机和互联网等 16 种日用消费品进入美国家庭的创新扩散 S 曲线，如图 5-7 所示。

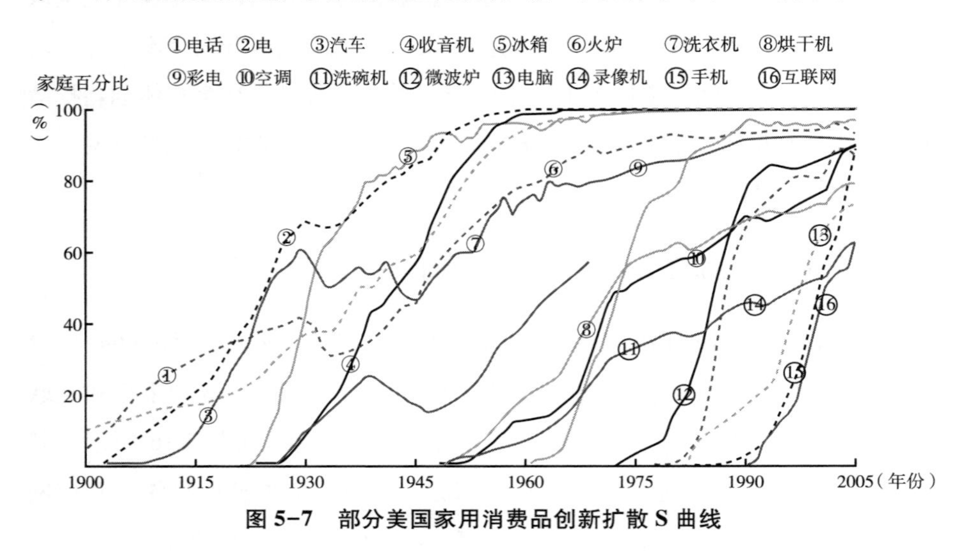

图 5-7　部分美国家用消费品创新扩散 S 曲线

从图 5-7 中可以看出，早期的火炉、电话、电、汽车等产品的 S 曲线爬升得比较缓慢；而后期的微波炉、录像机、电脑、手机和互联网等产品的 S 曲线爬升得非常快，与上述英国 7 种消费品进入家庭的趋势基本相同。

以上两个案例表明，在 20 世纪早期，新产品的扩散主要还是依靠报纸等大众媒介渠道，创新扩散速度慢；到了 20 世纪末，随着广播、电视和互联网的崛起，一项新产品一旦发布，立刻就被传播给世界各地的终端消费者。随着电子媒介的发展，创新扩散 S 曲线变得越来越陡。

三　电视与奥运会的付费直播

在 1984 年洛杉矶奥运会之前，连续多次夏季、冬季奥运会都给主办城

市带来了巨额的财务亏损。因此，1978 年 11 月，在洛杉矶市获得奥运会主办权后的一个月，市议会就通过了一项不准动用公共基金办奥运会的市宪章修正案。洛杉矶市政府“巧妇难为无米之炊”，向美国政府求援也无法得到财政支持。在走投无路的情况下，洛杉矶市只好向国际奥委会申请，要求允许以私人名义承办奥运会。

美国犹太商人彼得·尤伯罗斯（Peter Ueberroth）临危受命，以私人名义承包了 1984 年的洛杉矶奥运会。在无政府补贴、不增加纳税人负担、不能发行彩票的情况下，尤伯罗斯改革了电视转播权和广告销售的招标模式，居然扭亏为盈，成为史上第一届“赚钱”的奥运会，也开辟了后来奥运会、世界杯等世界大型体育赛事的“尤伯罗斯模式”。

1. 电视转播权招标

奥运会的收入中，最高的一项是拍卖奥运会电视实况转播权。尤伯罗斯研究了前两届奥运会电视转播的价格，又分析了美国电视和各种广告的价格，大幅提高了电视转播的费用。通过招标的方式，他将奥运会的电视转播权以 2.25 亿美元卖给了美国广播公司（American Broadcast Company，ABC）[①]。另外，还从欧洲和澳大利亚电视转播中得到相应的收益。

2. 赞助权招标

尤伯罗斯决定利用各企业的竞争心理提高赞助收入。1984 年第 23 届奥运会规定，正式赞助商只能接受 30 家，每一个行业选择 1 家，每家至少赞助 400 万美元，赞助者可取得本届奥运会某项商品的专卖权。

于是，在可口可乐与百事可乐、柯达公司与富士公司、美国通用汽车与日本丰田汽车、运动鞋品牌匡威与耐克之间形成了一系列竞争关系。为了在四年一度的国际大型赛事上亮相，各大公司拼命抬高赞助额的报价。仅此一项，就为 1984 年第 23 届奥运会筹集了巨额收入。

---

① Wikipedia，ABC Olympic Broadcasts，https：//en.wikipedia.org/wiki/ABC_ Olympic_ broadcasts.

除此以外，尤伯罗斯还通过分段出售火炬传递名额、设立“赞助人计划票”、发行各种纪念品和吉祥物等获得收入，并通过高效率、精练的工作团队节省开支。奥运会结束后的结算表明，这一届奥运会共盈利 2.5 亿美元。①

1984 年第 23 届奥运会是中国大陆改革开放以后首次参加的世界性体育盛会。奥运会让可口可乐、耐克等品牌在中国变得家喻户晓。随着品牌认知度的提高，这些品牌的产品开始走进中国市场，开设专卖店，接着在中国开设工厂，并将产品销往世界各地，一方面打开了中国市场，另一方面又带领着中国工厂进入了全球化生产、销售的大循环。

在洛杉矶奥运会以后，世界重大体育赛事的电视转播权（还有后来的互联网转播权）价格不断攀升。这个四年一度的全球体育盛会已经成为展示国家形象、建立全球品牌的大型传播平台，这与全球电视基础设施的发展有着密不可分的关系。

第五节　电子媒介对知识生产的影响

媒介技术对知识生产的影响主要来自三个方面：提供了表征真实世界的新修辞，扩大了“亲临现场”的全球知识网络的规模和交流频度，以及对知识共同体的影响。

一　电子媒介带来的新修辞表达模态

每当一种新媒介出现的时候，最早被“装进”新媒介的往往是旧内容——“新瓶装旧酒”，例如，1905 年中国拍摄的第一部电影是京剧《定军山》。紧接着，新媒介传播环境就“新瓶酿新酒”，“酿造”出新的内容表达修辞形态。

---

① Wikipedia，1984 Summer Olympics，https：//en. wikipedia. org/wiki/1984_ Summer_ Olympics #Financial_ success_ of_ Los_ Angeles_ as_ host_ city.

1. 新媒介改变了绘画的艺术风格

据说，19 世纪的法国画家保罗·德拉罗克在首次看到银版照相法之后，说了一句："从今天开始，绘画死了！"① 摄影新媒介的出现给绘画旧媒介带来了一场革命性变革。

在照相机发明以前，记录真实人物、植物和历史场面等的唯一手段就是绘画。画家绘制一幅人物肖像或一个历史画面常常需要花费数月甚至几年的时间。照相机发明以后，在快门一闪之间，一个历史场景、一个人的肖像就被定格记录下来。图 5-8 左侧是现藏于卢浮宫的《拿破仑一世加冕大典》，这是法国画家雅克-路易·大卫于 1805~1807 年用 2 年时间完成的；右图则是 1944 年戴高乐凯旋巴黎的照片中的一张，只需要一瞬间就可以记录下来，因此可以形成连续、高密度的影像记录。摄影新媒介在记录成本、记录效率方面远远超过了手工绘画旧媒介。

图 5-8　绘画与摄影的比较

于是，在新媒介和旧媒介的竞争中，绘画原本承担的记录功能被照相机取代。画家失去了赖以生存的记录历史宏大场景和为达官贵人绘制人物肖像的订单，被迫转型。一些画家将摄影艺术和人物肖像结合起来，开设拍摄工作室，探索新型人像艺术。这种新型人像艺术不仅得到了达官贵人的青睐，也为社会上层的普通民众提供了拍摄肖像的机会。

① 保罗·莱文森：《软边缘：信息革命的历史与未来》，何道宽译，清华大学出版社，2002，第 46 页。

另一些画家则被迫放弃了写实主义绘画风格，转而探索印象派、野兽派、立体派、超现实主义等现代绘画艺术流派。与注重客观表达的写实主义不同，现代绘画艺术主要表达画家的主观感觉和对世界的认知。毕加索扭曲的人形、达利挂在树上的钟表等表达的都是画家对自然、人性和物质的一种抽象、哲学化的认知和表达。摄影新媒介就这样改变了绘画旧媒介的表达内容和表达方式。

2. 摄影术作为一种科学观察和记录工具

摄影术为生物、医学、天文学、考古学和艺术等学科的研究提供了一种新的观察和记录工具，具有重要的认识论意义。首先，摄影照片形成了关于自然事物的真实的、具象的影像，让不在场的人可以超越时间和空间的障碍观察到更多的客体和事件，扩大了人类观察的范围。例如，现代植物学家观察 1853 年拍摄的花卉照片时，他看到的照片捕捉了那朵花的不同侧面，虽然那朵花早就枯萎凋谢了，但照片记录和保存了那朵花原来的模样。[①] 这对知识的增长具有重要的意义。

摄影和 X 射线结合，创造了新的科学影像技术。1895 年，德国物理学家伦琴发现 X 射线后，X 摄影术迅速被用到医学诊断上。100 多年来，X 射线在医学、安检和无损检测等领域中发挥了巨大作用。1951 年，英国女科学家罗莎琳德·富兰克林（Rosalind Franklin）用 X 射线衍射图像技术获得了 DNA 的第一张晶体衍射图片“照片 51 号”，这是解密 DNA 双螺旋结构的关键线索，开启了生物科学研究的新时代。

摄影术与航天卫星、太空望远镜相结合，使人类的视角延伸到了遥远的外太空。1964 年，水手 4 号火星探测器成功到达火星；1969 年，阿波罗 11 号登陆月球；先驱者 10 号（Pioneer 10）第一个飞出太阳系这些宇宙探测器，都发回了大量“人不能至”的太空的影像照片。1990 年成功发射的哈

① 保罗·莱文森：《思想无稽：技术时代的认知论》，何道宽译，南京大学出版社，2003，第 176 页。

勃望远镜在地球的大气层之上持续地观测和回传天文观察的影像照片。2021年，詹姆斯·韦伯太空望远镜成功发射，这是目前太空中最大的光学望远镜，它配备了高分辨率和高灵敏度的仪器，能够看到哈勃太空望远镜无法观测到的太老、太远或微弱的物体，使天文学和宇宙学的许多领域的研究成为可能。

3. 电影语言的诞生

电影作为一种融合文字、语言（声音）、音乐和结构等表达符号的动态影像，其表达形式经历了“走马灯”式的不连贯影像、从默片电影到有声电影、从黑白电影到彩色电影等过程，创造出一种多模态的表达修辞。

在 1915 年出品的《一个国家的诞生》里，格里菲斯对电影视觉语言进行了不同角度的探索。例如，运用了不同的景别，采用特写、近景、远景等拍摄角度，以及淡入、淡出、闪回等剪接方式，在叙事时能够提供给观众不同的情感、故事等，创造出一种全新的电影语言。

4. 动态影像

用动态摄影记录时间流动中的客体的形象，也为观察事物的动态变化过程提供了一种科学研究工具。比如，延时摄影（Time-laps Photography）可以快速展现花开的过程和结晶的过程，让科学家能够观察事物发展的模式。而在自然时间里，人的肉眼观察不到这种变化。① 超高速摄影（High-speed Photography）则是另一个极端，可以慢速显示事物变化的过程，从而可以让人观察到肉眼看不见的瞬间动作，如子弹飞出时的运动状态，足球射门时的动作过程，还有我们在电视里经常看到的一滴乳液落进乳汁里产生的优美的涟漪等。

通过操纵动态影像，人就可以改变拍摄到的画面中事物变化的速度，使那些难以观察的瞬间、宏大的变化，更能为人所理解和研究。

---

① 〔美〕保罗·莱文森：《思想无稽》，何道宽译，南京大学出版社，2003，第 176~177 页。

5. 电子媒介时代的“通用框架方法”

综上所述，在电子媒介时代，绘画、摄影、X 摄影、延时摄影、高速摄影，特别是电影视频等快速崛起，形成了一套新的表征修辞“软”技艺，构成了电子媒介时代的“通用框架方法”，如图 5-9 所示。

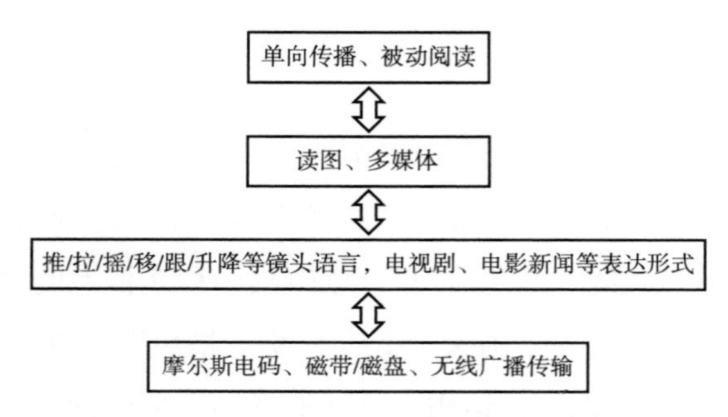

图 5-9 电子媒介时代的“通用框架方法”

影视、动画的视觉化表达有一种天然的跨语言传播的优势，因此，电子媒介促进了世界各国音乐、影视、动画等方面的文化交流，这些新的表达方式也成为营造国家“软实力”的重要工具。

二 “亲临现场”的全球知识网络

在互联网出现以前，从古希腊到 20 世纪的电子媒介时代，思想和知识的传播都高度依赖亲临现场的交流，例如，手工抄写时代的亚历山大图书馆、阿拉伯智慧宫等思想交流中心。15 世纪印刷机发明以后，围绕印刷出版业的发展，在欧洲形成了多个出版中心和文化中心——早期的法兰克福、博洛尼亚、威尼斯、巴黎，后来的日内瓦、安特卫普、牛津和剑桥等。18 世纪蒸汽机、内燃机的发明加快了大西洋两岸货物和人员的往来流动，不仅促进了两岸的商品贸易，而且加快了思想和知识的流动，亲临现场的知识网络的规模、交流的频次和密度又得到了进一步的发展。

电子媒介增加了科学家之间的思想交流，但由于其单向传播的特性，在学术研究方面，还不能取代印刷技术的位置。19～20 世纪，全球思想、文化和科技交流的首要场所还是亲临现场的物理空间。

在电子传播时代，基于 15～18 世纪的学术积累，以及受到科学革命方法的启发，自然科学和社会科学都有了飞速发展。1859 年，达尔文出版了《物种起源》，提出了“适者生存”的进化论理论学说。19 世纪出现了兰克史学、冯特的实验心理学、社会学、人类学和考古学等新学科，逐步形成了现代大学的学科体系。

三 对媒介技术和传播的研究

在人类历史上，每次媒介技术变革都会在亲历变革的那一两代人的思想认知中引发关于新、旧媒介之争。苏格拉底对“书写”的批判，柏拉图把诗人逐出“理想国”、16 世纪彼得·拉米斯对亚里士多德的批判就是典型的例子。而一旦新媒介取代旧媒介，变成社会运行的底层通信“基础设施”之后，这项技术就“沉在”地基以下，隐于无形。到了手工书写“原住民”的亚里士多德那里，新媒介与旧媒介之争消失了，形而上学高高在上，而技术则蜕变成“生产之学”的一员。1632 年，夸美纽斯的《大教学论》还用了一章的篇幅讨论印刷技术，之后，技术这个要素在教育学理论体系中似乎消失了。数代人从生到死都处于同样的印刷传播环境中，在他们的人生经验中，印刷出版、图书都是与生俱来（因而，也产生了某种说不清楚的不能改变的执念）的存在，是一个不变的常量，社会变革被归因于其他动态、可变的因素，这是传统的历史研究中经常忽视媒介技术要素的重要原因。

从 19 世纪 30 年代到 20 世纪初，电报、照相机、留声机、电话、电影、广播和电视等新媒介技术不断出现，使媒介技术作为一个动态的变量，引起了多学科研究者的关注。哲学、语言学、社会学、传播学、信息论和技术哲学等各个学科都开始关注人类传播的话题，都把人类的交流语言、交流结构等作为社会科学的重要研究变量。

在这些研究中，聚焦研究媒介技术的本质，媒介技术对人类认知、社会发展影响的模型、理论框架和流派主要有“香农-韦弗-施拉姆”传播模型、卡尔·波普尔的“三个世界”理论框架和研究口传、手工抄写、印刷技术和电子传播的媒介环境学派。

1.“香农-韦弗-施拉姆”传播模型

1948 年，克劳德·香农（Claude Shannon）在《通信的数学理论》（*A Mathematical Theory of Communication*）一文中，用信源、发射器、信道、接收器、目的地和噪声等要素建构了一个通用的通信系统模型。1949 年，沃伦·韦弗（Warren Weaver）对香农的模型做了进一步完善，形成了香农-韦弗（Shannon-Weaver）传播模型。后来，传播学的奠基人威尔伯·施拉姆（Wilbur Schramm）又为香农-韦弗传播模型增加了一个反馈回路[①]，用它来解释信息的交互过程，最后形成了如图 5-10 所示的香农-韦弗-施拉姆传播模型。

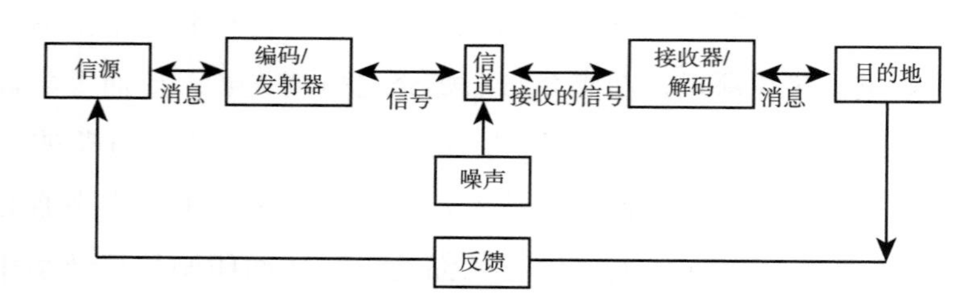

图 5-10　香农-韦弗-施拉姆传播模型

香农-韦弗-施拉姆传播模型广泛地影响了多个学科的发展，包括信息论、教育学、传播学、组织分析和心理学等，甚至有学者称之为“所有模型之母”。

香农-韦弗-施拉姆传播模型描述了人类社会和文明发展的最小单元——交流的结构，它是人类文明的基础，也是人类文明的最小细胞。一群站在一起不说话、不交流、不合作的人无法构成一个社会组织。人和人只有

① 威尔伯·施拉姆、威廉波特：《传播学概论（第二版）》，何道宽译，中国人民大学出版社，2010，第 226 页。

相互交流，才能构成一个“1+1>2”的社会组织。它也是本书所依赖的基本理论模型，称之为“所有模型之母”，的确实至名归。

2. 进化认知论

英国技术哲学家卡尔·波普尔在1972年出版的《客观知识——一个进化论的研究》中提出了“三个世界”的框架。他打破了西方哲学传统中的一元认知论、二元认知论观念，在物理世界和人的主观认识世界之外，建构了一个“说出、写出、印出”的客观知识世界。唐纳德·坎贝尔创造了“进化认知论”（Evolutionary epistemology）这个术语[①]；媒介哲学家保罗·莱文森则对波普尔的“三个世界”做了进一步的修改[②]，形成了第一章所提到的“三个世界”框架。

这个“三个世界”框架将人的认知分成了两部分：第一部分是人脑内的认知范畴；第二部分是依赖媒介技术建立起来的人脑外部的客观知识世界，从而为我们理解媒介技术与人类认知发展的关系提供了富有洞见的理论创新。

按照波普尔的“三个世界”框架，从原始智人到现代人，人脑的结构并没有产生太大的变化，但是人脑外部的客观知识世界出现了翻天覆地的发展。这一“世界3”框架也为我们理解21世纪出现的人工智能技术的本质提供了富有洞见的理论基础。

3. 媒介环境学派

20世纪下半叶，传播学中出现了一个专门研究媒介技术与社会变革的分支学派，其代表人物包括哈罗德·伊尼斯、马歇尔·麦克卢汉、沃尔特·翁、伊丽莎白·爱森斯坦、尼尔·波兹曼和约书亚·梅罗维茨等，该学派最初被

---

① Michael Bradie，William Harms，Evolutionary Epistemology，https：//plato. stanford. edu/entries/epistemology-evolutionary.

② 保罗·莱文森：《思想无羁：技术时代的认识论》，何道宽译，南京大学出版社，2003，第96~101页。

称为媒介分析学派，后来由尼尔·波兹曼正式定名为媒介环境学派。

媒介环境学派对口传、手工抄写、印刷技术、电子传播的研究为我们认知媒介技术对人类认知和社会发展的影响提供了丰富、翔实的研究资料。本书的大量素材来自媒介环境学派的研究。

第六节　电子媒介对教育发展的影响

电子媒介对教育发展的影响，主要有三个方面：第一，促进了广播、电视、电影等专业教育的发展。广播电视行业自身的发展，需要大批专业化的从业人员，因此推动了相关领域专业教育的发展。第二，推动了视听教学运动。广播、电视、电影一出现，教育技术的先驱者就开始探索视听教学在各级各类教育中的应用。第三，出现了广播电视大学这种巨型教育组织。

一　促进了广播、电视、电影等专业教育的发展

电子传播网络的发展，不仅需要大量的无线电技术人员，还需要大量的采、编、播、导、演等专业从业人员。为了推动中国广播电视事业的发展，1959 年国家批准成立的北京广播学院，就是一所专门培养新闻、广告、动画、摄影、音乐、播音与主持艺术等专业人才的学校；2004 年，更名为中国传媒大学。

此外，国家还创建了电影学院，培养编剧、导演、摄影、表演、声音、道具等专业人才，生产故事长片、动画片、纪录片等文化产品。综合性大学也普遍开设了广告学、公共关系等相关专业，培养从事大众传播和公共关系管理的专业人才。

由于无线广播的频道数量有限，广播、电视是一种典型的“读—写”不对等的单向传播媒介。受过专业训练的采、编、播、导、演人员就像手工抄写时代的抄书匠一样，垄断了广播、电视“写”的权利。普通大众则只有“读”的权利，而没有“写”的机会。电子媒介的这一局限性影响了其在学校教育中的应用。

二　教育技术学科的滥觞

与抽象的文字、数字符号相比，视听媒介具有直观、具象等优势，有利于儿童的学习；动态音频、视频在表达事物的变化过程时，也比文字媒体更具优势，而且有助于外语听、说、读、写的全方位教学。鉴于以上优势，电影、广播、电视一出现，教育技术的先驱者就开始探索如何把新兴的电子媒介技术应用到各级各类教育中，开展了以视听教学为代表的教育技术探索。

1. 视听教学运动

视觉教育。1905 年，美国圣路易斯建立了第一家学校博物馆，通过销售便携式的博物馆展品、立体照片、幻灯片、胶卷、学习图片和图表等教学材料，支持学校开展视觉教学（Visual Instruction）。1908 年，该机构出版了第一本视觉教育使用指南。

电影教育。1910 年，美国出版了第一本教学电影目录。1911 年，纽约州的罗切斯特公立学校成为第一个在正规教学中采用电影的学校系统。1913 年，托马斯·爱迪生（Thomas Edison）宣布："不久在学校中废弃书本……有可能利用电影来教授人类知识的每一个分支。在未来 10 年里，我们的学校机构将会得到彻底的改造。"① 1923 年，美国教育传播与技术协会（The Association for Educational Communications and Technology，AECT）成立，该协会一直领导着美国教育技术的发展，也深刻影响了中国等世界其他国家的电化教育的发展。

教学技术。第二次世界大战的爆发为教育技术学的发展提供了一个重要的契机。在战争期间，美国政府生产了 457 部培训电影；为军队购买了 55000 部电影放映机；在制作培训胶片上花费了 10 亿美元；配置了学习外语的听力设备以及用于飞行训练的模拟器等。1945 年德国投降后，德国总

① 罗伯特·加涅：《教育技术学基础》，张杰夫译，教育科学出版社，1992，第 14 页。

参谋长说："我们精确地计算了每件事情，但低估了美国把普通平民培养成合格战士的速度。我们低估了'电影教育'这项新的教育技术。"①

教学电视。第二次世界大战后，电视大面积进入欧美家庭，推动了教学电视的发展。1952 年，美国联邦传播委员会（Federal Communication Commission，FCC）决定为教育目的拨出 242 个电视频道，这项决定促使教育公共电视台迅速发展。20 世纪 50~60 年代，福特基金会对教育电视投资 1.7 亿美元。教学电视节目在知识的可视化、多模态表达方面进行了早期的有效探索。教学电视的成功案例包括《芝麻街》电视系列片、《神奇校车》和《Barney&Friends》等公共电视教学节目。另外，英国开放大学和 BBC 电视台合作，在非虚构（No-Fiction）视频表达方面开展了有益的探索，为今天 BBC 纪录片的成就奠定了基础。

1957 年，苏联成功发射人造地球卫星，给美国科技界、教育界带来了巨大的震撼。1958 年，美国通过了《国防教育法》，其中第七条法案提出，联邦政府应当为推广新媒介技术提供资金支持。在该法案实施的前 10 年，联邦政府在 600 个项目上花费了 4000 多万美元，进一步推动了美国教育技术的发展。②

教育技术。20 世纪 70 年代，电子媒介在教学中应用的重点发生了改变，提出了教育技术学术语。1972 年，AECT 的定义与术语委员会提出了第一个教育技术学的定义。1977 年、1994 年、2015 年、2017 年，该委员会又相继更新了这个定义。2017 年的定义是："教育技术是对理论研究与最佳实践的探索及符合伦理道德的应用，主要是通过对学与教的过程和资源的策略性设计、管理和实施，以促进知识的理解，调整和改善学习绩效。"③ 随着

---

① 对语句稍做修改，引自罗伯特·加涅《教育技术学基础》，张杰夫译，教育科学出版社，1992，第 15 页。

② 〔美〕罗伯特·M. 加涅主编《教育技术学基础》，张杰夫译，教育科学出版社，1992，第 17 页。

③ 该定义的英文原文见美国 AECT 协会定义和术语委员会主页：The Definition and Terminology Committee. A New Definition for Educational Technology. [2024-01-08]. https://aect.org/news_manager.php?page=17578。此处的中文翻译引用了王胜远、王运武《AECT2017 教育技术定义的评析与思考》，《广东开放大学学报》2019 年第 3 期。

20～21 世纪信息技术、互联网和人工智能等新技术的发展，教育技术已经成为一个研究电子媒介、信息技术、在线教学、人工智能等新技术在教育教学中应用的跨学科实践领域。

需要指出的是，视听教学和教育技术都是为了应对现当代新媒介技术的挑战提出的新概念和新术语。这种立足于当下、基于“实用主义”思想的学科理念未能解释媒介技术与人类认知和教育发展的本质关系，导致 100 多年来教育技术研究在不断追逐新技术的过程中，陷入一轮又一轮“希望—失望”的怪圈。

2. 教学媒体选择理论：以戴尔“经验之塔”为例

随着视听教学运动的发展，如何根据教学内容和学生特点选择合适的教学媒体成了摆在教师面前的一个难题。为了应对这一挑战，美国心理学家埃德加·戴尔（Edgar Dale）、罗伯特·加涅和杰尔姆·布鲁纳（Jerome Bruner）等人提出了一系列媒介选择理论。“经验之塔”就是戴尔提出的一种受到广大教师欢迎的教学媒体选择模型。

1946 年，心理学家埃德加·戴尔设计了“经验之塔”[①]。“经验之塔”自底部向上，按照从具体到抽象的原则，将教学媒体设计成 11 层。沿着戴尔“经验之塔”自底部向上，媒体表达越来越抽象，表达的信息越来越浓缩，呈现信息需要的时间越来越短。戴尔建议，应当优先选择那些符合学生认知水平的抽象媒体，学生以前积累的具体经验可以帮助他们理解这些抽象的内容。

心理学家杰尔姆·布鲁纳提出了一种与戴尔“经验之塔”平行的理论。布鲁纳建议，教学应当从动作性经验（Enactive Experience）开始，然后采用形象化表征（Iconic Representation，如图片和录像带等），最后采用符号化表征（Symbolic Representation，如文字描述）。他进一步阐述了学习资料的呈

① “经验之塔”选自 E. DALE, *Audio-Visual Methods in Teaching*, New York: Dryden Press, 1946。转引自斯马尔蒂诺等《教学技术与媒体（第 8 版）》，郭文革译，高等教育出版社，2008，第 15 页。

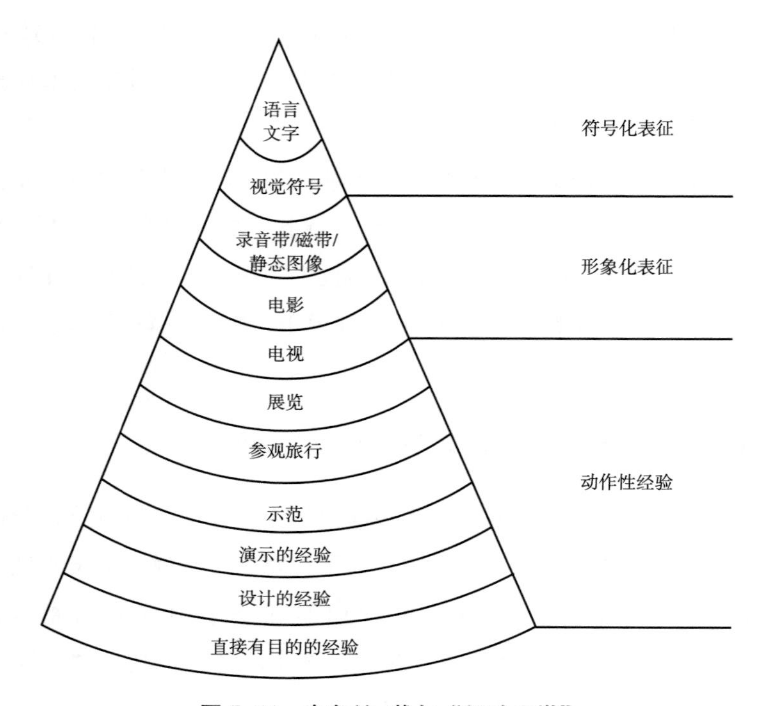

图 5-11　布鲁纳-戴尔“经验之塔”

现顺序对学生的掌握程度有直接的影响。将布鲁纳的动作性经验、形象化表征、符号代表征添加到戴尔“经验之塔”中，就形成了图 5-11 所示的布鲁纳-戴尔“经验之塔”。

3. 教学系统设计

罗伯特·加涅是“教学系统设计”（Instruction System Design，ISD）的创始人之一，他把“教学系统设计”定义为：教学是以促进学习的方式影响学习者的一系列事件[①]，教学设计是一个系统化规划教学系统的过程，教学系统是对资源和程序做出有利于学习的安排的系统。

教学系统设计模型有很多种，包括 ADDIE 模型、迪克 & 凯利模型、

① 罗伯特·加涅等：《教学设计原理》，皮连胜等译，华东师范大学出版社，1999，第3页。

ASSURE 模型等，不同教学设计模型的侧重点不同，但基本上包括对学习对象、教学目标的分析，以及选择合适的教学内容、媒体、教学方法、教学实施活动，以及教学评估等。表 5-3 介绍了几种教学系统设计模型的主要步骤。

表 5-3　几种教学系统设计模型的主要步骤

	ADDIE 模型	迪克 & 凯利模型	ASSURE 模型
主要步骤	分析(Analyze) 设计(Design) 开发(Develop) 实施(Implement) 评估(Evaluate)	教学目标 教学分析 起点行为和学生特征 作业目标 标准参照的测验项目 教学策略 教学材料 形成性评价	分析学习者(Analyze Learners) 描述教学目标(State Objectives) 选择教学方法、媒体和教学素材(Select Methods, Mediaand Materials) 利用媒体和素材(Utilize Media and Materials) 要求学习者参与(Require Learner) 评价和修正(Evaluate and Revise)

从表 5-3 可以看出，教学设计采取了“以终为始”的设计思路，终点是要达成的教学目标，起点就是学生的认知现状。教学系统设计就是按照学生的情况和教学目标的要求，安排教学内容、教学方法，实施教学活动，并采用过程性评价和总结性评价，以不断检测和判断学生学习成效的过程，它渗透着一种工程化的思路。

三　广播电视大学:“非亲临现场”的巨型大学的诞生

电子媒介时代出现的最重要的教育创新就是出现了注册学生人数超过 10 万人的巨型大学——广播电视大学。1969 年创立的英国开放大学（Open University，OU）是世界上第一所广播电视大学。1979 年成立的中国中央广播电视大学是世界上注册学生规模最大的广播电视大学。2012 年，中央广播电视大学更名为“国家开放大学”。

广播电视大学通过直播或录播的方式，把课程内容播放给学生，学生不需要集中到校园里，而是分布在不同的地方，依托广播电视、电话、本地学习中心等，完成整个学习和考核评价过程。

需要注意的是，“视频+广播电视”和“视频+互联网”属于两种完全不同的学习行为。在“视频+广播电视”的场景下，视频内容和播放速度等都受后台的控制，观众无法选择内容，也无法控制视频播放的速度和节奏。节目播放完后，观众如果想再“看”一遍，只能被动地等候电视台的重播，这是一种典型的单向传播的大众媒介。相比之下，在“视频+互联网”的场景下，观众既可以选择内容，也可以通过暂停、前进、后退等按钮控制播放的速度和节奏，还可以反复观看，近似一种“准”阅读行为。

电子媒介的单向传播，限制了它在学术研究和教育领域的应用。电子媒介不支持观众的反复观看，以及暂停、前后拖动等操作。从读写的角度来看，电子媒介是从印刷技术到互联网数字媒介的一个过渡阶段。在电子媒介时代，学术研究和教育教学仍然主要依赖印刷媒介。一直到互联网出现以后，在电子媒介时代探索的多模态表达修辞、进化认知论和人工智能等新工具和新理论才给学术研究和教育教学带来了一场革命性变革。

第六章
数字媒介

1991年8月23日，欧洲核子研究组织（European Organization for Nuclear Research，CERN）将英国计算机科学家蒂姆·伯恩斯·李（Tim Berners-Lee）发明的World Wide Web发布到整个互联网，从这一天开始，人类迈进了数字化、智能化时代。

30多年来，这项技术经历了突飞猛进的发展。从有线网络、无线网络发展到移动网络，网络应用模式从Web1.0、Web2.0进化到了Web3.0；内容服务从Web1.0时代只“读”的搜索等内容服务发展到Web2.0时代“可读可写”的用户生产内容（User Generated Content，UGC）阶段，一直到Web3.0时代的元宇宙、ChatGPT生成式人工智能（AI-Generated Content，AIGC）的阶段；人工智能也从AlphaGo、AlphaFold等单一领域的“窄”域人工智能走向了GPT4的“类”通用人工智能（Artificial General Intelligence，AGI）。互联网引发了传统行业的流程重构，人工智能则开始威胁人类的工作岗位。

互联网通过改变人类的交流结构，给人类社会带来了巨大的变革。在互联网环境下，全球的“创新扩散”出现了新的局面。以苹果手机为例，第一款苹果智能手机诞生于2007年。每当苹果发布新款手机的时候，第一天，苹果新产品全球发布会通过网络向全球直播；第二天，在世界各地的苹果体验店门前，消费者就排起了长队。互联网的这种“创新扩散”效应打破了在印刷技术时代、电子媒介时代形成的民族国家的边界，也打破了原有的层层分销的贸易格局。今天，世界正面临全球化倒退、民粹主义回潮的“百年未有之大变局”，互联网对人类社会交往结构的重构是一个不容忽视的因素。

本书从口传到互联网，走过了5000多年的教育技术变革史，长途跋涉的目的就是从“长时段”媒介技术变革中，寻找媒介技术影响社会、教育变革的规律。用历史给予我们的“慧眼”，“掸”去互联网变革中的喧嚣与尘埃，仔细辨认和摘选那些真正的代表未来方向的创新和实践，从而设计和展望教育数字化的未来图景。

第一节　技术特征：大数据与人工智能

互联网本质上也是一种支持人类表达、交流与沟通的媒介技术，它也是由符号、载体、复制等技术组成。

一　符号

在数字媒介传播生态环境下，在传播信息的过程中，使用了三套表征符号系统。

第一，表意符号。

在屏幕、喇叭上显示的、与人的感官相接触的符号系统有声音、文字、数字、视频、动画等。互联网继承了人类创造的所有表意符号系统，一个也没有丢弃。

第二，物理符号。

数字媒介的技术基础是数字电路，它有开、关两种状态，通常用 01 表示。无论文档、图片，还是音频、视频、VR 等所有的内容，在存储和传播状态下，都以 01 二进制电信号串的形式存在，都是 01 二进制文件。

第三，数据、算法、程序语言和网络协议。

二进制符号与表意符号之间的转换，依靠数据、算法、程序语言和网络协议来完成。这是一套在数字生态环境下表征、传播和处理人类认知的数字智力技术，在历届图灵奖获得者所做的“图灵讲座”列表[①]中，可以看到创造这套新的数字技艺的历史过程。

二　载体：芯片

01 二进制文件存储在芯片上，芯片就是数字媒介的存储载体。无论文件保存在电脑里、手机里还是保存在云端的网盘里，本质上都是储存在芯片上。

---

① Turing Lectures，https：//amturing. acm. org/lectures. cfm，20240414.

芯片已经成为今天全球互通互联、智能化发展的基础，就像手工抄写时代的莎草纸、印刷技术时代的人造纸、电子媒介时代的海底电缆一样，它是全球化时代人类互联互通、相互合作与竞争的技术基础设施。

今天，芯片已经成为一个国家、一种文明进入数字化、智能化时代的关键技术。无论是物联网、自动驾驶、工业机器人，还是人工智能的发展，都离不开芯片。

三 内容发布/出版

从纯技术的角度来看，在互联网上发布/出版一项内容只需要3个步骤：作者上传—服务器发布—读者浏览阅读。理论上，任何一个人或团队都可以在网上创办一份报纸、一本期刊、一个电台或者一个电视频道，这给传统媒体带来了巨大的冲击。

从本书前文的梳理来看，图书、杂志、报纸、电视台、电台、电影、电视剧等是在不同媒介技术时代出现的，有着不同的外观、不同的出版发行周期、不同的商业营收模式。互联网出现以后，由于数字媒介独有的两套表征符号的特点，图书、杂志、报纸、电视台、电台、电影、电视剧等都迁移到了互联网上，读者和观众可以按需"点击"，来访问和浏览特定的内容。原本泾渭分明的不同媒体现在都融合在互联网上，这给传统媒体的运行带来了巨大的挑战。

2007~2009年，国际上一批百年大报出现了一波停刊、转型的热潮，美国纪录片《头版内幕》记录了这一时期报纸面临的转型压力。抖音、快手等短视频平台出现后，又大幅分流了电视台的收益，致使电视行业的薪水大幅下降，很多知名媒体人纷纷辞职，转而投身自媒体平台。

随之是个人媒体崛起。在博客时代，作家韩寒的个人博客订阅数曾达到100万，相当于当时《北京晚报》的订阅数。微博崛起后，影星姚晨的粉丝量一度高达6000万，这是纸媒时代任何一家报刊都无法想象的订阅数。后来，又出现了喜马拉雅、网易云音乐、得到等音频类App，以及"罗辑思维""晓说""圆桌派""十三邀""局部"等视频类节目。随着抖音、快手、哔哩哔哩等视频社交平台的崛起，无数个体的人变成了内容生产者——Up 主，开启了个人自媒体时代。

2006 年，美国《时代周刊》选出当年年度人物“YOU”，推送词说：“Yes, you. You control the information age. Welcome to your world.”用于表彰数以百万计匿名向 YouTube、Facebook、维基百科等 App 和网站贡献内容的人。

四　互联网的传播特征

与电子媒介的单向广播不同，数字媒介支持远距离、双向、实时交互，为社会交往、内容的表征和传播、数据记录等带来了一系列新特征。

1. 01二进制、多模态表征与人工智能

数字时代所有的表达形式，无论文字、图片、音视频，还是 VR、游戏、地图等，被存储在芯片上时都是一个 01 二进制文件。事实上，“01”已经成为互联网上通用的“世界语”。

这种符号表征体系，一方面，催生了由文字、数字、声音、视频、交互按钮等构成的新型多模态表达修辞文体；另一方面，由于中文、外文、图片、声音等被存储在芯片上都是一串 01 二进制符号。借助 01 这个底层通道，计算机就可以对两个 01 二进制文件进行比较和模式识别，催生了人脸识别、语音识别、机器翻译等一系列人工智能应用。

- 人脸识别：对两张人脸图片的 01 二进制文件进行模式识别的计算，按照相似度的百分比，给出是或否的判断。
- 语音识别：提取声音 01 二进制文件中的表达元素，并在大型语料库中参考上下文语境（同音字判断），输出相应的文字。
- 机器翻译：由于中文、英文、日文、西班牙文等所有语言的文本被存储在芯片上都是 01 二进制文件（并具有 doc、pdf 等相同文件格式），通过识别文本中字、词、句，并借助对大容量语料库的计算进行语言学分析，就可以实现中—英、英—日等两种语言的机器翻译。随着互联网积累的大容量语料库的发展，机器翻译的准确度越来越高。

ChatGPT 就是在自然语言大容量语料库的基础上，通过数据标注、神经网络算法计算等产生的一种最新的预训练、生成式人工智能应用。

2. 大数据：数据的自动、连续采集

在互联网出现以前，学术研究的数据（如观察记录、问卷和访谈）一直依赖手工记录。互联网出现以后，人们在网上聊天、购物、查询、游戏的所有轨迹会被软件自动、连续地记录下来，形成了大数据记录，也为 ChatGPT 等大语言模型的研发积累了巨量的文本、图片等语料数据。

这种巨量的大数据已经超出了社会科学传统的理论模型分析框架，因而被称为“非标数据”，必须创造新的数据分析模型和分析工具，才能从中挖掘新知识，拓展人类对自然、社会的认知边界。

3. “非亲临现场”的社会交流场景

从本书前文的分析可以看出，人类社会的组织模式与媒介技术所营造的传播生态环境之间存在显著的相关关系。口传时代，人类协作的规模不超过“传令官声音所及的范围”，社会组织形态是原始部落；在手工抄写时代，信件可以远距离传送，但速度慢、时间长，出现了希腊城邦国家和“松散的”古罗马大帝国；在印刷技术时代，批量印刷的图书和报纸的出现，在欧洲出现了现代民族语言，产生了现代民族国家；进入电子媒介时代以后，远距离电子通信网络把世界变成了一个“地球村”，世界贸易进入了全球化时代。

互联网时代的全球一体化与电子媒介时代的全球化有着显著的差别。电子媒介是一种单向的、远距离传播，而互联网是一种大规模、双向、实时远距离传播网络。传统上很多必须“亲临现场”才能完成的活动，现在可以“非亲临现场”、在虚拟空间中完成。在线会议、在线教学、网店、直播带货、在家办公等都属于这类“非亲临现场”的社会场景。哪些工作、学习和生活必须“亲临现场”，哪些“非亲临现场”就可以完成，成为每一个行业流程重构的“第一性”问题，这是产业数字化转型和国家数字化转型的

理论基础。

美国传播学家约书亚·梅罗维茨（Joshua Meyrowitz）提出的新场景理论，为梳理在场、在线两种场景下人和组织的行为变化提供了一个理论框架。梅罗维茨的新场景理论包括三个核心要素：媒介（Media）、地点（Situation）和行为（Behavior）。他认为电子媒介创造出新的“信息场景”，无论是物理空间还是虚拟空间，“对人们交往的性质起决定作用的并不是物质场地本身，而是信息流动的模式”。因此，在研究组织行为时，应该“打破基于物理地点的面对面交往与以媒介为中介的交往二者之间的区别”，把“地点和媒介”同样看作为人们构筑了交往模式和信息传播模式的信息系统。电子媒介削弱了“有形地点与社会‘地点’之间曾经非常密切的联系”，“地域”消失（No Sense of Place）了，人在“场景”中的行为被重构了。①

第二节　互联网与中国经济的腾飞

互联网在全球范围内催生出一个新的原材料、劳动力、资金、产品需求的信息集散平台，降低了全球企业家和消费者获取信息的交易成本。依托全球畅行无阻的信息流、资金流、物流，企业家可以在全球范围内寻找“价格洼地”，采集生产要素，组织生产和销售，不仅可以降低产品生产成本，还可以扩大生产和销售规模，增加企业的利润。因此，随着互联网的崛起，全球制造业出现了一轮产业“流程重构”。同样，从消费端来看，由于消费者获得了更多的产品信息，就可以超越本地零售店展示的有限的商品信息，转而在电商平台上选购全球的优质产品。就这样，依靠互联网带来的畅行无阻的信息流、资金流、物流，21 世纪的人实现了“买全球、卖全球”的新生活。这是互联网带来的这一轮全球化的典型特征。

---

① 约书亚·梅罗维茨：《消失的地域：电子媒介对社会行为的影响》，肖志军译，清华大学出版社，2002，第 33~34 页。

与此前历史上的技术变革类似，世界各国拥抱信息化、迈进信息时代的步伐各不相同，不是所有国家都能在同一天实现“买全球、卖全球”的数字化变革。在这一轮数字媒介变革中，技术和社会变革发展最快的国家是美国和中国，而从变革的角度看，最典型的数字化变革样本就是中国改革开放以来的经济奇迹。

一　古老的“汉字”迈进数字时代

如第三章的介绍，汉字是世界上唯一持续使用至今的象形文字，中国有着跟西方国家不同的媒介技术变革史。中国人在 105 年发明了人造纸，在 9 世纪就开始采用雕版印刷术。符号、载体和内容复制三者合在一起，使中国很早就进入“（雕版）印刷文明”，充裕的纸张、充裕的图书为中国从隋朝就开始举办的科举考试提供了重要的技术“基础设施”。在宋太宗时期，科举取士的人数出现了大幅度的增长。[①]

依靠科举人才选拔制度，中国在宋朝就建立起一支文官队伍。依靠书同文和“官话”[②]，科举选拔出来的官员在广袤国土上的县以上层级，建立起了一个大范围的信息传播主干网络，这个主干网络把各地不同的方言小网络连接在一起，为新技术的创新扩散、教育的发展和社会治理等提供了优良的信息传播环境。与历史同期建立在“口传+手工抄写”基础上的欧洲人和阿拉伯人的信息传播网络相比，中国依靠雕版印刷和文官制度建立的信息通信网络更先进、性能更优，不仅促进了商品贸易，还加快了新技术的创新扩散，提高了中国整体的生产力水平和社会经济发展水平。中国宋代就出现了文官治理制度，出现了最早的纸币交子和百科全书《梦溪笔谈》，比欧洲早了五六百年时间。所以，李约瑟指出，“古代中国人在科学和技术方面的发达程度远远超过同时期的欧洲”。

但是，为何近代科学没有产生在中国呢？活字印刷技术可能是一个重要

① 李裕民：《寻找唐宋科举制度变革的转折点》，《北京大学学报》（哲学社会科学版）2013 年第 2 期，第 95~103 页。

② 苏力：《大国宪制：历史中国的制度构成》，北京大学出版社，2018 年，第 344~392 页。

的影响因素。1041 年，中国的毕昇在世界上最早发明了黏土活字。由于汉字象形文字有数万个字模，铸字成本高，选字效率低，所以，一直未能取代雕版印刷。15 世纪，德国人古登堡在美因茨发明了字母活字的印刷机。拉丁文只有 26 个字母，字母活字铸字成本低，选字效率高，易于排版，很快就传播到了欧洲的各中心城市。15 世纪以后，欧洲人建立在“字母文字+铅活字印刷机”基础上的信息传播网络的传输效率和技术性能超过了中国自唐以来建立在“象形文字+雕版印刷”基础上的信息传播系统，东西方信息传播系统的性能出现了逆转，再加上大航海运动给欧洲人带来的搜集世界知识的便利条件，所以，“近代科学没有产生在中国”，而是诞生在印刷技术和大航海时代的欧洲。近现代以来，中国社会的发展水平逐渐落后于西方工业化国家。

进入 20 世纪以来，中国无数仁人志士为了救亡图存，强国富民，进行了可歌可泣、不屈不挠的探索，象形文字的问题也被提上了议事日程。1931 年 9 月 26 日，第一次中国新文字代表大会在符拉迪沃斯托克举行，大会以瞿秋白撰写的《中国拉丁化字母》为基础，确定汉字改革的方针“根本废除象形文字，以纯粹的拼音文字来代替它”。1949 年 10 月 10 日，新中国成立仅仅 10 天，毛泽东主席就批准成立了“中国文字改革协会”。1958 年秋季，《汉语拼音方案》进入全国小学的课堂。①

计算机发明以后，汉字再次面临信息化的挑战。1979 年，在香港召开的一个国际会议上，一位外国专家公开宣称，因为汉字无法进入计算机，只有拼音文字才能救中国。1981 年，中国成立了“中国中文信息学会”。为了解决汉字的信息化问题，科学家提供了两种方案，一种是硬件方案，如联想汉卡、金山汉卡等；另一种是王选先生领导的北大方正提出的“方正字库”的软件解决方案。最后，中国科学家经过多年努力，古老的汉字象形文字终于跨越了技术障碍，顺畅地接入了互联网。斯坦福大学汉学教授墨磊宁在《中文打字机：一个世纪的汉字突围史》中说道：输入法作为一种革命性人

① 刘军卫导演《汉字五千年》第 7 集，2009。

机交互模式，奠定了中国作为这个世界上最大的信息技术市场和活跃的社交环境的基础。[①]

汉字顺利地接入互联网，使中国制造业和商业贸易加入互联网带来的全球产业重构进程，为中国最近三四十年来的“经济腾飞奇迹”提供了技术上互联互通的保障。

二　传统制造业的流程重构

1. 交易成本与流程再造

按照科斯的交易成本理论，一个产品直接耗费的物料、劳动成本等属于产品的直接成本，除此以外，企业获取产品信息和价格的成本、谈判成本、契约成本、产权成本、监管成本等都属于交易成本。[②]

交易成本对企业规模和组织方式有着重大影响。信息获取成本就是一种典型的交易成本。当企业无法从市场上获得必需的原材料和服务的时候，只能自己投入人力资本、流水线等生产资料，自己生产这项原材料和服务，因此扩大企业的规模；反过来，当企业可以以更合理的价格从市场上购买原材料和服务的时候，企业就不会自建生产线、招募员工，就会缩小人力资本和生产资料的投入规模，因而缩小企业的规模。

直接成本的下降会增加企业自身的竞争优势。当一个企业通过技术和工艺创新降低了产品的直接成本的时候，这个企业的产品会因为更优质或更廉价，挤占其他企业的市场，从而增强这一家企业的竞争力。

当媒介技术发生变革时，所有的企业家和消费者获取产品信息、价格信息的交易成本发生了变化，因此引发了社会各界、各行各业的系统性变革。

众所周知，经济学有一个著名的“供给-需求法则”，这个“供给-需求法则”的实施离不开信息传播系统这个“基础设施”。只有当我知道

① 墨磊宁：《中文打字机：一个世纪的汉字突围史》，张朋亮译，广西师范大学出版社，2023，第 317 页。

② R. H. Coase, The Nature of the Firm, *Economica*, 1937, 4 (16): 386-405.

"你需要什么"，你知道"我能提供什么"，当供给信息与需求信息相互匹配的时候，才能达成一项交易或一项合作。所以，一旦社会普遍的信息传播交易成本发生变革，必然会导致各行各业原有的业务流程被解构，以及在新的交易成本基础上被重构，改变原有的社会分工，以及对人力资本的需求。这就是互联网导致社会各行各业发生变革的理论基础。

20世纪末21世纪初的这场互联网变革，正好与中国的改革开放相遇，使中国成为这场全球互联网变革的"成本洼地"。首先，中国的改革开放打破了计划经济对市场的掣肘。项飙对"中国市场经济改革的缩影——北京'浙江村'"的人类学考察就显示，在中国从计划经济到市场经济的体制改革过程中，原有的统一计划、统一分配的条块格局被打破，为市场主体跨越边界建立全国性商品流通网络提供了极大的便利和灵活探索的空间。① 其次，从国际比较来看，中国的市场经济刚起步，还没有形成一套完善的法律制度，因此，没有发达资本主义国家复杂的法律诉讼成本。中国刚开始探索市场经济制度，不仅劳动力成本低，也没有关于严格的劳动时间管理等约束市场无序竞争的法律法规。从低端来料加工到高端的IT行业，普遍存在"996""加班文化"。最后，新中国自成立以来普及义务教育，培养出了一支具备读、写、算能力的中层文化水平的劳动力队伍。② 这些因素加在一起，使中国成为互联网时代全球产业链重构的一个优质的"成本洼地"。世界各地的资本和制造业纷纷流向中国，助力中国在短短的三四十年时间内创造了人类历史上从未有过的经济增长奇迹。

2. 中国制造业的信息化管理与中国制造的崛起

中国制造业的崛起是从实施制造业的信息化管理起步的。在中国改革开

---

① 项飙：《跨越边界的社区：北京"浙江村"的生活史》（修订版），生活·读书·新知三联书店，2018，第149~150页。

② 周其仁教授在一个演讲中，比较了中国与印度劳动者的识字、算术水平，他把中国普及义务教育看作中国崛起的一个重要因素。见周其仁《中国经济能发展能迅速崛起，关键就是三个东西!》，https：//v. qq. com/x/page/l07956rhyhf. html。

放初期，库存管理是制造业管理的核心，无论是原材料、半成品还是产成品，都需要一次一次地入库、领用，直到产成品按计划运出工厂，分配到商品批发、零售部门。因为原材料频繁出库、入库可能发生损耗，产成品也可能造成积压，所以库房曾经是企业产生大额损耗的一个关键环节。由于库存管理效率低下，企业普遍存在产品交货周期长、库存占用资金量大、设备运转不足利用率低等问题。改革开放之初，中国企业的劳动生产率仅为先进工业国家的几十分之一。

为了改变落后的制造业管理水平，提高制造业的生产效率，1979 年，长春一汽在中国首家引进了先进的“制造业资源计划”（Manufacturing Resources Planning Ⅱ，MRP Ⅱ）。1985 年，中法合资在广州组建了中外合资的标致汽车公司。1988 年，法方总经理和专家决定，按照法国总公司的制造业流程管理体系，在广州标致引进实施 MRP Ⅱ系统。由于 MRP Ⅱ系统流程与当时中国企业的管理水平以及市场普遍的应收款账期等不相适应，其实施的效果并不理想。但是，广州标致 MRP Ⅱ系统的实施在中国普及了国际上先进的制造业信息化管理理念。

1990 年，美国高德纳咨询公司（Gartner Group）发表了题为《ERP：下一代 MRP Ⅱ的远景设想》的报告，企业资源计划（Enterprise Resource Planning，ERP）替代 MRP Ⅱ成为制造业流程再造的解决方案。从 1997 年开始，中国 ERP 系统实施进入了成熟期。2000 年联想集团 ERP 项目的成功贯通，是中国 ERP 系统发展的一个里程碑，导致联想电脑的生产成本大幅下降，效率大幅提高，产能和效率都超过了 IBM。最终，联想成功收购了 IBM 的 ThinkPad 笔记本和 PC 制造部门，创造了中国 IT 行业，也是中国制造业发展史上的一个传奇。之后，用友、金蝶等国产企业管理软件纷纷问世，推动了中国企业的 ERP 进程。

采纳 ERP 系统之后，制造业流程清晰、透明，大大提高了生产效率。任正非先生在一次采访中曾说道：“IBM 在给我们做顾问咨询时就提到，改革的结果就是把你自己杀掉，改革要把所有的权力都放到流程里，流程才拥有权力。想要干什么都要走流程。”[①] 企业 ERP 系统提供的清晰明确的信息流改变了企业与企业之间的相互衔接状态，加强了合作的时效性和衔接的紧密性。2002 年 12 月，香港大学原副校长程介明教授在北京大学做了一场题为《知识社会：从工作形态到教育》的讲座，其中介绍了一位在珠三角做包装箱企业的香港大学校友的经历。

> 做好的纸盒子按照信息系统的调动，直接运到准确的地点，不搞厂内的运输。时间的配合度很重要，假如说这一批机器要在 5 点钟运出厂，纸盒子就必须在 3 个小时以前运达指定的地点，不能早不能迟，因为工厂没有地方存放。提前 3 个小时准时到，到了以后马上装，装了以后产品马上运走。[②]

在 ERP 系统的调度下，从原材料进厂到产线物料配送，一直到产成品出厂，已经形成了一套完整配套的有序产业流程。

中国制造业的管理水平和生产效率已经达到了世界最高水平，也代表了互联网时代最前沿的管理模式。它们是中国制造崛起的基础，也是中国经济竞争力的支柱。回望 40 多年前中国制造业库存管理混乱、效率低下的落后局面，再看今天中国制造业的进步，不能忽视信息技术在制造业流程重构中发挥的决定性作用。

三　电商平台生态系统的生长

互联网变革带来的交易成本的变化也改变了普通消费者的购物习惯，导致零售业从实体商场到电商平台的变革。

1. 交易成本改变了无数消费者的购物决策

对于三四线城市的青年来说，在电商平台出现之前，他们只能在本地店

① 《〈南华早报〉采访任正非》，新浪财经，https：//finance. sina. com. cn/chanjing/gsnews/2020-04-28/doc-iirczymi8678682. shtml。

② 程介明：《教育问：后工业时代的学习与社会》，《北京大学教育评论》2005 年第 4 期，第 5~14 页。

铺摆放的几十件商品中选择自己的服装等日用消费品，零售店铺的铺货其实就是一种提供商品信息的行为。随着电商平台的发展，当消费者在电商 App 上看到了上百种、上千种甚至数万种服装信息的时候，他们越来越不满足于本地店铺里有限的花色品种，他们的日常消费行为逐渐从本地的店铺转移到了电商平台，如图 6-1 所示。

图 6-1　从本地店铺到电商平台的转型

零售业的数字化转型没有人统一下命令，是互联网带来的交易成本的变化导致无数消费者个体的、分布式的购物决策汇聚在一起，推动了商品零售业从本地店铺到电商平台的数字化转型。

2. 从商场到电商平台的场景变革

可以用梅罗维茨提出的新场景理论来分析零售业的变革。从地点、交流媒介和交易行为三个要素来看，在实体商场和网店两种不同的购物场景中，零售交易的行为和流程发生了如表 6-1 所示的变化。

表 6-1　商场和网店

要素	实体商场	网店
地点	商场空间	网店页面
交流媒介	口头语言	网店页面的对话框，以文字、图片、音频等交流

续表

要素	实体商场	网店
交易行为	现场展示商品信息	用图片、标准码等展示商品
	面对面询价和讨价	以网络为中介的讨价还价
	付款:现金	付款:第三方支付
	提货:用户自提货物	提货:物流配送

在实体商场里，买家和卖家面对面，用口头语言相互交流；商品展示、讨价还价、付款、提货等交易行为都发生在实体商场场景中。当购物迁移到电商平台的时候，买卖双方采用以网络为中介的非面对面的文字、图片、音频等进行交流。商品展示、讨价还价、付款、提货等交易行为则被分解为：（1）平台利用图片、数字、视频等方式展示商品；（2）仓储和提货、运输等，催生了现代物流行业；（3）第三方支付。

3. 第三方支付与现金蓄水池

从面对面、现收现付的零售交易转到网上资金流与物流相互分离的零售交易，还需要解决一个重要的问题，就是信任和信用的问题。如何解决电商交易的支付问题曾经是电子商务发展史上的一个难题。

1998 年，世界上第一家第三方支付公司 Paypal 在美国加利福尼亚州圣何塞市创立。1999 年，北京、上海各成立了一家第三方支付公司，但没有商业应用支持，业务开展不起来；2004 年以后，随着中国零售电商的快速发展，中国第三方支付才进入快速发展阶段。

第三方支付业务流程如图 6-2 所示。在电子商务流程中，在确定交易后，买方把钱付给第三方支付机构，等于失去了对资金的控制权；卖方得到货款已支付的信息后，将货物通过物流发给买方；买方收到货后，确认收货，然后资金从第三方支付平台拨付给卖方。在电商交易中，第三方支付起到了信用中介的保证作用。

电子商务起步的时候，中国还没有建成像今天这样先进的高速公路、高

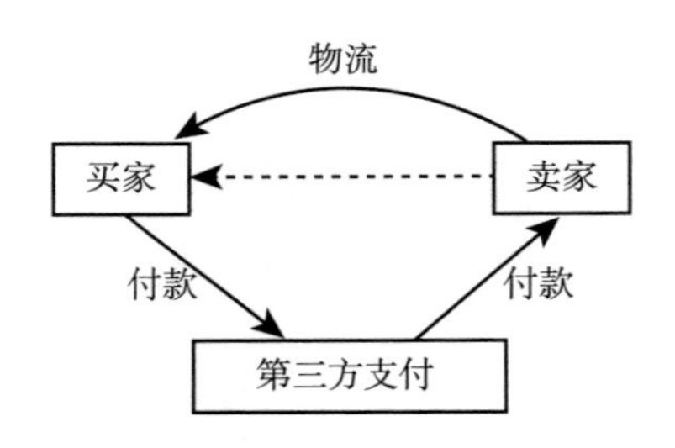

图 6-2　第三方支付业务流程

铁交通网络，还不能像现在这样随时查询跟踪物流信息，当时零售电商设定了一个“7 天支付”约定，即卖家发货后第 7 天，如果买家没有确认收货，第三方支付系统将自动确认收货，将货款支付给卖家。

这个支付机制表明，买方购物的每一笔资金都会在第三方支付平台上停留数天；第三方支付平台像一个蓄水池一样，每天有钱流进来，每天有钱流出去。随着电子商务业务的不断扩大，第三方支付平台这个“蓄水池”中的资金量从 100 元、1000 元迅速扩大到数万元、数亿元。2008 年国际金融危机前后，中国最大的第三方支付平台上每天停留的现金数额超过了一个省级商业银行一年的资金量，而且不用支付利息，完全可以让这些资金周转起来开展短期借贷业务。就这样，互联网的大规模集聚效应推动第三方支付进入了银行业。

4. 基于“大数据”的银行业态的崛起

这个新兴的互联网银行业态还有一个以前没有的特征——大数据。在实体商场的购物场景中，买卖双方交流的信息不会被保存下来。但在电商平台场景中，消费者买了什么、买了多少、单价和总价，以及从哪里寄到哪里等信息都会同步地被平台服务器记录和保存下来。在消费者购物过程中，系统自动、同步、持续地记录消费数据，汇集起来就形成了平台“大数据”。

假定有一个商户 10 年前在一个平台上开设了网店，10 年来交易规模不断扩大。某一年，该电商收到一个国外客户购买圣诞树装饰品的 1000 万元人民币的大订单。为了完成这笔生意，该电商需要向银行借贷一笔周转资金采购装饰品，然后海运发给国外商家，等国外商家支付全部货款后，该电商把这笔借款和利息还给银行，剩下的就是该电商的利润。该电商如果向传统银行借贷的话，不仅需要提供同等价值的抵押品，还要等待信用审核。而该电商向第三方支付平台提出贷款要求，数字银行可以依赖电商平台上积累的客户交易数据、信用数据、订单数据等，迅速核准这笔贷款，而且不需要提供抵押。两者的信贷审核成本也有很大的差别，基于“大数据”贷款的“单笔信贷成本大约在 2.3 元，但是传统银行单笔信贷的经营成本可能在 2000 元左右”[①]。这种面向中小企业的琐碎的小额贷款，周转期短，业务总量大，按年度算利息并不低，但是由于缺乏“大数据”，传统银行根本做不了这种琐碎的零售贷款业务。

四 信息服务的双向采集

2013 年曝光的一桩丑闻，曝出仅有 40 年历史的彭博新闻社在新闻竞争中屡屡战胜 19 世纪依靠电报和信鸽起家的拥有 170 多年历史的新闻大社路透社的内幕。

1. 彭博社的“窥探门”[②]

彭博社创办于 1981 年，创始人、公司最大股东是纽约市原市长迈克尔·布隆伯格（Michael Bloomberg）。曾与其共事的纽约市首席数字官 Rachel Haot 表示，“市长是一个技术信徒，数据的坚定信仰者，他对数据的热爱帮助纽约市快速应对桑迪飓风的灾害，使‘保持在线状态’的市民能够利用数据，及时获得救助”。

或许是出于对技术和数据的坚定信仰，彭博社从诞生的第一天起，就试图将无限数据与记者笔记本中每个值得报道的事件关联起来，用数字制

① 罗琼：《打破准入壁垒：阿里巴巴“抢银行”》，《南方周末》2013 年 1 月 3 日。

② 《“无所不知”的彭博：独家新闻哪里来》，《第一财经周刊》2013 年 5 月 24 日，https：//www.yicai.com/news/2729473.html。

作新闻。在彭博社创办仅 1 年以后，1982 年，布隆伯格就创造了以自己名字命名的“彭博终端”[①]。彭博终端最早只是向投资者和交易员展示股票信息，不久之后，它就开始像新闻机构一样提供资讯。与纸媒不同的是，彭博终端聚合了来自 1000 多家新闻机构和 9 万家网站的信息，并具有丰富的数据分析功能。彭博终端每年的订阅费大约是 2 万美元，全球有 31.5 万个订阅者，2012 年，彭博社 79 亿美元的销售额中，有 85%来自彭博终端的订阅费。

在用户看来，彭博终端是一个按照用户指令输出财经信息的终端。他们不知道的是，在用户登录彭博终端输入各项指令的时候，彭博终端也同步、自动地采集了用户的登录时间、使用了哪项指令、与客服人员的交流信息等大数据。彭博社的记者登录系统以后，可以查询用户的使用信息。为了方便记者查询，系统利用不同颜色表征用户的登录状态——在线且活跃为绿色、在线但并未使用为黄色、离线/未使用为红色。这样，记者就可以看到客户上次登录时间、花了多长时间查看公司债券交易或股票指数，等等。

这就揭示了彭博社能够战胜路透社的秘密。假设，在 2008 年国际金融危机中，华尔街一位重要的基金经理很长时间没有登录彭博终端，彭博社的记者就可以顺藤摸瓜，通过进一步搜索该基金经理经手的业务，判断下一块倒下的“多米诺骨牌”可能是哪家金融机构。彭博终端基于大数据的新闻报道成了它战胜老牌传统媒体的秘密武器。

2013 年，彭博香港站的一位记者为证实某位高盛高管是否离职，前往高盛采访，并表示留意到他已经很长时间没有登录彭博终端了。该高盛高管在震惊之余终于惊讶地发现，办公室里那套昼夜不停的彭博终端系统竟能如此完整记录下他们的个人信息。据 CNBC 的报道，这种数据获取行为甚至还渗透至政界。一位彭博前员工曾查看过美联储主席本·伯南克和美国前财政

---

① 彭博和布隆伯格是英文 Bloomberg 的两种不同音译方法，在中文媒体中约定俗成地把创始人的名字译为布隆伯格，而把该新闻社和其新闻终端产品译为彭博社和彭博终端。

部部长盖特纳的彭博终端使用信息。

一时间，华尔街一片哗然。

然而，接受《第一财经周刊》采访的多名银行员工和私募基金人士中，没有一个人表示将因此弃用彭博终端。因为无论公司内部的同事还是公司外部的客户，都在使用这一交易平台。在这个市场上，彭博终端没有对手。金融交易须臾离不开金融数据，相关人员实际上别无选择。

2. 中国知网

与彭博社的“窥探门”类似，2021 年，中南政法大学教授赵德馨发现，他从中国知网（简称“知网”）下载自己的论文也需要付费，遂起诉了中国知网。①

中国知网创办于 1997 年 8 月，曾因为学术期刊不肯提供论文的电子版内容雇用了大批打字员，依靠手工录入建立起最早的学术论文数据库。随着用户使用量的增加，知网基于平台上记录的用户访问、下载、引用等大数据，开始对外提供论文下载数、论文引用数、期刊引用指数等指标。

当这些伴随用户使用过程自动采集、似乎“毫不费力”获得的量化指标被教育行政部门和高校采纳，成为评价高校、期刊、个人成果的绩效指标时，知网的发展迎来了转折点。各家学术期刊纷纷主动以极低的版权使用费为知网提供论文的电子数据，没有竞争对手的知网开始逐年提高订阅费用。在知网创立 20 多年后，后知后觉的用户才开始提出抗议。在赵德馨教授状告知网的诉讼中，知网败诉，赔偿并下架了原告的 100 多篇论文。然而，这个判决引起了一个意想不到的结果：论文的下架变相导致了对作者学术发表的“封杀”，结果又被批评是一种“平台霸权”。

彭博社的“窥探门”和中国知网的争议凸显了两个值得深思的问题：

---

① 《89 岁教授赢了官司后论文被下架》，光明网，https：//m. gmw. cn/baijia/2021 - 12/11/1302716025. html。

第一，用户在使用网络应用过程中生成的大数据，正在变成一种社会治理的数据基础，并挑战和正在改变一系列传统的社会治理规则。第二，15世纪以来，由印刷商的出版特许权演变而成的知识版权制度，在互联网时代正在遭遇新的问题和挑战。在互联网营造的传播生态环境下，个人隐私的边界和学术出版的权利边界都需要重新界定和调整。

五 Palantir 反恐软件

2011年11~12月，彭博社《商业周刊》封面报道了有关 Palantir 反恐软件的新闻，它用一个虚构故事介绍了反恐软件的巨大威力。

> 10月的一天，外国人迈克-法迪亚买了一张从开罗到迈阿密的单程机票，并在迈阿密租了一套公寓。几周前，他刚从一家俄罗斯银行提取了一大笔钱，还频繁地拨打叙利亚的电话。他租了一辆卡车，开往奥兰多，去了迪斯尼乐园，在拥挤的广场和出口处不停地拍照。
>
> 单独来看，法迪亚的每一个行为都很正常，不会引起情报人员的怀疑。一张超速罚单激活了 CIA（联邦调查局）的 Palantir 软件系统，一个分析师把法迪亚的名字输入数据库，这个数据库的资料浩如烟海，里面有 CIA 开罗办事处收集到的法迪亚的指纹和 DNA 样本，还有他在迈阿密取款的录像以及电话记录等。所有这些信息被整合起来，一个预谋已久的恐怖活动浮现在人们眼前，CIA 根据这些分析，立刻采取行动，提前阻止了一场恐怖袭击。①

Palantir 的创业团队来自 PayPal 的创始团队。1998年创立的 PayPal 是世界上第一个在线支付工具，不仅受到消费者和商家的欢迎，而且被犯罪分子盯上了，他们利用 PayPal 进行洗钱和诈骗。后来，PayPal 的工程师开发

---

① The Company that Sees Everything, Bloomberg Businessweek, 2011-11-28. 转引自新浪财经《反恐秘密武器 Palantir》,（2011-12-01）［2023-08-26］. https：//www. fx361. com/page/2011/1201/14225. shtml。

了一套软件，将资金转移和过去交易记录的大数据相互匹配，建立起数据链，这样分析师就很容易找到并冻结可疑的账户。这项技术为 PayPal 挽回了数千万美元的损失。

2002 年，eBay 收购了 PayPal；2003 年，PayPal 的联合创始人皮特·泰尔（Peter Thiel）注册成立了 Palantir 公司。皮特·泰尔用托尔金《指环王》中能够看见过去和未来的“水晶球”的名字命名了这家初创公司。他将 Palantir 的使命定义为“减少恐怖主义，维护公民自由”。

毫无疑问，Palantir 是世界上最领先的大数据平台公司，它所拥有的数据质量和分析技术，为美国反恐事业做出了重要的贡献。美国在阿富汗的反恐行动中，就使用 Palantir 的精准数据分析，形成了新的小团队作战模式。美国国家失踪儿童救助中心利用 Palantir 破获儿童拐卖案件，确认了罪犯并最终解救了儿童。世界 500 强企业也利用 Palantir 软件识别和防止最新流行的财务骗局。

Palantir 公司曾表示，公司不会寻求上市，担心上市后会被迫公开公司的秘密业务，影响企业发展。但是，Palantir 最终还是于 2020 年 9 月 30 日在纽约证券交易所上市，成为一家公开发行股票（Public）的公司。

今天人们常常说，数据是知识经济的“石油”。在这里，“石油”仅仅是一个比喻，数据显然不是能源，不是动力，也不是原材料。什么是有价值的数据？数据有什么作用？数据能做什么、不能做什么？Palantir 是一个值得深入分析、思考的样本。

第三节　数字时代的新知识版图

在互联网时代，知识产业变革的第一个阶段仍然是“新瓶装旧酒”。2000 年中国教育部启动的“新世纪网络课程”（被称为“教材搬家”），2003 年前后，网络教育试点学院在实践中探索出的“三分屏课件”（被称为“课堂搬家”），2007 年前后启动的、以录制视频为主要构成要素的精品课程[①]，都属于“新瓶装旧酒”的变革，即把旧媒介的内容“装进”互联网新媒介。

21世纪以来，国内外经过20多年多方位的探索，特别是随着ChatGPT的横空出世，互联网带来的知识产业变革、教育变革已经进入“新瓶酿新酒”的阶段，在01二进制符号、芯片、互联网这一组新的“硬”技术基础上，正在形成一套表达、组织和探究知识的新的“软”技艺，为“世界3：客观知识世界”带来了一套全新的“通用框架方法”。

一　数字时代知识大厦的新地基

从口传时代的吟诵诗歌，到古希腊手工抄写基础上的“自由七艺”（Liberal Arts），再到印刷技术时代拉米斯主义新修辞、新逻辑课程和数学的大发展，每当媒介“硬”技术发生变革的时候，总会相应地诞生一套新的“软”技艺，成为学术研究者探究知识的工具，也是学习者首先需要掌握的学习人类积累的经验和智慧的基本素养（Literacy）。

当知识大厦的硬件基础从印刷技术时代的文字/数字/图、人造纸、印刷机变为数字媒介时代的01二进制、芯片、互联网的时候，从事知识劳动和学习的数字“软”技艺出现了。打造这套数字“技艺”的现代哲学家，就是包括唐纳德·克努特（Donald E. Knuth）、赫伯特·A. 西蒙（Herbert A. Simon）和蒂姆·伯纳斯-李（Tim Berners-Lee）在内的“人工智能之父”。

唐纳德·克努特是1974年的图灵奖得主，他父亲拥有一家小型印刷公司并教授簿记。克努特创造了Computer Modern系列字体，是TeX计算机排版系统创造者，还编写了《计算机编程的艺术》（*The Art of Computer Programming*）系列教材。在计算科学发展的早期，要“用一张打孔卡上的

① 郭文革：《中国网络教育政策变迁：从现代远程教育试点到MOOC》，北京大学出版社，2004，第150+164+165~169页。

程序完成尽可能多的任务”、要为一台仅有4096个字内存的小型计算机编写编译器，的确需要程序员有高超的“技艺”，他们是真正的编程艺术家（programming artists）。

唐纳德·克努特获奖后在“图灵讲座”上发表了《作为一门艺术的计算机编程》（Computer Programming as an Art）的报告。[①] 在报告中，克努特分析了Art一词的拉丁词根和希腊词根的含义，描述了Liberal Arts的历史变革。更重要的是，他为我们介绍了计算机发明的早期阶段，硬件设计师（Computer Hardware Designers）、软件设计师（Software Designers）、字体设计师、语言设计者（Language Designers）怎样打造出数字时代的“自由技艺”。开放系统互连模型（Open System Interconnect，OSI）就是数字时代的文法和修辞基础。赫伯特·A. 西蒙在“图灵讲座”上表示，这样的符号和搜索机制，奠定了人工智能的基础。[②]

在数字文法和修辞的基础上，知识生产、表征与传播都呈现一系列的新特征。

1. 数字媒介与新的知识表征、组织方式

就像“卷”从莎草卷、羊皮卷等物理对象，变成上卷、下卷这样的量词一样，“页”也正在从一个指称“印刷书页”物理实体的概念，变成了一个网上的内容单元“网页”。通过比较“页”和“网页”的差别（如表6-2所示），就可以分析印刷技术媒介和互联网在内容表征和组织方面的不同特性[③]。

---

① Donald E. Knuth, Computer Programming as an Art, *Communications of the ACM*, Vol 17, Number 12, 667-673.

② Allan Newell, Herbert A. Simon, Computer Science as Empirical Inquiry: Symbols and Search, *Communications of the ACM*, Vol 19, Number 3, 113-126.

③ 郭文革：《在线教育研究的真问题究竟是什么——“苏格拉底陷阱”及其超越》，《教育研究》2020年第9期，第146~155页。

表 6-2　页与网页的差别

	页（Page）	网页（Webpage）
含义	物理空间：有天有地有边	一个内容单元：1000 字，或 10000 字，都是一个网页
内容表达要素	1. 文字、图、表等静态表达元素； 2. 色彩，在印刷书上，多色套印成本比较高，颜色主要作为装饰性元素	1. 文字、图、表等静态表达元素； 2. 色彩，大量使用，例如经济统计数据的动图中，用不同国家国旗的颜色，作为动图中的典型表达元素； 3. 声音元素：网页中可以插入一段音频作为表达元素； 4. 视频元素：网页中可以插入视频表达元素； 5. 交互动作按钮元素：网页中还可以插入测验、作业、讨论等交互组件，或者游戏中的交互按钮等； 6. 虚拟现实（VR）：3D 空间建模，以及与虚拟对象的动态交互等
内容组织结构	1～XXX页，线性结构	超链接结构

纸书的“页”是一个“有天有地”的、狭小的物理空间，它只能呈现文字、图、表等静态表达元素；受成本制约，色彩主要起点缀的作用，不是主要的内容表达元素。纸书用一页一页的线性结构来编排和组织内容。

“网页”则是一个可以用鼠标上下滚动阅读的内容单元。在微信订阅号中，无论文章长达 1000 字，还是长达 10000 字，都是一个网页。网页不仅可以嵌入文字、图画、色彩等静态视觉表达符号，还可以嵌入音频、视频等动态表达要素，以及 VR、游戏等带有交互功能的表达元素，不仅如此，网页中还可以嵌入测验、作业、讨论等交互组件。网页采用超链接的方式，以网状结构来编排、组织内容。

网页带来全新的表达元素和表达结构意味着，与口传时代的史诗、手工抄写时代的探究式对话、印刷技术时代的科学文本和教材、电子媒介时代的音乐和影视相类似，互联网正在催生一种全新的数字修辞手段。从目前出现的新型表达形态来看，游戏和 VR 是最能体现数字媒介时代表达修辞特征的一种新型文体。

这种新的知识表征和组织结构，也为知识劳动者改变原有的知识表征方式和组织结构、探究新的表征真实世界的方法及为事物建模的方法，提供了创新的空间。

2. 新型学术共同体："非亲临现场"的大规模合作

互联网带来的"非亲临现场"的大规模人类合作，不仅引起了制造业、零售业的流程重构，也正在改变全球学术共同体的合作方式，在知识生产、探究和数据汇集等方面重构世界学术共同体的合作版图和组织结构。

（1）斯坦福哲学百科全书（*Stanford Encyclopedia of Philosophy*）。

斯坦福哲学百科全书创建于 1995 年 9 月，版权属于斯坦福大学语言和信息研究中心"形而上学实验室"［The Metaphysics Research Lab，Center for the Study of Language and Information（CSLI），Stanford University］。这是一个由世界各地的权威哲学家共同撰写和维护并经过编辑团队审核发布的网上正式出版物。截至 2022 年 8 月，斯坦福哲学百科全书已经累计撰写和维护了 1774 条在线条目，其中包括哲学家、哲学概念、各国哲学流派等，每月有超过 100 万的页面浏览量。美国图书馆协会的书单评论（*The American Library Association's Booklist Review*）称其在涵盖范围、深度和权威性方面可与印刷品中最大的哲学百科全书——Routledge 和 Macmillan 的 10 卷本哲学百科相媲美。该百科全书已经成为世界哲学研究领域一个重要的被引用数据来源。

斯坦福哲学百科全书在更新频率、内容时效性、条目和容量的可扩展性、内部的交叉引用链接、降低制作发行费用、采纳新工具和新表征语言、记录每一个词条的访问状况等方面，大大超越了 18 世纪狄德罗等人开创的百科全书事业。项目主页上的声明系统地描述了斯坦福大学的哲学家们对百科全书发展史，以及从纸媒到数字媒介变革中人类知识表达、更新、发布的系统思考。

（2）以维基百科为代表的大规模在线协同编辑。

维基百科创建于 2001 年 1 月 15 日，它是一个利用大规模在线协同编辑软件，由分布在世界各地不同语种的用户以众包（crowdsource）的方式撰写的一部百科全书。这种群体参与、由用户生产内容的模式被称为 Web2.0 应用。经过 20 多年的发展，维基百科已经形成了一套完善的内容编辑审核机制，对词条引用的内容进行审核。现在，无论创建还是修改词条，都要经历严格的申请和审核，一篇维基百科文章审核的时间长度从 3~6 个月不等。

与印刷技术时代的大英百科全书不同，维基百科的编写格式充分体现了表 6-2 所示的网页的表征特征，图文并茂，特别充分发挥了超链接的作用，形成了一种网状的内容组织结构。每一条维基百科词条都包含 3 种超链接：第一，词条内容中相关概念、事件的超链接。读者在阅读过程中，遇到陌生的概念和事件，就可以通过超链接无缝地访问和学习相关概念。第二，References、Bibliography 两栏的超链接。为读者提供了不断更新的参考文献。第三，External Links 栏目的超链接。介绍了这个前沿交叉领域的相关机构、相关项目和相关学者。

维基百科的词条相当于把纸媒生态下的“百科全书”词条、期刊数据库、搜索引擎中的多重检索整合到了同一个页面里。使维基百科成为初学者、新问题的研究者阅读和研究的入口（Entry），是一个随时可以访问的互联网上的“知识地图”。在一些教科书价格昂贵的国家，为了减轻学生负担，维基百科还充当了学生在线学习的“入口”，起到了准教材的作用。

为了统一风格，维基百科提供了一个包含丰富语义结构的文档格式，包括 Infobox、Table、List、Category 等栏目，普通用户看到的是屏幕上的文字、图片等内容；软件工程师则可以调用词条的 HTML 文件，利用文档格式标记，研发人工智能的实体抽取和内容分析等应用。人工智能领域的 Yago、DBpedia 和 Freebase 等开放知识图谱都是从 Wikipedia 中抽取实体和关系等构建的开源知识图谱应用。维基百科还是 ChatGPT 的重要知识内容来源。现在，维基百科和斯坦福哲学百科全书等，已经成为互联网上最有价值的数字知识资产。

（3）大规模国际科研合作平台。

“非亲临现场”的合作方式正在改变传统学术研究的合作规模和合作方

式。最典型的案例就是人类基因组计划（Human Genome Project）①。

人类基因组计划是一项国际科学研究项目，其目标是确定构成人类DNA的碱基对，并从物理和功能角度对人类基因组的所有基因进行识别、绘图和测序。该计划于1990年启动。依靠计算机技术的辅助支持，这项庞大的测序工程由美国、英国、日本、法国、德国和中国等地的20所大学和研究中心合作完成，于2000年6月26日完成了基因草图，2003年4月14日公布了基本完整的基因组，比原计划提前了2年。

由6个国家的大学和研究中心合作完成的人类基因组计划，可以对标2000多年前，亚里士多德组织的人类历史上第一次大规模学术研究。不同的是，亚里士多德和他的学生是手工抄写搜集口传时代的材料，而数字媒介时代的人类基因组计划则依靠网络作为数据传输、成果分享、合作的协作平台。

（4）知识“集散”体系的变革。

过去300多年来，科学研究成果的发布和传播一直依赖投稿、审稿、编辑和印刷出版这一套机制，论文中充满了专业术语、缩略语，还形成了独特的论文文体。随着互联网的发展，网页中可以嵌入动态画面、音频、视频和其他图形，文献的引用也开始采用超链接等新索引形式，“预印本”平台的出现、开放存取的在线期刊（Open Access，OA）的快速发展，以及新的CC（Creative Commons）知识共享版权协议等，正在重构互联网生态下的科学研究成果的分享和交流环境。

为了加快人工智能、机器人、无人驾驶等前沿科技领域知识的传播，计算机科学领域加大了会议论文的评价权重，以缩短论文审核周期，加快知识的发表和流通。在病毒学领域，医学领域预印本平台MedRxiv和生命科学预印本平台BioRxiv已经成为最新成果的集散中心。世界各地的医学、生物学研究者纷纷将最新研究成果发布到这两个预印本平台上，世界各地的学者和

① Wikipedia, Human Genome Project, https://en.wikipedia.org/wiki/Human_Genome_Project.

医生不断访问这个平台，了解最新的科技进展。预印本平台成为前沿知识快速传播的集散中心、发布中心和学习中心。它也展示了在数字时代，未来世界知识传播、流通的一种新架构。

在线开放存取（Open Access）期刊的大量涌现，不仅缩短了论文的发表周期，还促进了学术成果的多样化。以数字教学法研究为例，2011 年以来，美国创建了多个专门刊登教学大纲、教学活动等“教学构件”类短论文的开放存取期刊，这类短论文篇幅为 2～6 页，简洁明了地介绍一个教学大纲或者学习活动设计的内容，供其他教师借鉴和引用，为教学学术研究提供了发表空间和引用机制，有效推广了数字教学法的研究并提高了效率。

在未来，谁拥有更多的知识集散节点，谁就会在知识经济的竞争中获得更大的收益。这同时也提醒我们，为了全人类的福祉，需要建立一系列关于知识产权、分享和公平使用的新规则。

（5）数据采集的新范式——大数据。

伊丽莎白·爱森斯坦曾说过：传播革命（无一例外地）使科学数据的采集建立在一个全新的基础上[①]互联网也不例外，它正在以新的数据采集方式对传统的学术研究范式提出挑战。

在互联网出现以前，学术研究的数据（如观察记录、问卷和访谈）一直依赖手工记录，即使使用问卷星、iPad 等工具，也没有改变学术研究数据依靠事后（脱离情景的）手工采集的本质。互联网出现以后，人们在网上聊天、购物、搜索、游戏的场景下留下的轨迹被软件自动、连续地记录下来，形成了一种基于场景的“大数据”记录。大数据的本质是人们在使用各类网络应用进行日常生活、工作、学习和社交活动时，由系统同步、自动、连续采集和积累形成的数据集。手工调查问卷采集的数据与互联网系统同步、自动、连续记录的大数据之间，存在 6 个方面的差别（如表 6-3 所示）。

---

① 〔美〕伊丽莎白·爱森斯坦：《作为变革动因的印刷机：早期近代欧洲的传播与文化变革》，何道宽译，北京大学出版社，2010，第 234 页。

表 6-3 问卷数据与大数据的差别

	问卷数据	大数据
采集场景	脱离场景	在场景中采集
采集哪些数据	研究者设定数据项	在业务流程中记录
采集时点	事后	同步
采集方式	手工	自动
数据采集密度	离散	连续
数据特征	结构化数据	非结构化数据

由此可见，大数据的重点不在于数据量“大”，它是一种对人类行为的动态、连续记录。这样产生的大数据从维度、数据量上，已经无法被套进社会科学传统理论、模型的分析框架，因而被认为是一种“非结构化数据”。这种非结构化数据更全面地记录和反映社会作为一个动态系统的特征，对原有偏静态的、离散的社会科学理论框架提出了挑战，要求社会科学研究突破原有的概念框架和分析方法，进行学术研究范式的创新，以真实地描画社会动态系统的本来面目。

3. 人工智能：一种数字媒介时代的“软”技艺，一种“次生智能”

自文字发明以来几千年的时间里，知识被记录在纸张上，智能在人的脑子里，两者之间一直泾渭分明。20 世纪末以来，当数字媒介技术把口语、文字、数字、图片、视频等所有表意符号变成 01 二进制符号存储在芯片上时，知识开始像人一样具有了自主应答能力，人工智能诞生了。

在数字媒介出现以前，纸张、广播电视等技术都不具有分拆语词、重组语词的功能。计算机发明以后，在早期 DOS 操作系统时代，ABCD1234 每一个符号都对应一个 ASCII 码，即一个 8 位 01 二进制串。后来，为了解决全球不同的文字（特别是中文象形文字）以及视觉符号的信息化问题，又制定了 Unicode 字符集标准，全球每一种文字符号都有了唯一对应的 Unicode 编码。为了解决声音、图片、视频等内容的信息化问题，先后开发了 mp3、gif、mp4、mkv 等文件格式，作为多模态内容存储的标准格式。

当原始智人发明的口语词，手工抄写时代希腊哲学家创造的概念和范畴，印刷技术时代的数字、公式、地图、解剖图等，电子媒介时代的音频、视频以及人类基因组信息等，都被装进互联网这个“新容器”中时，如何组织、处理这些不同模态、不同语言、不同学科的内容？信息科学研究者提出了一种表征、组织“世界3：客观知识世界”的新“本体”。维基百科的解释是①：

> 在信息科学中，本体包含属于一个、多个或所有主题领域的概念、数据或实体的类别、属性和相互关系的表征、命名和定义。简单地说，本体是通过定义一组表示该主题领域中的实体的术语和关系表达式来显示该主题领域的属性以及它们相互关系的一种方式。有时也被称为“应用本体论”。

现在，我们有了三种本体（Ontology）：第一，大自然“从不言说”的本体。第二，人类用符号为物理世界建模，表征的一种“认识论中的‘本体论’”。第三，信息科学领域的“本体”，对“世界3：客观知识世界”中的概念、关系进行表征和组织的一种内容管理体系，是人工智能的基础。由此可见，人工智能与Liberal Arts类似，是在数字媒介生态环境下出现的一种从事知识劳动的新技艺。

人类从口语词和希腊哲学开始，创造出来的一个个语词、定义、对话录、逻辑学、算术、几何、物理概念、物理方程式、人类基因组信息等，都被转化成01二进制符号串，并“装进”了互联网这个“新容器”中，出现了人脸识别、机器翻译、语音识别等人工智能应用。国际象棋和围棋虽然复杂，但也都是由人类设计出来的有着清晰规则的游戏，可以用01二进制符号表征出来，并按照游戏规则进行计算和对弈。

ChatGPT的自然语言生成相对复杂，但如果没有人类创造、贡献的那些

---

① Wikipedia，Ontology（Information science），https：//en.wikipedia.org/wiki/Ontology_(information_science).

语词、百科全书、图书等，它也不可能生成与人的 Chat（对话）。ChatGPT 更像中世纪拉丁学校里手捧《句子集》学习拉丁修辞的学生，或中国早期“熟读唐诗三百首，不会作诗也会吟”的秀才，用背和熟记的前人创造的语词、成语、逻辑修辞等来说话和写文章。由于人类积累的语词、文本和知识都以 01 二进制符号的形式汇集在互联网这个“容器”中，ChatGPT 可以选取和建立语料库，对语言进行拆分、标注；然后通过神经网络、对齐（Align）、转换（Transformer）、预训练等算法对人类语言进行统计分析，并按照用户给出的提示词，生成一种自然语言表达。

本书第三章在梳理希腊书面语的形成过程时，介绍了书面语的三种修辞文体：用语言讲述虚构故事；用广告和政治演讲等说服他人；把语言作为追求真理和探究知识的工具。从语言的这三种功能来看，ChatGPT、Midjourney 等生成性人工智能在创作虚构故事方面表现最好；在探究知识方面表现最差。如果把人类创造语词和概念的能力称为人的“原生智能”（Primary Intelligence）的话，人工智能在“世界 3”范畴内，对人类创造的语词、修辞和话语语料的分拆和重构所生成的自然语言表达，就是一种“次生智能”（Secondary Intelligence）。唐纳德·克努特在“图灵讲座”上表示，人工智能虽然取得了重大进展，但是“人们在说话、聆听、创造甚至编程时所获得的神秘洞察力（the Mysterious Insights）仍然超出了科学的范围”，在可预见的未来，人工智能与人的智能之间仍然存在巨大差距。

因此，尽管大众传媒喜欢用“AlphaGo 战胜李世石、柯洁”这样耸人听闻的标题，把人工智能与人的智能相提并论，但本质上，人的智能与人工智能不是同一个范畴的事物，人工智能是一种“世界 3”范畴的技术。

4. 数字媒介时代知识大厦的新地基——通用框架方法

综上所述，在 01 二进制符号、芯片、互联网这一组“硬”技术的基础上，正在出现一系列有别于印刷技术时代的、从事知识劳动的新的“软”技艺，它们共同构成了数字媒介时代生产、表征和传播知识的“通用框架方法”，这是数字时代知识大厦的新地基，如图 6-3 所示。

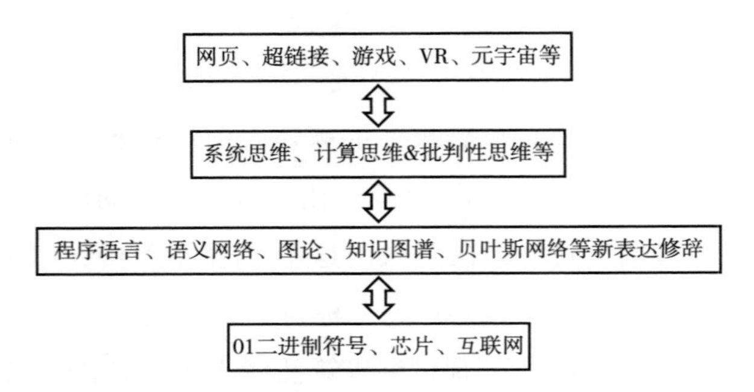

图 6-3　数字媒介时代的“通用框架方法”

经历了数千年的媒介技术变革和知识的不断增长，人类创造的“世界3：客观知识世界”已经从第二章口语知识“容器”中那三条关于植物的知识，发展到数字时代由数字教科书、期刊数据库、法律法规数据库、地图数据库、新闻媒体数据库、视频精品课、维基百科、社交媒体信息、WebText2等大语料库以及数字图书馆 Book1、Book2 等构成的，庞大而复杂的“数字化”的客观知识世界，如图 6-4 所示。

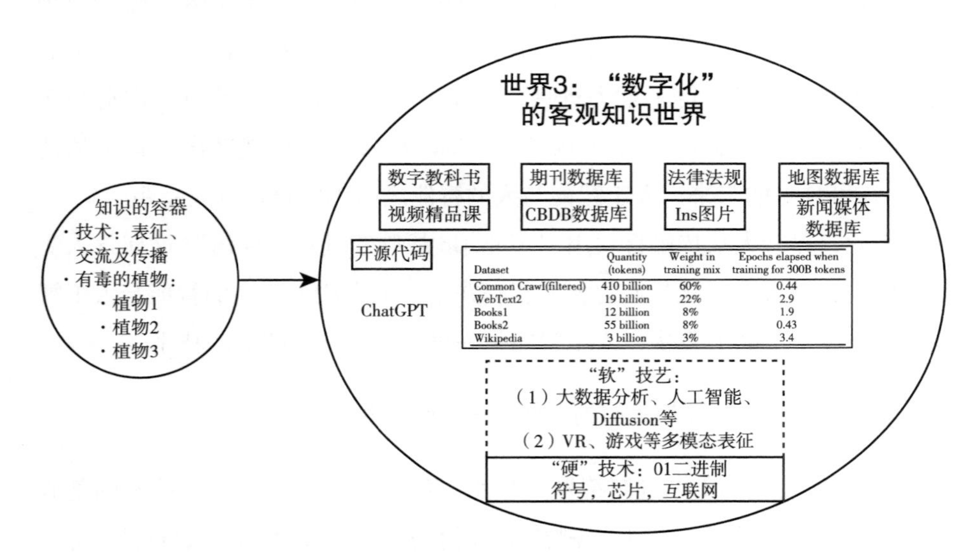

Dataset	Quantity (tokens)	Weight in training mix	Epochs elapsed when training for 300B tokens
Common Crawl(filtered)	410 billion	60%	0.44
WebText2	19 billion	22%	2.9
Books1	12 billion	8%	1.9
Books2	55 billion	8%	0.43
Wikipedia	3 billion	3%	3.4

图 6-4　从口语到数字媒介：“世界 3：客观知识世界”的演变

从口语发明到现在，对于人脑的“智能机制”是如何运转的，我们仍然所知甚少[①]。而依赖口头语言、文字和手工书写、印刷技术、电子媒介和数字媒介等外在“技术装置”创立的“客观知识世界”却发生了巨大的变革，它是人的智能增长的主要来源。

人类如何驾驭这个复杂的、可能存在内在矛盾冲突的庞大的知识体系是人类发展面临的一个巨大的认知难题，也是教育数字化变革面临的一个巨大的挑战。

二 对传统知识体系的重新检视

人类历史上每当出现媒介技术变革时，“新媒介”都会给建立在“旧媒介”基础上的老知识体系带来一次“降维打击”。在口传到手工抄写的变革中，当“反复阅读”取代了“开口即逝”的时候，希罗多德的《历史》取代了神话史诗创建了新的历史研究范式。15~16世纪，在手工抄写到印刷技术的变革中，当精心编辑、校对及精准批量印刷的图书取代了“错漏百出”的手抄书稿时，出现了文艺复兴和科学革命，科学精神取代了中世纪经院哲学成为近现代知识体系的基础。从历史变革的规律来看，20~21世纪出现的这一场数字技术变革，也将给印刷技术时代形成的知识体系带来一次“降维打击”式的调整和修正。

会出现这样一场知识体系的重构吗？尽管人工智能已经带来了超出想象的震撼，但是，要说近现代建立起来的这套知识体系中，可能存在一系列本质性的问题和错误，这仍然是让人难以理解、难以接受的。

笔者发现，近现代形成的这套知识体系至少存在四个方面的问题：第一，印刷出版无法避免的疏漏；第二，学科分化带来的知识危机；第三，思想史的“盲区”；第四，从“长时段”知识变革史来看，存在的“内生性”、“重复性”的“伪”理论创新。

---

① 在本书即将完成之际，2023年8月22日，Nature官网报道说，欧盟斥资6亿欧元开展的“人类大脑计划”，未能完成预期的目标，将于9月结束。这表明，人类对于人的大脑和智能，仍然所知甚少。

1. 印刷出版无法避免的疏漏

15 世纪中叶以来，在印刷技术生态环境下逐渐形成了“三审三校”的编辑模式。精准、批量复制的出版工序，保证了同一批次印刷的每一个副本的内容、版式、页码都是完全相同的。在图书标准化印刷的基础上，又逐渐形成了现代学术研究中文献引用的一系列规范。这种标准、规范使图书所承载的知识内容赢得了尊重和信任。当两个人的学术观点产生分歧时，经常引用权威图书的内容作为证据，来支持自己的观点。

印刷图书当真那么权威，没有错误吗？仅以笔者在撰写此书过程中，核实《作为变革动因的印刷机：早期近代欧洲的传播与文化变革》中一个错误的过程为例，分析印刷出版模式无法避免的疏漏。

《作为变革动因的印刷机：早期近代欧洲的传播与文化变革》是美国著名的传播学者伊丽莎白·爱森斯坦花费 15 年时间呕心沥血写出来的，是举世公认的研究印刷技术变革的权威名著。全书 70 万字 790 页，2046 条注释，很多注释超过了 1000 字。书中谈及的人物和事件涵盖古希腊哲学家、中世纪经院主义哲学家、16 世纪人文主义学者、宗教改革、科学革命、著名的手抄书商人、著名的印刷商、字钉设计师；还有早期的文艺复兴研究者对文艺复兴的评述，20 世纪下半叶出现的新文艺复兴研究者对文艺复兴的评述，新研究者对早期研究者的批判以及爱森斯坦本人对早期研究者和新研究者的批判——认为他们都没有给予印刷技术足够的重视。此书人物数量繁多，叙述线索纷繁复杂。

此书中文译本于 2010 年由北京大学出版社出版，笔者于 2011 年购得此书，那一串串陌生的人名、历史事件和名词术语让笔者数次展卷又数次放下。过了 4 年多，才硬着头皮读了第一遍，真是值得“硬啃”的好书。随后，为了激励自己深入挖掘，笔者将此书设计成研究生课的阅读活动，引导学生一起“拆”书，对书中的人名、事件进行了一遍又一遍的查询和梳理，在书上做了密密麻麻的标注。撰写本书的 3 年中，此书一直被放在案头。为了方便查询，笔者还搜集了此书的英文稿和中文电子稿等。当你对这样一本卷帙浩繁的名著熟悉到这个程度的时候，那一系列复杂线索下的张冠李戴、年代错误才会“现身”。

书中有一处引用：

> 1543 年，约翰·开普勒证明行星绕太阳而不是绕地球运行时，他开创近代天文学的论著销售得如此之慢，以至于在 23 年之内都不必重印。[①]

开普勒生于 1572 年，此处应为尼古拉·哥白尼。爱森斯坦没有指出这一错误，在她一圈套一圈佶屈聱牙的论战和辩驳中，并没有指出这是一个错误。那么，这一处错误到底是谁的错？是译者的错、爱森斯坦的错，还是爱森斯坦引用的原作者的错误？笔者查询了哥白尼、开普勒、天体运行论等词条，还幸运地在网上下载了爱森斯坦引用的那本书，由大都会艺术博物馆版画部的部长 A. Hyatt Mayor 撰写的 *Prints and People*：*A Social History of Printed Pictures*[②] 的 pdf 版电子书，一路查询过去，才发现这是 A. Hyatt Mayor 的错，更确切地说，是他所选用的一幅版画的标注错误。

Prints and People：*A Social History of Prmted Pictures* 是 1971 年出版的，作者 A. Hyatt Mayor 是版画研究专家，不是科学史家。伊丽莎白·爱森斯坦的 *The Printing Press as an Agent of Change* 是 1979 年出版的，第一台 IBM PC 是 1981 年问世的。因此，A. Hyatt Mayor 和伊丽莎白·爱森斯坦当时写作的时候，使用的一种最重要的工具是卡片。作者需要在图书馆里，登高爬低，一幅一幅版画、一个个画家仔细地去搜集资料，然后制作成记录卡片。在这样的工作条件下，作为版画专家的 A. Hyatt Mayor 未发现一幅早期天文学版画上张冠李戴的标注，是“无法避免的疏漏”。相比之下，笔者坐在书桌前，通过互联网就查到了哥白尼、开普勒、天体运行论的相关资

---

① 〔美〕伊丽莎白·爱森斯坦：《作为变革动因的印刷机：早期近代欧洲的传播与文化变革》，何道宽，译，北京大学出版社，2010，第 383 页。

② Mayor A. H.，*Prints and People*：*A Social History of Printed Pictures*. New York：Metropolitan Museum of Art，1971.

料，还幸运地找到了 *Prints and People* 全本电子书。那一刻，面对电脑，笔者陡然产生了一种独自坐拥一座“亚历山大图书馆”的幸福感和畅快感。因此，笔者对 A. Hyatt Mayor 的错误充满了同情和理解，没有一丝抱怨。这种心情，没有写过大部头的人是很难体会的。

类似的错误还有几处，经多方材料相互验证，确定是译者的错误。译者在“译序”中表述了翻译此书的艰难。编辑为什么没有发现这些细微的错误？想一想，笔者作为一个专业的研究者，读了这么多年，读了这么多遍，才能在写书的过程中，发现这些细微的错误，非专业的图书编辑，又怎么可能在几个月的审校过程中，完全杜绝这类细微、专业的错误呢？要解决印刷出版中存在的这类“无法避免的疏漏”，可能还是需要借助人工智能的“对齐”技术，这还有很长的路要走。

2. 学科分化带来的知识危机

19 世纪以来，随着学科专业化的兴起，新专业和新学科大量增加，导致知识体系内部沟壑林立，出现了“学术部落化”的现象。在分科、专业化教育的机制下，没有一个人能了解、掌握全部的人类知识，这个知识体系存在失控的隐忧。

对于分科知识体系存在的问题，1936 年，德国哲学家胡塞尔在《欧洲科学的危机》中，表达了对科学知识的担忧。1959 年，英国科学家和文学家查尔斯·斯诺（Charles P. Snow）出版了《两种文化》[①]，认为文学知识分子是天然的“卢德派”，他们敌视科技革命的成果。20 世纪末，《科学美国人》的资深撰稿人约翰·霍根（John Horgan）在访谈数十位知名科学家，目睹了他们对量子宇宙、弦论、虫洞、神经科学等的奇思妙想之后，他认为科学也陷入了如人文一样的困境，撰写了《科学的终结》[②]。这表明，尽管科学推翻了神话、推翻了中世纪的经院哲学，成为我们拥有的最可信的知识

① 〔英〕斯诺：《两种文化》，纪树立译，生活·读书·新知三联书店，1994。

② 〔美〕约翰·霍根：《科学的终结（修订版）》，孙雍军、张武军译，清华大学出版社，2017。

体系，但从“元认知”的角度来看，科学对自然世界的解释仍然是一种“认知论中的‘本体论’”，与“不能言说”的自然世界的“本体”存在差异，不等于绝对真理。

1996年发生的“索卡尔事件”[①]，进一步凸显了现代社会的知识危机。

1996年5月18日，美国《纽约时报》头版刊登了一条新闻：纽约大学的量子物理学家艾伦·索卡尔（Alan Sokal）向著名的文化研究杂志《社会文本》（*Social Text*）递交了一篇文章，标题是“超越界线：走向量子引力的超形式的解释学”。在这篇文章中，作者故意制造了一些常识性的科学错误，目的是检验《社会文本》的编辑在学术上的专业性。结果5位主编都未发现这些错误，也未能识别索卡尔在编辑们所信奉的后现代主义与当代科学之间有意捏造的联系，经主编们一致通过后，准备正式发表这篇论文。

谁料几周后，索卡尔宣称，这篇文章是自己策划的恶作剧。文中引述的后现代主义理论是从拉康、克里斯蒂娃、德勒兹、让·鲍德里亚等后现代学者的著作中抄来，然后“搅和”在一起的。它们相互矛盾，毫无逻辑。索卡尔讽刺他们的行文中充斥着毫无意义的“高度密集的科学和伪科学术语”。

“索卡尔事件”在知识界引发了持久的影响，它不仅是对后现代主义的批判，也进一步凸显了学科分化带来的文化撕裂和知识危机。

3. 思想史的“盲区”：某种智力上的懒惰

马克思在《德意志意识形态》中，曾批判黑格尔的“仅仅考察概念的前进运动”[②]的历史哲学，开创了从生产方式变迁入手，研究人类社会发展与变革的历史唯物主义传统。然而，“仅仅考察概念的前进运动”不仅是黑格尔的问题，也是马克斯·韦伯和托马斯·库恩的问题，本书第四章对两位学术权威的研究进行了分析和批判。剑桥大学人类学家、世界著名的早期口

---

① Wikipedia.，Sokal Affair，https：//en.wikipedia.org/wiki/Sokal_ affair.

② 马克思，恩格斯：《马克思恩格斯全集（第三卷）》，人民出版社，1960，第55页。

传文化的研究者杰克·古迪曾在一篇访谈中说："用希腊人的'天才'或'心态'来解释他们的成功，这里面有着某种智力上的懒惰。要想打破他们那种任何东西都说明不了的循环论证，我们必须试图去发现创造了所谓'希腊奇迹'的因素。"①

"智力上的懒惰"的另一个著名的案例是关于启蒙思想和法国大革命的关系。提到法国大革命的根源时，人们自然而然会联想到那些启蒙思想的不朽名篇《论法的精神》、《哲学辞典》和《社会契约论》等，认为启蒙思想是法国大革命的思想源泉。1910年，法国文学史家、文学评论家丹尼尔·莫内尔（Daniel Mornet）对此产生了疑惑。莫内尔搜集了1750~1780年法国私人图书馆的拍卖目录，试图弄明白这一时期法国人真正阅读的作品是什么，并由此推断哪些作品影响了法国大革命期间法国人的思想。莫内尔建立了一个统计表格，结果发现，在所搜集的来自500个私人图书馆的2万部作品中，大部分与启蒙运动无关，其中只有1册让·雅克·卢梭（Jean-Jacques Rousseau）的《社会契约论》。新文化史的代表人物、哈佛大学教授罗伯特·达恩顿评论说，如此看来，"好像1789年以前，鲜少有人读过这部18世纪最伟大的政论、法国大革命的圣经"。法国大革命似乎不是"卢梭的错"，可能也不是"伏尔泰的错"。②

不仅启蒙思想与法国大革命，所有从思想史角度解释社会变迁的学说，都存在"某种智力上的懒惰"，都应该重新审核一遍。仔细梳理一下，思想怎样在真实的社会过程中形成，又经过怎样的传播网络、传播过程影响了社会公众。知识社会学的奠基人卡尔·曼海姆（Karl Mannheim）分析了社会过程（Social Process）与思想观念之间的关系。他批评知识分子缺乏"与生机勃勃、功能完善的社会阶层的直接接触"，"独居在书房里的研究和对印

---

① 玛丽亚·露西娅·帕拉蕾丝—伯克：《新史学：自白与对话》，彭刚译，北京大学出版社，2006，第23页。

② 〔美〕罗伯特·达恩顿：《法国大革命前的畅销禁书》，郑国强译，华东师范大学出版社，2012，第1页，参考了法语版维基百科莫内尔词条的内容，Wikipedia，Daniel Mornet，https：//fr. wikipedia. org/wiki/Daniel_ Mornet.

刷品的依赖使他们只能获得社会过程派生出来的观念”。[1] 这句略显刻薄的话，把思想观念看作“社会过程”派生的（副）产品，如此一来，再用“思想观念”去解释社会变迁，就成了杰克·古迪所说的“循环论证”，所以，“任何东西都说明不了”。

数字媒介正在对思想史“范式”提出挑战。互联网时代的学者只需要打开电脑，连接互联网，就可以访问百科词条、大型期刊库、大型学术数据库等，并可以借助一系列数字化的统计、分析和呈现的新工具在文本内、文本之间进行检索和比较，从而以更丰富的材料、更接近真实的动态模型重新为社会变革建模，从而分析社会变革的动态过程。这是数字媒介时代社会科学研究“范式”创新的方向。

4.“内生性”、重复性的“伪”理论创新

从“长时段”媒介技术和知识生产变革史来看，今天的大学实际上容纳着数千年积累、在不同历史时期和不同技术基础上形成的、纷繁复杂的人类知识。大学各学科在学术传统、学科范式、知识认同标准等方面存在很大的差异。这个知识体系不断膨胀，其中存在大量冗余、重复的内容，已经到了必须梳理和“瘦身”的时候。

从“长时段”的视角来看，现有知识体系至少存在两方面的“伪”理论创新：第一，晚期理论对早期理论的重复；第二，相邻学科的理论重复。

从“长时段”来看，现象学就是对苏格拉底的下定义和柏拉图的“观念世界”的一种回归。从哲学的起源来看，人类本就是通过对现象的观察，用符号为事实建模，在“符号—事实”之间建立映射关系，然后通过符号来探究真知。对现象的观察、现象的符号化表征是人类认知的基础，也是哲学的起点。到了19~20世纪，经过2000多年的积累，哲学积累的“文本”资产过于丰富，哲学研究变成了对已故哲学家著作的研究，脱离了对真实现

① K. Mannheim *Essays on the Sociology of Culture*，London：Routledge and Kegan Paul，1956：101，转引自伊丽莎白·爱森斯坦《作为变革动因的印刷机：早期近代欧洲的传播与文化变革》，何道宽译，北京大学出版社，2010，第91页。

象的关注。这种切断“符号—事实”之间的关联，在符号世界“空转”的研究动摇了哲学的根基。有感于这种背离，胡塞尔（E. Edmund Husserl）提出了“现象学”新体系，试图把哲学重新带回到希腊哲学创建之初的朴素理念。从“长时段”学术发展史来看，现象学并不是哲学理论的创新，它只是对“我们已经走得太远，以至于忘记了为什么而出发”的一种回溯和提醒。

从“长时段”的知识发展史来看，教育心理学、课程与教学论、教学系统化设计中提出的“教学目标分析”理论在某种程度上也是对拉米斯教材范式的一种重复。教科书中的知识是依靠概念、关系、实例等搭建起来的，这些概念是在数千年的知识生长过程中，被一个一个建构出来的。教学目标分析其实是一种反向的、对知识构成的“拆”解，并在教学过程中，循序渐进地逐一落实概念、关系、结构等教学目标，帮助学生重新搭建这个知识网络的过程。这是知识论和教学论的结合点，如果割裂了知识论和教学论之间的这一层紧密联系，片面地从学的角度提出“以学生为中心”、学习科学等所谓“新”理论，最终会被证明，这是一种背离人类认知的、阻碍教育数字化变革的“词语噪音”。

从跨学科的角度来看，现在知识体系还存在一种“相邻重复”的现象，即两个不同的学科各自创造了一套概念术语，来“网住”同一现象，结果产出了两套学术理论体系，造成了一种理论繁荣的错觉。例如，教育学中的建构主义学习理论和传播学中的跨文化交流理论就属于“相邻重复”，本质上是用不同术语表达的同一理论模型。建构主义学习理论并不关注人类知识建构的问题，而是关注同一个老师讲授的内容在不同学生的头脑中产生了不同的理解的问题。建构主义学习理论常用“鱼牛故事”来解说这一理论。

> 池塘里有一条鱼和一只青蛙是好朋友。青蛙跳出池塘游历一圈后归来，给鱼讲述它见到了牛、鸟和人。根据青蛙的讲述，鱼的头脑中浮现出牛、鸟和人的画面——它们都披着一身鱼鳞，长着一条鱼尾巴。

传播学中的跨文化交流理论则讨论，由于生活背景和文化背景差异，在国际文化交流中产生的误解和误读。按照跨文化交流理论，“鱼牛故事”也是一个典型的鱼和青蛙之间的跨文化、跨物种交流的问题。如果建构出一套“元概念”，采用人工智能的“对齐”技术进行模式运算，就会发现，建构主义学习理论和传播学中的跨文化交流理论本质上就是同一个理论。

ChatGPT的“对齐”算法为梳理和重整传统学科知识门类中存在的上述问题提供了一种新工具。如果能提炼出一套“元概念”，对各学科知识进行标注，建立知识图谱的话，就有可能利用“对齐”算法，识别和提炼出现有知识体系中存在的这些“内生性”、重复性的问题。

三　知识生产的“新范式”

从历史变革的规律来看，在数字媒介基础上出现的多模态表征、大数据、在线协同研究平台、人工智能等新的“通用框架方法”，为人类知识生产和教育学习带来了新工具，将推动知识生产“范式”的创新，重构人类知识版图，给人类知识体系带来一次新的跃迁式发展。

1. 生物信息学

以生物信息学为例，无论是人类基因组测试的国际合作，还是作为研究成果的人类基因序列，都已经无法被“装回”纸质教科书，体现出“新瓶酿新酒”的数字知识的特征。

人类基因组含有约31.6亿个DNA碱基对，如果用A4纸打印出来，每行100个字符，每页50行，需要用60万页纸才能打印出来。[①] 这类知识已经完全超出了人能够阅读的范围。亲子鉴定中对两个人基因序列的比较，也必须依赖算法来完成。这表明对人类基因序列的“阅读”和比较，已经完全超越了纸质书阅读，它是一种以生物信息工具为中介的知识阅读和分析行为。

---

① 《北京大学生物信息学：第一讲》，https://www.bilibili.com/video/av838876081/?vd_source=f1ef6cdd1e3bbe57305b44f2ecb90291。

当对人（一种自然对象）的表征研究进入基因层次之后，生物基因学的研究就完全脱离了印刷环境，进入复杂性、精细化研究阶段，这类复杂性研究已经离不开人工智能等新工具的支持。不仅生物学中的蛋白质折叠研究离不开 AlphaFold2，更多的 AI for Science 的新工具、新平台的出现，也将大大推动量子力学、三体问题、分子化学、制药等复杂科学问题的研究。

2. 远读（Distant Reading）

斯坦福大学英文系教授、美籍意大利裔学者弗朗科·莫莱蒂（Franco Moretti）是 19 世纪英国文学研究专家。进入 21 世纪后，随着数字图书馆中数字图书数量的不断增加，他对自己的研究产生了一丝疑惑：对于一个文学研究专家来说，细读 200 部 19 世纪的英国经典小说已经够多了，但这个数字还不到英国 19 世纪出版的小说总量的 1%，怎么可以自称 19 世纪英国小说的研究专家？

莫莱蒂搜集了 1740~1850 年出版的 7000 部小说，建立了一个数据库，进行量化分析。在 2005 年出版的《图表、地图和树：文学史的抽象模型》一书中，莫莱蒂提出了“远读”文学研究的概念框架，提出了一系列“远读”文学的新研究范式。[①]

这是一项数字人文研究领域的开创性研究，推动了数字人文的发展。莫莱蒂的研究也启发我们，在这个数字化变革的时代，人文社会科学研究进入一个范式创新的阶段。研究设计必须前移到理论模型、数据库框架的规划阶段。只有这样，才能带来基于大数据的、多维度的、强调动态过程的数字人文研究。

3. 历史动力学（Cliodynamics）

当今社会面临人口问题、气候变化、能源危机、技术革新、文化冲突、贫富差距等多因素叠加的百年未有之大变局，但分科的、注重短期影响的研

---

① 杨玲：《远读、文学实验室与数字人文：弗朗哥·莫莱蒂的文学研究路径》，《中外文论》2017 年第 1 期，第 295~309 页。

究，却无法解读和分析重大历史变革的特征和规律。20 世纪以来，出现了很多从新历史观角度对社会变革的研究，包括罗马俱乐部的《增长的极限》、布罗代尔的“长时段”框架、历史动力学、计量历史学和大历史等。

以历史动力学（Cliodynamics）为例，[①] 这项研究传统上属于复杂性科学研究。复杂性科学认为，一个系统哪怕只有少数变量发生变化，由于变量之间的相互作用，也会产生复杂的行为模式和结果。得益于互联网带来的廉价的计算能力和大型历史数据集的发展，由彼得·图尔钦（Peter Turchin）发起的这项历史动力学研究，才有了基本的研究条件。为了建立一个能够描述社会变革动态过程的多维度数据集，历史动力学采集了格陵兰岛的冰芯提供的百年以上大气和污染变化数据、人口生育高峰和波谷数据、贵族别墅的大小和结构数据、考古发掘中发现的人体骨骼畸形及发育状况数据、囤积硬币数量、经济数据等多学科来源的数据，组织了一批历史学家，建立起一个名为 Seshat 的历史和考古信息数据库，这个数据库现在包含超过 450 个历史学会的数据。

为了建立一个历史动态变化的分析模型，杰克·戈德斯通（Jack A. Goldstone）提出了一个政治压力指标（PSI 或 Ψ），用来衡量发动群众的潜力、精英的竞争程度以及国家的偿债能力。彼得·图尔钦对 Ψ 值进行了改进以反映现代劳动力市场的力量，并选择了适合工业化世界的新的代用指标。2017 年，彼得·图尔钦成立了一个由历史学家、符号学者、物理学家等组成的工作组，以便利用历史证据来帮助预测人类社会的未来。他计算了 1780 年至今美国的 Ψ 值，Ψ 值一旦达到危险的高水平，就可能出现社会动荡。按照图尔钦的计算，美国的 Ψ 值在 2020 年前后会达到一个巅峰期，因此可能出现社会动荡。2020 年 1 月 6 日冲击国会山等骚乱验证了彼得·图尔钦的预测，使历史动力学名声大噪。

---

① L. Spinney，History as a Giant Data Set：How Analysing the Past could Help Save the Future，The Guardian，https：//www. theguardian. com/technology/2019/nov/12/history-as-a-giant-data-set-how-analysing-the-past-could-help-save-the-future.

四　数字修辞学：新的知识表征和组织结构

在数字生态环境下，原本以小说、诗歌、绘画、音乐等不同形态表达的内容全部被“装进”了互联网，诞生了一种融合了音、画、动态视频等表达要素的多模态（Multimodal）表达形式。不仅如此，还催生了游戏、VR等立体、动态、交互的新型表达文体，使知识的表达和组织从印刷修辞时代进入数字修辞时代。

描述印刷修辞学和数字修辞学两者之间差别的最好的例子，就是地图的变化。印刷地图在出版的时候，比例尺就固定了。手机上的二维地图则可以通过缩放改变比例尺，一层一层地给人提供更多的细节。“谷歌3D沉浸地图”汇集了人类长期积累的天上、地表、地下、海洋等丰富的数据，用户戴上VR眼镜，就可以在“谷歌3D沉浸地图”中“上天、入地、下海”，了解地表、地质构造等多层次、全方位的地理信息。这种可以任意缩放的数字地图、沉浸式的3D地图所承载的知识容量、密度和结构，所提供的阅读体验，远远超出了印刷地图的范畴。

知识从印刷文本到数字修辞的转型会带来三方面的变革。第一，原有各学科的知识都面临从修辞学角度的“拆分”，以及重新表征和重新编排。就像16世纪印刷技术变革时代彼得·拉米斯对文本的分析、重新编排一样，数字修辞学也应该提出一套多模态文本的分析方法，并创造一种多模态的知识表达修辞形态。例如，时间轴、气泡图、“20年来世界市值最高的10家公司”等动态视图等，就是多模态表征的典型例子。第二，建立一套多模态数字说理的表达逻辑，以保证多模态表达符号之间内容的一致性、逻辑的相关性和整体性。在多模态表达的形态下，原本抽象、过程性的数学函数成像、化学反应过程、微生物成长过程等以动态视觉形式表达出来变得浅显易懂。这些视觉化表达正在创造一种新的可视化语言和语法。从历史变革的规律来看，所有学科都将经历一场从印刷纸质教材到数字化教材的变革。第三，从数字修辞学角度对多模态文本的分析和拆分，是编写提示词、调用ChatGPT等生成性AI工具的一项基本技能，也是数字素养的一项重要内涵。编写提示词不仅需要了解学科内容，还需要按照修辞学的特征把学科知识的表达拆分成关键词和语句等修辞单元。

对知识的重新表征和重新组织的结果很可能是利用区块链、对齐等技术，在互联网上打造出一个“可信知识子网”（A Subnet of Trusted Knowledge），重构人类知识版图。利用技术和人工审核在互联网上建立一个可信的知识社区则是一种可行的解决方案。就像在印刷技术时代，在浩瀚的印刷出版物中，经过严格审核形成的教材门类一样，对互联网上的内容，也需要建立一种审核机制，将互联网上大量充斥的“蜉蝣”类内容和真正的真知灼见区分开来，打造数字知识体系的“四梁八柱”，支持人类文明的未来发展。

第四节　在线教育的探索

就像历史上每一次技术变革一样，总是有少量先行者在新技术出现的那一刻就开始探索其在教学中的应用。世界上第一门在线课程诞生于1981年[①]，由位于美国加州帕洛阿尔托的西部行为研究所设计和提供，已经有40多年的历史。当时，网络访问还依靠电话线和调制解调器拨号联网，网络传输速率介于16kb/s~64kb/s，不要说传输授课视频，连音频都传不了。这门在线课程唯一的构成要素就是用文字在网上讨论区开展的教学对话，仿佛回到了古希腊广场的苏格拉底对话。

把课堂教学过程“拆”开，在网上重新搭建一门在线课程的过程，为我们提供了一个“反思课程”的机会：一门课程到底由哪些要素构成?

一　在线教育发展简史

在线课程随着互联网的发展不断发展变化。迄今为止，世界在线教育主

① L. Harasim, Shift Happens: Online Education as a New Paradigm in Learning, *The Internet and Higher Education*, 2000, 3 (1): 41-61.

要有两种模式：异步在线教学模式和同步视频教学模式。2020 年以前，世界上在线课程的主要模式是异步在线教学。2020 年以后，世界在线教育的主要模式变成了同步视频教学。

1. 异步在线教学模式

在互联网发展早期，世界在线教学的主要模式是异步在线教学。这一方面是受到了网络带宽的制约；另一方面是因为早期在线教育主要为在职人员提供远程继续教育服务，以及作为校内教学的一种补充模式。异步在线教学所具有的时空灵活性更符合这两类教学的需要。

（1）*在线课程的第一个构成要素：在线学习活动*（Online Learning Activity）。

世界在线教育起步于北美。1981 年，位于帕洛·阿尔托的西部行为研究所开设了世界上第一门在线课程，这门在线课程通过调制解调器拨号上网，使用 Maillist 系统，设计了一系列教学对话活动。1985 年，美国传播学家保罗·莱文森创办了联合教育公司（Connected Education），该公司与纽约社会研究新型学院联合，用电脑会议（Computer Conference）系统开展传播学硕士的远程教学。电脑会议系统不是今天的视频会议系统，它用打字的方式进行对话交流，类似现在的 BBS 系统。[①] 1986 年，加拿大多伦多大学的安大略教育研究所开设了世界上第一门在线学分课程（credit online course）。[②]

早期在线课程既没有视频也没有音频，这些早期在线课程主要包括以下构成要素：

- 选择优质的纸质教科书，作为教学资源；
- 通过 Maillist，组织师生、生生开展在线交互教学活动（Online Activities）；

① 保罗·莱文森：《思想无稽：技术时代的认知论》，何道宽译，南京大学出版社，2003，第 274 页。

② 琳达·哈拉西姆、肖俊洪：《第一门完全在线课程诞生三十周年》，《中国远程教育》2016 年第 3 期，第 66~68 页。

- 为了保证师生、生生交互的有效性，早期在线课程的班级规模通常限制在 20 人左右，是一种在线的小班化教学。

笔者 2003 ~ 2004 年在美国纽约州立大学阿尔伯尼分校（SUNY at Albany）访学时，曾正式注册学习过一门异步在线硕士课程——大众传播与教育（Communication and Education）。这门课程的主要构成要素包括：推荐 1 本优质教材、若干视频和 10 篇论文；精心设计的在线学习活动；小班化教学；在线辅导老师 24 小时内提供的反馈与评价等。在辅导教师的督促下，笔者在 15 周的学习过程中，阅读了 1200 ~ 1600 页的内容，还在平台上撰写了大量讨论帖。这门优秀的在线课程的质量不亚于面授课程。

另外，在高质量的在线教学过程中，LMS 平台上同步、持续地记录和保存了学生学习行为、学生学习成果、师生交互、生生交互的大数据，这是推动教育数字化转型，是智能化、个性化教学的数据基础。

（2）开放课件运动。

2001 年，MIT 将它的 2000 门课程公开放到网上，发起了开放课件运动（Open Courseware，OCW）。[①]

MIT OCW 不是课程，它相当于把一个原本印在纸上的教学大纲（Syllabus）变成了一个带超链接的、网页版的教学大纲。其主要构成要素包括：

- 教学大纲：课程说明、教学目标、评价要求、参考资料、学术规范等；
- 学习日程：一学期的日程安排，包括每一次课的主题、参考资料、作业等；
- 阅读材料、课堂教学的 PPT 以及课程笔记等；
- 作业：有的课件还提供测验、学生作业的样例等材料；
- 其他：有部分课程还提供了少量授课视频、演示视频等。

MIT OCW 让世界各国的高校教师看到了世界一流大学的课程、教材、

① MIT OCW，https：//ocw. mit. edu/.

教学活动设计等材料，特别是 Media Lab 提供的一组关于口传、印刷技术等媒介历史的课程，推动了世界各地相关课程的开发和建设。

（3）在线课程的第二个构成要素：视频。

对在线教育，甚至可以说，对世界互联网发展影响最大的事件是 2000 年的互联网泡沫破灭（Dot-Com Bubble），以及以世通公司（WorldCom）为代表的通信公司的倒闭。

1996 年，为了建设“信息高速公路”，美国颁布了《美国电信法》。在该法案生效的 5 年里，以世通公司为代表的通信公司通过股市融资和借债，在美国铺设光缆、增加交换机，建设信息高速公路。光纤网铺设好以后，网络应用却没有同步跟上，富余的带宽大量闲置，各通信公司没有收益。为了维持世通公司的市值，其在会计数据上造假，酿成了“世通丑闻”①。最后的结果是，世通公司倒闭，股市投资者血本无归，公众承担了“信息高速公路”的建设成本。世通公司倒闭、约翰·古登堡败诉、大西洋海底电缆的一次次失败都是媒介技术发展历史上不能跳过的历史时刻。

世通公司倒闭以后，“信息高速公路”的光纤网变成了一项公共财产，Verizon 等通信公司开始以极低的价格为社会各界提供网络服务，催生了一系列新兴创业公司。

2004 年，Facebook 成立。

2005 年，YouTube 成立。

2006 年 6 月，一家以“值得传播的思想”为口号的美国-加拿大联合创办的非营利性媒体组织 TED（Technology，Entertainment & Design）开始把该组织制作的 5~15 分钟的演讲短视频免费发布到网上，供世界各国的网友访问和观看。

2006 年 11 月，萨尔曼·可汗（Salman Khan）把他辅导表弟的教学视频上传到 YouTube 上，受到了《今日美国》的关注和比尔·盖茨基金会的

① Wikipedia，WorldCom Scandal，https：//en. wikipedia. org/wiki/WorldCom_ scandal.

资助。可汗于 2008 年辞职，创办了美国非营利性教育组织可汗学院（Khan Academy）。[①]

2009~2010 年，哈佛大学、耶鲁大学、斯坦福大学等世界一流大学把完整的课程录像放在互联网上向全世界开放和共享。其中包括斯坦福大学计算机系的“人工智能”和“机器学习”两门课程。这两门课程在 1 个月内的访问量分别达到了 16 万人和 11 万人，与传统大学教师在课堂里一辈子只能教 4000~6000 名学生形成了鲜明对比。这两门课程的授课教师敏锐地感觉到高等教育出现了历史性变革的机遇，于是，他们从斯坦福大学离职，在风险投资的支持下，创办了 Udacity. com 和 Coursera. com 两家在线教育公司，在 2012 年掀起了轰轰烈烈的“MOOC 运动”。

历史同期，在太平洋的东岸，中国教育部于 1999 年启动了“现代远程教育试点工程”，2000~2003 年，教育部批准 68 所“985”“211”高校建立网络教育学院，探索在线教学模式。为了支持网络教育学院的教学，中国教育部于 2000 年启动了“新世纪网络课程”建设；2003 年前后，网络教育试点学院在实践中探索出“三分屏课件”；2007 年前后，教育部启动了以视频为主要构成要素的国家精品课建设工程。[②]

总体来看，随着光纤网的铺设，网络带宽不断增加，通过网络传送音频、视频的技术变得越来越成熟，推动了视频在在线教学中的应用。需要注意的是，视频不是课程，它本质上只是一种教材的数字化表现形式，是一种内容服务，而不是教学服务。

（4）MOOC 的大规模探索：在线教学平台。

2011 年，斯坦福大学人工智能概论视频课的两位教授利用风险投资创办了 Udacity. com 平台；2012 年，机器学习的两位教授，利用风险投资创办了 Coursera. com 平台。2012 年 5 月，MIT 和哈佛大学各出资 3000 万美元，联合创办了 edX. org，在全球范围内掀起了一轮在线教育创新和探索的高

---

① Khan Academy，https：//www. khanacademy. org/.

② 郭文革：《中国网络教育政策变迁：从现代远程教育试点到 MOOC》，北京大学出版社，2004，第 150+164~169 页。

潮。2012 年也因此被称为“MOOC 元年”。

慕课（MOOC）的全称是 Massive Open Online Courses，意为大规模开放在线课程。Udacity. com、Coursera. com 和 edX. org 是慕课的三大平台。一门慕课课程的注册人数动辄达到数万、数十万，但教学团队只有 3~5 人；虽然课程设计了讨论、测验、作业等学习活动（Learning Activities），但无法像早期小班制异步在线课程那样，提供高质量的师生、生生交互活动，导致课程完成率只有 4%左右，教学质量遭到广泛的质疑。如果把慕课视频看作数字化教材的话，4%其实是很合理的完成率。就像买书一样，大多数的书买回来以后被放在书架上，束之高阁。

几大 MOOC 平台一直受到财务营收的巨大压力。Udacity. com 聚焦信息技术职业教育。2020 年后，世界在线教育迎来了大发展的机遇，Coursera. com 借机上市。2021 年 6 月底，edX. org 以 8 亿美元被转让给美国上市的教育 SaaS 公司 2U。从 2012 年开始的“MOOC 运动”就此落下帷幕。

2012 年成立的密涅瓦大学则走了另一条在线教育的探索之路。密涅瓦大学注册了 2 个商标，一个是密涅瓦大学的商标，另一个是密涅瓦大学同步视频教学平台的商标。密涅瓦大学本科 4 年的学习生涯被设计在世界上的 7 个城市展开。在不能面对面教学的情况下，密涅瓦大学的同步视频教学平台成了学生们实际的“教室”，每个在线课堂仅能容纳 19 名学生、1 名教师。在线教学过程中嵌入了密集的交互交流活动，覆盖了 100 多个人才培养目标（HC）。

2. 同步视频教学模式

2020 年后，全世界迎来了一场大规模在线教育实验。此时，全球网络传输速度已经普遍达到了 4G/5G 的水平，同步视频教学成了主流的在线教学模式，ZOOM、ClassIn、腾讯会议、Teams、钉钉等大规模直播教学平台的注册人数迅速增加。另外，对于大批没有异步在线课程设计经验的教师、学生来说，在线同步视频教学更接近线下课堂教学的场景，能在线“面对面”看到彼此，易于接受①。

大规模、长时间的在线教学也迫使人们想方设法利用网络教学工具完成招生、面试、教学、考试、论文答辩等人才培养各个环节的工作，形成一个包括招生、教学、考试、论文答辩等在内的完整的在线人才培养流程，为未来教育的数字化转型积累了平台、工具以及教师在线教学、学生在线学习的经验。

二 在线课程的构成要素

综合以上对在线教育发展简史的介绍可以看出，一门在线课程的构成要素包括教学活动、视频、异步平台、同步平台、教师和学生等，将这些要素组织在一起就形成了如图 6-5 所示的在线课程“五要素”模型。

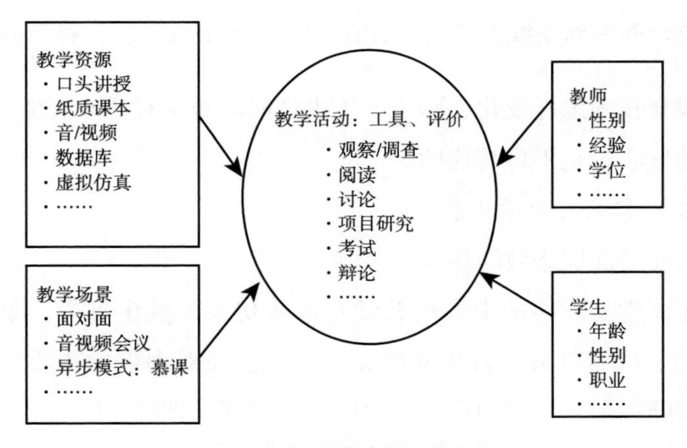

图 6-5 在线课程“五要素”模型

在这个在线课程“五要素”模型中，教师和学生是教与学的行为主体。教学资源是教学内容的提供方式；教学场景是教师—学生、学生—学生发生教学对话的空间；教学活动则是在线课程的灵魂和核心。只有设计出富有挑

① 郭文革、张梦哲等：《同时“在场”与在线“面对面”——对国外 26 篇在线同步视频教学研究的综述》，《中国远程教育》2021 年第 2 期，第 27-35+77 页。

战的优秀的教学活动，才能驱动教师、学生、教学资源、教学场景 4 个要素不断运转，生成一个持续、动态的教学过程。

1. 教学资源

依据第五章介绍的“香农-韦弗-施拉姆”传播模型，在“长时段”的媒介技术变革过程中，知识最早依靠口头语言来表征和传播；在印刷技术时代出现了教科书；在电子媒介时代出现了广播、电视等新型知识表达和传播媒介。进入数字媒介时代以后，知识可以采用文字、数字、图表、声音、动画、视频等多模态符号来表征；知识组织变成了网状结构；知识阅读和应用的介质从印刷书变成了电脑、智能手机、iPad 等数字阅读终端，未来知识的主要表征和传播方式还在不断变化。

2. 从物理教室到在线教室（ Online Classroom ）：一种新的教学场景

无论媒介技术怎样变化，师生、生生之间的教学对话和交流一直是教育传播系统的核心，是不可替代的。

（1）三种常见的教学场景。

第一，面对面课堂教学场景。

面对面课堂是一种从中世纪教堂布道演化来的教学场景，是一种“同时在场”的、依靠口头语言传播的教学系统。面对面课堂教学要求所有的人，包括教师和学生，必须在同一时间出现在同一地点。同时、同地意味着这是一种成本高昂的、适合集中式精英教学的模式。

第二，依靠视频会议开展的同步在线教学场景。

同步在线教学要求教师和学生，可以在不同地点，但必须在同一时间登录视频会议系统，开展教学交流和对话，为教育企业家采集全球教育生产要素重新组织教学带来了巨大的创新空间。2014~2015 年，在中国出现的互联网教育创新企业 VIPKID 的幼儿英语教学就是一个成功案例。VIPKID 聘请了 7 万多名美国英语教师，通过一对一直播教室，为中国小学阶段的学生提供英语口语教学，受到了家长和市场的欢迎。这个案例还被邀请到哈佛大学肯尼迪政府学院做了分享。VIPKID 还利用这种模式邀请中国的中文教师为海外儿童提供语文、数学的在线教学服务。

第三，依靠 Moodle、Canvas 等异步在线教学平台支持的异步在线教学交流场景。

异步在线教学意味着教师和学生既可以在不同时间也可以在不同地点登录在线教学平台完成各项学习任务、参与各项在线讨论和交流。不同时间、不同地点意味着异步在线教学是最灵活的教学模式。但与此同时，如何对教与学过程实施有效的管理，成了保证在线教学质量的一大挑战。

（2）从物理教室到在线教室（Online Classroom）的教学场景变革。

参考零售业从物理商场到电商平台的变革，采用梅罗维茨的新场景理论，本章从地点、交流媒介和教学行为三个方面比较课堂教学和在线教学两种场景下教学行为的变革，如表 6-4 所示。

表 6-4　课堂教学与在线教学比较

	课堂教学	在线教学
地点	教室	课程主页
交流媒介	面对面口头语言、黑板、多媒体展示	以网络为中介的交流
教学行为	• 学习日程:每周见面一次 • 呈现教学内容:黑板,教师讲授和多媒体演示 • 教学评价与反馈 • 基于模型、实物的展示 • 课后作业,设置明确完成时间 • 考试	• 网络学习日程安排 • 呈现教学内容:课件、教材、视频等教学资源 • 学习活动:包括阅读、测验、讨论和作业等,每一项都应设置明确的完成时间 • 对每项学习活动的反馈与评价 • 过程性评价

从表 6-4 的比较来看，课堂教学中的口语讲授，以及用文字、图片、视频等传递的教学内容，在教室里组织的讨论、测验、作业等教学活动，都可以从物理教室迁移到在线教室（Online Classroom）中。ZOOM、腾讯会议和 ClassIn 等在线直播教学平台，Moodle、Canvas 等异步在线课堂，提供了一种全新的在线“教学地点”——在线教室。

课堂教学有400多年的历史，已经形成了一整套课堂教学方法，以及组织和管理的“软”性制度。相比之下，诞生仅40多年的在线教学，在教学方法、教学组织方式和管理制度方面还存在很多不完善之处。以“学习日程”这一教学制度为例，课堂教学的定期见面（Meeting）就是一种对合理师生比、对学生学习过程的强制性管理；而在线课程的设计和实施中，这类“软”性的制度建设还有很大的改进空间。

3. 教学活动

在线教学活动是在线课程的灵魂，也是驱动教师、学生、教学资源和教学场景等4个要素形成动态的教与学过程的核心要素。随着网络教育的迅速发展，在线教学活动设计已经成为教学设计中一个专门的研究领域，美国异步在线教育已经总结形成了几十种、上百种适合线上开展的教学活动，图6-6列举了其中36种常见的在线教学活动。

- 测验（Pop a quiz）
- 嘉宾演讲（Guest speaker）
- 自测（Quiz or self-test）
- 做调查（Conduct a survey）
- 辩论（Debate）
- 示范（Demonstration）
- 讨论（Discussion）
- 参观访问（Field Trips）
- 制作视频作品（Film/Video）
- 小组活动（Group activity）
- 写（连续的）日记（Keep a journal）
- 模拟（Simulations）
- 游戏（Games）
- 访谈（Interviews）
- 实验（Laboratory）
- 民意测验（Take a poll）
- 学习小组（Learning Teams）
- 默记（Memorizations）
- 专门小组（Panels）
- 同侪评议（Peer Review）
- 问题求解（Problem Solving）
- 研究项目（Projects）
- 字谜游戏（Puzzles）
- 报告（Report）
- 文献综述（Review）
- 总结（Student summaries）
- 观察（Direct an observation）
- 头脑风暴（Brainstorming）
- 建立共识（Build consensus）
- 小组讨论（Buzz groups）
- 角色扮演（Role Playing）
- 讲故事（Storytelling）
- 专题讨论会（Symposium）
- 撰写证词（Testimonies）
- 问答（Questions and Answers）
- 学生引导的讨论（Student lead discussion）

图6-6　在线教学活动

2020年，美国现代语言协会（Modern Language Association）正式出版了一部名为《人文学科中的数字教学法》的数字化教材，把在线教学活动列为一种可借鉴、可重混（Remix）到其他课程中的教学构件（Artifacts）。为了解决重混中的学术贡献问题，2011 年以来，美国数字人文研究者创建了多个在线开放存取（Open Access）期刊，专门刊登 2~6 页的教学大纲、教学活动等教学构件类短文章，这类短论文简洁明了地介绍教学大纲的内容或者作业设计的思路等，为教学学术研究提供了发表的空间和引用的机制。

教学活动是产出高质量的学习过程大数据的主要环节，也是衔接课前的教学设计、教学实施过程和智能化教学反馈与评测的核心。学生按照教学活动的要求，上传的作业、讨论帖等合在一起，就形成了一个学生的学习成果“档案袋”；师生、生生在讨论、辩论过程中发的文字帖、形成的对话结构等数据痕迹就形成了学习行为的大数据记录。学习成果和学习行为“大数据”合在一起，为智能化反馈和智能评价提供了源源不断的大数据资源。

三 基于大数据的学习分析和综合评测

当一门课程从教室搬到在线平台的时候，就是把一门课从一节课、一节课变成一连串教学单元的过程。这种内嵌了行动要素的、由一系列教学单元组成的在线教学，实时连续记录学生的学习行为轨迹、学习成效的大数据，为了解学生的学习行为特征、认知水平、知识掌握程度等提供连续、发展性的完整记录，催生了基于大数据的学习分析（Learning Analytics）。

以北京大学教育学院“数字化阅读”在线教学为例，平台上积累了 12 门课 45 个班次 1600 多名学生的优质在线学习数据。研究人员选择其中的数据，利用合适的智能分析工具，从不同维度挖掘大数据中所隐藏的教育意义和价值。

1. 通过内容分析，研究中学生的批判性思维、社会交往特征

数字化阅读实验室的研究者采用 Newman 的批判性思维模型，对一门在线课程的 3 个讨论区的学生发帖进行了内容编码分析，研究了中学生的批判性思维特征，如图 6-7 所示[①]。研究者采用社交网络分析，对班级讨

---

① 高洁：《在线异步讨论区批判性思维研究——以〈数字化阅读〉课程为例》，北京大学硕士学位论文，2017。

论区中的生生交互情况进行了分析，结果表明，社交网络中那些大的节点并不是成绩优秀的学生，如图 6-8 所示①。

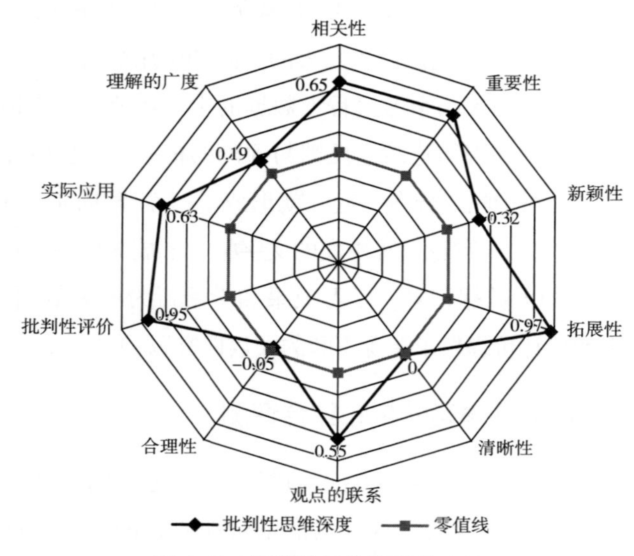

图 6-7　批判性思维的整体水平

2. 通过聚类分析、秩序序列算法，分析不同类别学生的行为模式

研究者首先采用聚类分析法，把一个班级学生按成绩分为优、中、合格三级。其次对学生的学习行为数据编码；最后采用滞后序列分析方法，提炼出优、中、合格三类学生在完成线上讨论活动时的学习行为模式。

这是一门数字化阅读在线课程，课程选择了优质的纪录片、TED 讲座作为学习资源。为了帮助学生认真地看视频，从前沿讲座和经典纪录片中吸取营养，课程设计了“观看视频—测验—讨论—作业”的学习活动顺序。其中，讨论区是按照社会建构学习理论设计的，在整个在线课程中，评分所占百分比最高。讨论作业的要求是：①按照讨论问题的要求，发布一个主

① 孙博凡：《分组、不分组两种策略对在线论坛中学生交互的影响——以〈数字化阅读〉课程为例》，北京大学硕士学位论文，2019。

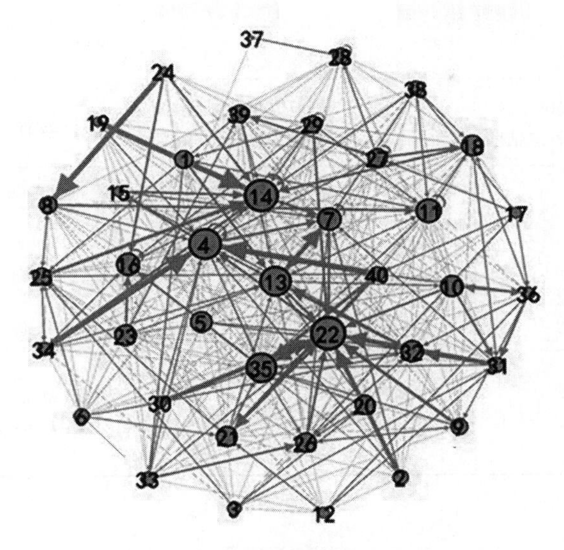

图 6-8 班级社交网络分析

帖；②阅读同伴的主帖，选择 2 个进行回复，发表两个回帖。按照课程设计的模式，学生在参与讨论之前已经看过一遍视频学习资源。研究者通过聚类分析和滞后序列分析提炼出优、中、合格三类学生完成讨论作业的学习行为模式特征，如表 6-5 所示①。

表 6-5 优、中、合格三类学生学习行为模式的差异

学习行为 / 学生分类	在讨论区发表主帖前	发主帖	浏览其他同学主帖	反复浏览—修改	走神	拖延
优	再看一遍视频	1. 审题 2. 浏览讨论区 3. 发主帖	1. 浏览讨论区首页 2. 选择浏览其他同学主帖	1. 浏览讨论帖 2. 修改自己的主帖 3. 浏览讨论帖	无	无

① 卓晗：《中学生在线选修课中的学习行为序列研究——以〈数字化阅读〉课程为例》，北京大学硕士学位论文，2018。

续表

学习行为 学生分类	在讨论区发表主帖前	发主帖	浏览其他同学主帖	反复浏览—修改	走神	拖延
中	无	1. 审题 2. 发主帖	浏览同伴讨论帖	1. 浏览讨论帖 2. 修改自己的主帖 3. 浏览讨论帖	无	无
合格	无	1. 审题 2. 发主帖	随意浏览	1. 浏览讨论帖 2. 修改自己的主帖	浏览学生个人介绍	未完成回帖，下一模块回来补发

这项研究表明，优秀学生通常具有良好的反思能力，他们在提交讨论作业前会再次观看视频内容，并浏览班级同学的讨论帖，然后撰写和提交自己的讨论主帖；中等类学生在提交自己的讨论主帖之前，会浏览同伴的讨论帖，然后提交自己的讨论帖；合格类学生则会直接提交讨论帖，之后很少再回看和反思。

3. 绘制"学习画像"，综合评价学生的发展

研究者对一个班级学生的成绩、作业数、阅读、交互、时间管理等信息进行了全面的分析，以两个特色学生为例，画出了两位同学的"学生画像"，从成绩、时间管理能力、班级交流、学习积极性等多个维度，综合地描述了学生的成长状况，如图 6-9 所示[①]。这项分析为未来基于大数据的综合评价改革提供了一个非常有价值的预研究。

基于大数据的学习分析为及时发现和改进教学问题提供了数据支持。同时，也为改革人才选拔和评价方式指明了方向。2017 年，由近百所美国顶尖私立高中组成的联盟 Mastery Tran Consortium（MTC）开发了一种全新的

① 王梦倩：《基于学习行为大数据的学生画像研究》，研究报告，2017。

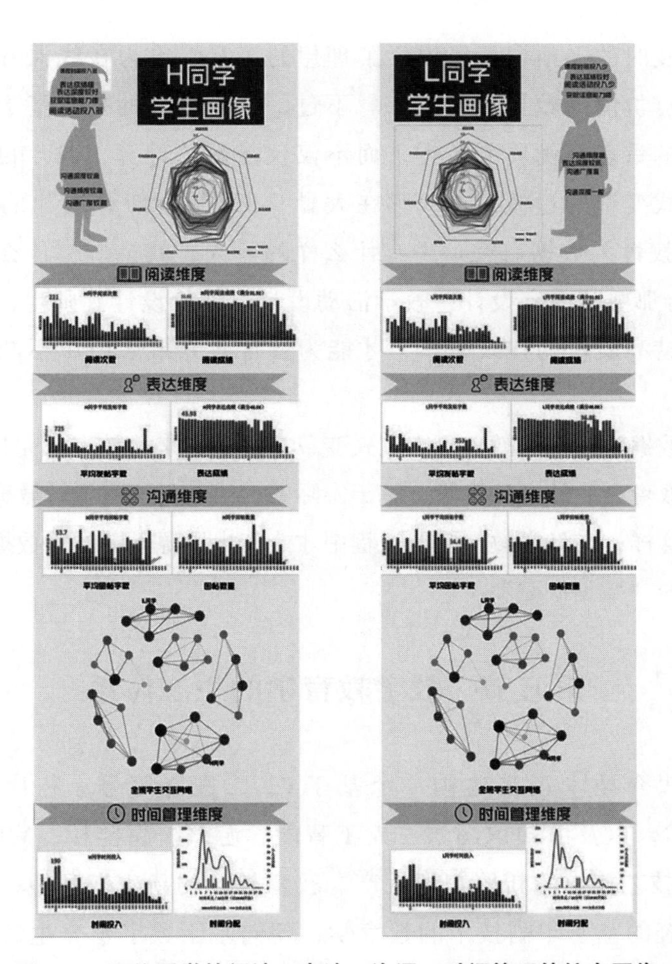

图 6-9　两位同学的阅读、表达、沟通、时间管理等综合画像

学生评价体系 ——A New Model，该模型包含八大类 61 项评价指标。这个综合、复杂而又充满细节的模型，依靠手工操作是无法完成的，只有依靠学习过程中自动、同步、持续记录的大数据，才有可能支持这种多维度、多层次的综合评价体系。

4. 未来教育研究的新范式：优质大数据+新算法

教育大数据以及相关分析工具的出现为研究和分析动态的教与学过

程、提供及时的干预指导等提供了理想的工具，也为在线课程的不断改进提供了有价值的数据分析成果。不过，值得注意的是，基于大数据的学习分析的重点是优质大数据，而不仅仅是新的计算工具。目前，在教育研究范式变革的过渡阶段，存在大量“旧数据+新算法”的“伪”学习分析和教育大数据研究。“有什么样的行为，就会产生什么样的大数据”，只有那些从内容设计、教学活动设计、评价设计到师生比、教学实施等都保持高质量的在线教学，才能为教育研究带来源源不断的优质大数据。

以大数据为基础的教育研究范式变革，要求未来的教育研究起点必须前移到在线教育产品的设计阶段，基于实际的在线教学流程设计教育研究的框架。只有这样，在日常教与学的过程中才能产出源源不断的大数据，成为新教育研究的“数据矿藏”。

第五节　数字教育学的生态体系

数字媒介技术正在建构一个基于01二进制符号、芯片和互联网“硬”技术，以及由知识图谱、人工智能、游戏、超链接、VR、元宇宙等“软”技艺构成的新的知识生产、教育教学的新生态环境，推动教育教学从传统的基于印刷技术的教育学，朝向基于数字媒介生态环境的数字教育学的变革。

一　数字教育学

怎样理解数字教育学与传统教育学的差别？借用夸美纽斯的比喻——“新、旧两种（教学）方法的区别之大就像旧法用笔抄书与新法用印刷机印书的区别一样”①，数字教育学与传统教育学的区别就像印刷技术生态环境与数字媒介生态环境之间的区别一样。

① 〔捷〕夸美纽斯：《大教学论》，傅任敢译，人民教育出版社，1984，第204页。

1. 迈向数字教育学的四种教育形态

为了进一步明确两种不同的教育学形态，图 6-10 以“印刷技术生态环境-数字媒介生态环境”为横轴、以“传统教育学-数字教育学”为纵轴，将技术变革过程中的教育学形态分为 4 种不同的情况。

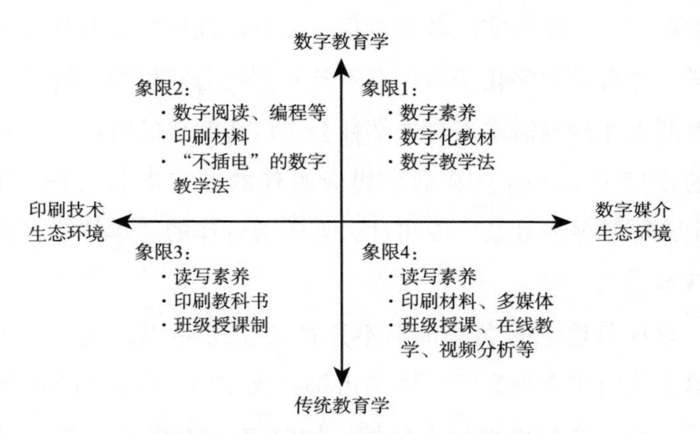

图 6-10　传统教育学与数字教育学

- 象限 1 是数字教育学，指采用数字化教材、数字教学法，培养具有数字素养的人才。
- 象限 3 是传统的基于印刷技术的教育学，指采用传统的以班级授课制为核心的教学法，培养印刷技术环境下所需要的具有读、写、算能力的人才。
- 象限 4 是一种过渡时期的教育学，偏向于传统教育学的研究范畴，指采用多媒体、在线教学、学习分析等新技术，培养旧时代的读写人才。所有试图采用新技术提高原有课程的效率和效果的研究都属于这一类。
- 象限 2 也是一种过渡时期的教育学，是美国数字人文研究者探索出来的一种使用纸质材料培养学生的数字人文素养的教学方法，被称为“不插电”的数字教学法。①

① P. Fyfe, Digital Pedagogy Unplugged, http://www.digitalhumanities.org/dhq/vol/5/3/000106/000106.html.

按照以上分析，我们可以把数字教育定义为：在数字生态环境下，利用数字化教材和教学资源，采用数字教学法①，培养具有数字素养的新型人才的教育。

2. 数字教育的生态环境

教育受社会、政治等外在因素的影响，同时又从外部环境中获取资源、工具等教学要素，安排和实施教学过程。教育的发展离不开外部的社会生态环境。同样，教育的数字化变革也离不开外部生态环境的支持。

对教育的人才培养需求来自外部社会。口传时代的听说（Oracy）、印刷技术时代的读写（Literacy）和数字媒介时代的数字素养（Digital Literacy）等就是一个人能够融入社会、参与社会竞争与合作的基本技能，也是社会对一个人的基本需求。

另外，教育和教学的发展也离不开社会生态环境的支持。公元前 399 年，在雅典出现的那个兴隆的手抄书市场，为 12 年后柏拉图创办阿卡德米学园提供了教育发展的外部生态环境。1453 年，古登堡发明了字母活字印刷机后，16 世纪初，伊拉斯谟的《新约》、哥白尼的《天体运行论》和维萨里的《人体的结构》的相继出版，标志着读写教育的滥觞；拉米斯教材范式就像 21 世纪的热门 App 一样，用预先设计好的内容和教学过程，减轻了教师的工作压力和工作负荷，为教育的普及和现代学校制度的发展创造了良好的外部印刷出版生态环境。今天，随着维基百科、开放教育资源、Youtube、Tiktok、ChatGPT 等数字内容传播平台及 ChatGPT 等内容生成技术的不断涌现，正在形成一个混杂了真理与谎言、知识与谬误的数字媒介生态环境。它打破了教育原有的外部生态环境，要求学校教育必须按照数字媒介技术的特征，进行创新和流程重构。

教育数字化变革的枢纽工程是知识体系的数字化重构。从历史经验来看，在任何时代、任何媒介技术生态环境下，教育所传承的知识都是内容生

① 参见郭文革、杨璐、唐秀忠等《数字教学法：一种数字时代的教学法及一种教学法的数字教材》，《中国电化教育》2022 年第 8 期，第 83~91 页。

态体系的一部分而非全部。就像印刷技术时代，在浩瀚的印刷出版物中，经过严格审核形成的教材门类一样，对互联网上的内容也需要建立一个“可信的知识子网”，将互联网上大量充斥的虚假、荒谬的内容与真正的真知灼见区分开来，以支持数字教育的发展。

如何在鱼龙混杂的数字媒介生态环境下，建立可信知识的支撑框架，已经成为教育数字化变革面临的严峻挑战。打造数字知识体系的“四梁八柱”是推动数字教育学发展的枢纽工程。[①]

二 数字教学资源、教材和智能教学生态体系结构图

进入21世纪以来，美国、中国、韩国、日本、欧盟等世界主要国家和地区都在探索新的教材和教学生态环境。为了推动教材和教学的数字化转型，美国政府先后推出了数字教材战略计划、数字教科书发展报告、重塑k-12课程、开放教科书试点计划（Open Textbooks Pilot Program）等一系列行动。微软公司出版了Encarta百科全书，Inkling公司推出了Inkling电子教科书编写系统，苹果公司推出了基于MacOS操作系统的iBooks电子教材编写系统，斯坦福大学“形而上学实验室”研发的《斯坦福哲学百科全书》已经成为世界上引用率最高的哲学资源，此外，还有美国民间发起的“古登堡图书分享计划”、欧盟的“伊拉斯谟计划”、谷歌的数字图书馆项目等，世界主要国家和地区的相关主体在知识表征、知识组织与传播方面开展了多方面探索。

1981年起步的异步在线教育、2001年的MIT OCW、2012年兴起的“MOOC课运动”以及2020年后大规模在线教学实验，从教学内容、教学活动、工具、平台、教育大数据、学习分析等方面为数字化、智能化教学提供了多方面的探索和丰富的积累。

将这些探索组合在一起，就建构出一个未来数字教育学的生态体系结构，如图6-11所示。

---

① 郭文革、黄荣怀、王宏宇等：《教育数字化战略行动枢纽工程：基于知识图谱的新型教材建设》，《中国远程教育》2022年第4期，第1~9+76页。

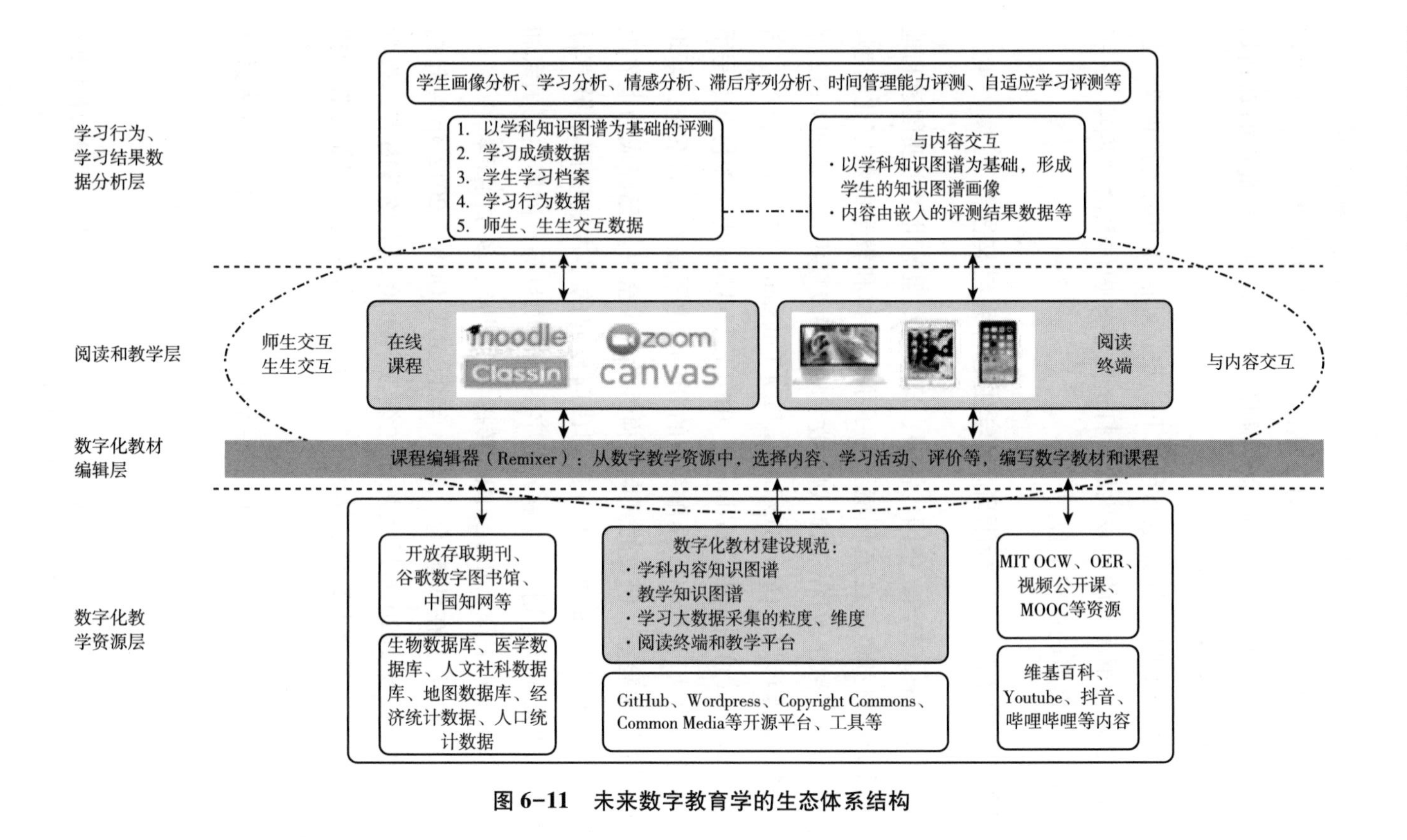

图 6-11　未来数字教育学的生态体系结构

这个生态体系结构图主要包括以下四层。

1. 数字化教学资源层

这一层包括各类数字资源形态，例如，开放存取期刊、预印本网站、谷歌数字图书馆等；生物类、医学类、人文社科类、经济类、地图类等各类数据库；MIT OCW、开放教育资源运动（OER）、视频公开课、慕课课程等；维基百科、Youtube、抖音、哔哩哔哩等网站上的纪录片、电影、音乐剧、TED 讲座、Khan 教学视频等学习者可以访问的各类学习资源。

在网络环境下，数字化教学资源的“颗粒”不再是按专业门类呈现的整本书或一门完整的课程，它可能是一张图、一张表、一篇文章、一个教学大纲、一个学习活动、一个概念、一个学习单元。各门学科的知识都应该按照学科内容知识图谱，按照知识的修辞构成单元，拆分成概念、事例、知识单元、应用项目等大小不同的知识颗粒，形成按概念、由概念和关系组成的知识块以及解决复杂问题的 PBL 任务等，形成分层组织的知识结构。

这种按概念、知识块、复杂问题解决任务等分层组织的网状知识结构，形成教学设计工具箱中的各种可重混、可重用（Reusable）的内容、工具、教学活动、评价等教学构件（Pedagogical Artifacts），成为供教师、学生选择的教学和学习的工具箱，如图 6-12 所示①。

2. 数字化教材编辑层

使用教材或课程编辑器（Remixer）对数字教学资源中的教学构件进行重混创作，编写成数字化教材，输出到电脑、iPad 或智能手机等阅读终端上，也可以把重混后的课程直接设置在在线教学平台上，供不同教育机构和个人选用，教师可以对设计好的在线课程进行调整。

① 郭文革：《高等教育质量控制的三个环节：教学大纲、教学活动和教学评价》，《中国高教研究》2016 年第 11 期，第 58~64 页。

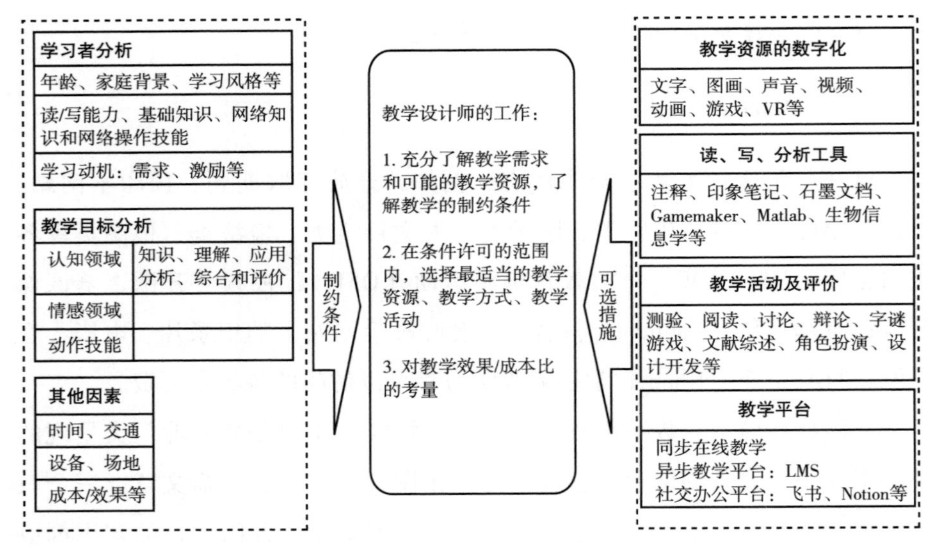

图 6-12　教学设计"工具箱"模型

3. 阅读和教学层

这一层是教师、学生的参与层，是产出教育大数据的主要环节。因此，如果教学参与、交互设计好，而且实施到位，就会带来优质的教育大数据；反之，如果没有优质的数据，智能分析就成了"Garbage in，Garbage out"（垃圾进，垃圾出），失去了分析的价值。

这一层次涉及学生的学习行为和教师的教学行为。学生在使用电脑、iPad 或智能手机阅读数字化教材，与内容交互的过程中，平台会自动记录学生的学习过程大数据；教师利用在线课程开展教学，在教学过程中，由平台自动记录并形成关于学生学习成绩、学生学习行为、师生交互、生生交互的大数据。

4. 学习行为、学习结果数据分析层

利用阅读终端记录的学生阅读大数据，以及师生在在线教学平台上形成的大数据，就可以开展学生画像分析、滞后序列分析、时间管理能力评测等

学习分析研究，从而提供个性化的及时评测和指导，提供大规模的个性化教学服务。

三 数字教育学的生态体系结构的核心：数字资源的标注

数字教育学的生态体系结构图是一个整体，让这个结构图的各层相互衔接的核心在于：用学科内容知识图谱、教学构件知识图谱等，对数字化教学资源中的每一张图、每一张表、每一篇文章、每一个教学大纲、每一个学习活动、每一个概念、每一个学习单元等进行标注。

1. 对数字化教学资源的标注

从现有对教学资源、在线教学、基于大数据的学习分析的前沿研究来看，对教学资源的标注主要包括三类：

- 按照学科内容知识图谱，对教学资源的标注
- 按照教学构件类别，对教学资源的标注
- 根据教学目标分类，对教学资源的标注

对教学资源、教学构件的标注是数字教育生态体系相互衔接、环环相扣，形成一个完整的运转体系的基础和核心。

（1）对数字化教学资源的标注。

对数字化教学资源中的每一张图、每一张表、每一篇文章、每一个教学大纲、每一个学习活动、每一个概念、每一个学习单元等进行标注，产出带有标注的教学资源、教学构件、教学大纲、评价方案等。

（2）从资源标注到数字化教材编辑及使用。

从带标注的数字化教学资源中，筛选、重混各种要素，编辑形成数字化教材或在线教学平台上的课程等。在学生阅读数字化教材，或者师生在在线教学平台上开展教与学活动时，平台上同步生成带有标注的学习成果、学习行为大数据。

（3）对学习结果、学习行为大数据的分析。

通过对平台上生成的学习成果、学习行为大数据的多维度分析，产出综

合学生成绩聚类分析、时间管理能力、批判性思维能力、在班级社交网络中的位置、滞后序列分析提炼出的典型学习行为模式等结果，把多维分析合在一起，就可以画出“学生画像”，对学生开展综合素养评价，改革和创新人才选拔模式。

2. 教育数字化转型是教学实践过程的整体重构

回望2000多年前，古希腊哲学家一个词一个词地创造了一套从事知识劳动的文法、修辞和逻辑体系。16世纪，印刷技术时代的教育改革是从彼得·拉米斯对文本的分析开始的，以分析为方法，重新梳理每一门课程中概念之间的关系，因此提出了“拉米斯教材范式”，开创了教学内容编写和组织的新范式。今天，面对数字媒介技术对传统教学方式的挑战，同样需要从知识建构的细节、底层架构入手，对学科知识进行分析、标注和重混，这是一个精细化的知识体系重构工程，也是一种对原有的知识体系进行系统审视，并以新的知识表征和组织方式来重新组织、建构人类知识大厦的伟大事业。

教育数字化转型应当学习中国制造业流程重构、零售业转型升级的成功经验，对整个教学过程、教学管理流程等进行拆解和重构，这是一个系统工程。只有从知识建构的底层架构、从教学流程的拆分和重构的细节入手，才能打好教育数字化转型的“地基”。

第七章
对人类文明的反思与展望

本书第二章到第六章带领读者在历史的长河中进行了一场长途跋涉，从10万年前的口头语言、5000多年前的文字、500多年前的印刷机、170多年前的电报，一直到20世纪末出现的互联网，系统地考察了媒介技术对人类社会、知识和教育发展的影响。在结尾的部分，本书将借助波普尔的“三个世界”框架，从“长时段”的视角反思人类文明，思考互联网对人类未来发展的影响。

第一节 反思人类文明——从“三个世界”的视角

文明（Civilization）的拉丁词源与公民（*civis*）和城市（*civitas*）有关，表示“文明”与人的活动和合作有着密切的关系。到目前为止，关于文明的研究涉及国家发展状况、社会分层、城市化、货币、信息交流系统，以及农业、建筑、基础设施、技术进步、税收、监管和劳动专业化等多种要素。文明是一个由多种要素构成的复杂系统。①

20 世纪以来，历史学家、政治学家和自然科学研究者从不同角度开展了关于人类“文明”的研究。1934～1961 年，阿诺德·汤因比（Arnold J. Toynbee）出版了 12 卷的《历史研究》，书中探讨了 21 种文明和 5 种“停滞文明”的兴起和衰落。1996 年，塞缪尔·亨廷顿（Samuel P. Huntington）出版了《文明的冲突》，把世界文明分为西方文明、中国文明、日本文明、印度文明、儒教文明、东正教文明、伊斯兰文明、拉美文明和非洲文明等九大文明，认为“文明冲突”将取代 19 世纪的民族国家冲突和 20 世纪的意识形态冲突，成为 21 世纪世界冲突的主要原因。1997 年，美国生物学家贾雷德·戴蒙德（Jared Diamond）出版了《枪炮、病菌与钢铁》一书，试图从地理、气候和语言等因素，分析人类文明的发展。②1964 年，苏联天体物理学家尼古拉·卡尔达肖夫（Nikolai Kardashev）提出了一个卡尔达肖夫量表，按照能源消耗等级，将人类文明分类为Ⅰ型、Ⅱ型、Ⅲ型文明。③

在已有的文明分析框架中，很多研究将语言（包括口语和文字）视作推动文明发展的要素，但是再进一步，深入符号、载体和复制等传播技术的细节分析人类文明“长时段”演进发展的研究尚不多见。从本书的

---

① Wikipedia，Civilization，https：//en. wikipedia. org/wiki/Civilization.

② 〔美〕贾雷德·戴蒙德：《枪炮、病菌与钢铁：人类社会的命运》，谢延光译，上海译文出版社，2000。

③ Wikipedia，Kardashev Scale，https：//en. wikipedia. org/wiki/Kardashev_ scale.

梳理来看，媒介技术作为智力技术，作为社会组织技术，作为一种认知工具，是人的发展和社会发展的基础设施。在面临人工智能挑战的时候，从这一视角反思人类文明的演进和发展，有着独特的价值和意义。

一　反思人类文明的演进：基于“三个世界”框架

卡尔·波普尔的“三个世界”理论为我们提供了一个从哲学认知论的整全视角考察和反思人类文明进程的框架。从“三个世界”的视角来看，从原始智人时代到现代社会，世界 1、世界 2 和世界 3 都发生了巨大的变化，如图 7-1 所示。

1. 原始智人时代

在原始智人时代，人类还处于认识世界 1、顺应世界 1，几乎没有能力改变世界 1 的阶段。原始智人还没有掌握语言。在这一阶段，“三个世界”的状况分别如下：

- 世界 1：由造物主创造的，几乎未经人类改造的、纯自然的物理世界。
- 世界 2：原始智人还没有掌握语言，无法相互交流。智人之间的合作类似于动物群落。智人关于世界的“知识”完全来自个体对外界的经验感知，是一种“具身”知识。按照马斯洛的需求层次理论，原始智人的需求还处于温饱等生理、安全需求的层次。
- 世界 3：“客观知识”近乎于零。

2. 现代社会

经历了口头语言、文字、印刷技术、广播电视和互联网的发明，人类通过口头语言、文字、广播电视、音视频等广义“读写”，获取了关于自然、社会的知识，人类改造“世界 1”的技术有了突飞猛进的发展。“三个世界”的状况发生了巨大的变化。

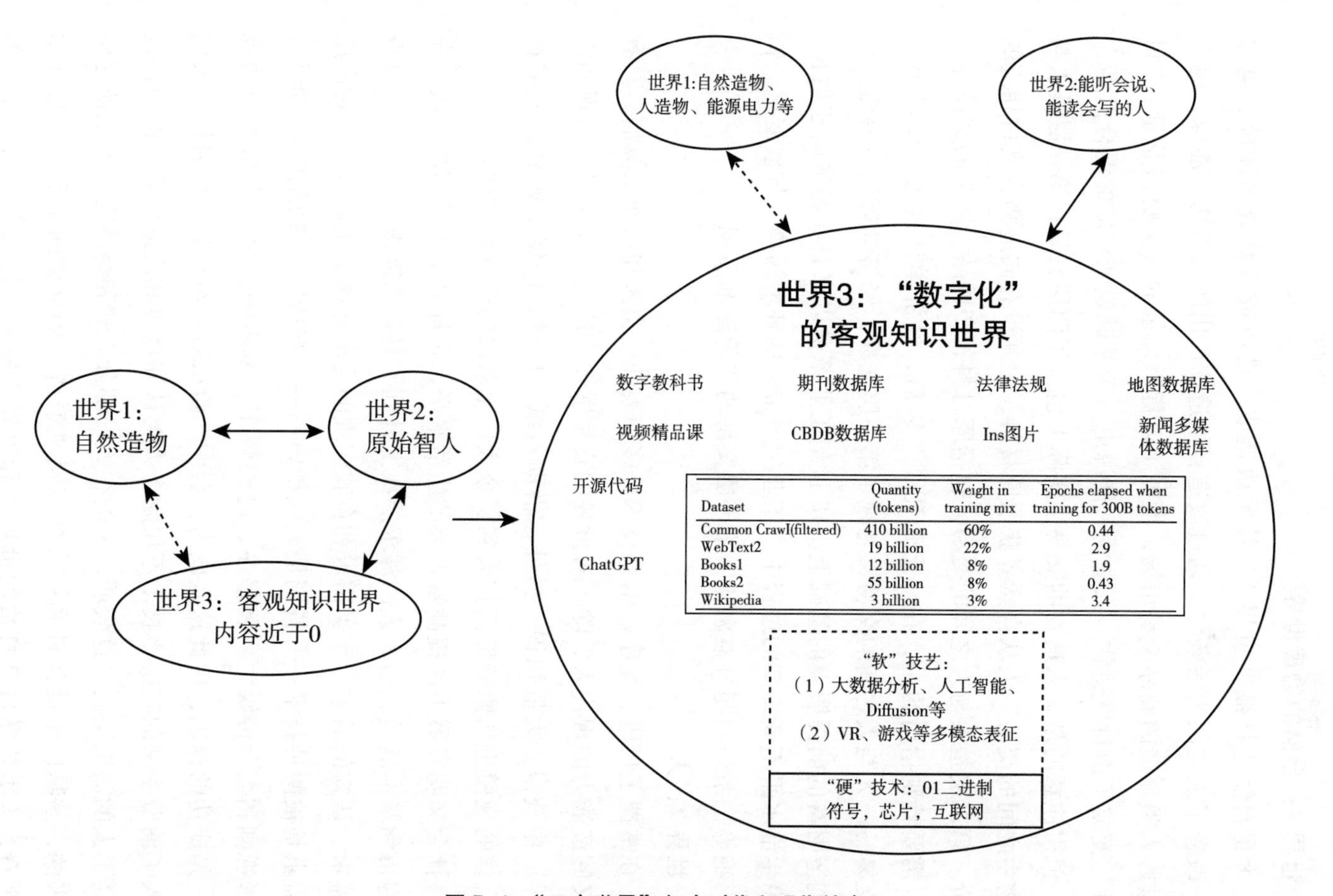

图 7-1 "三个世界"：智人时代和现代社会

世界 1：自然的物理世界

大量自然造物被“世界 1”技术改造成人造物或者释放出能源、电力等，改善了人类的生活条件。通过改造自然造物产出的人造物、能源、电力等进入人类创造的商品交易市场，增加了以货币计量的人类财富总量。“世界 1”变成了由自然造物、人造物、能源电力等基础设施构成的混合世界。

值得注意的是，人造物的交易中实际上包含了两层交易：第一层是人与造物主之间的交易。人从自然界获取原材料，但并没有向造物主支付相应的对价。第二层是人与人之间的交易，包括原材料、产成品、服务的交易等。

需要特别指出的是，在“上帝死了”以后，经济学计量的主要是第二层交易——人与人之间的交易，忽视了第一层交易，经济学理论主要建立在人创造财富的前提假设的基础上。18 世纪工业革命以来，在经济高速增长、人民生活水平不断提高的过程中，工业生产带来的环境污染、气候变化、物种灭绝等一系列问题日益恶化，第一层交易的代价逐渐显现。

世界 2：人

在掌握了口语、文字、信息技术等多种表征、交流和协作工具后，具有广义阅读能力的现代人，除了对世界的直接感知，还从“世界 3：客观知识世界”中获得了大量知识。另外，借助报纸、广播、网络等媒介，人类社会合作的规模也从原始部落扩大到了今天广土众民的全球化时代。

社会文明发展不断提高着人类的生活水平，也提高了人的需求层次。在温饱得到基本满足以后，人的需求层次上升到了马斯洛需求层次理论中尊重的需求、认知的需求、审美需求和自我实现的需求等高层次需求。这种高层次需求是被两种技术——特别是大众传媒——“塑造”出来的需求。例如，在影视剧和大众传媒中，奢侈品、高档轿车、宽敞的住房是成功人士的标配，是成功的标志，因此这些成为社会中产阶层努力奋斗的人生目标，人们跌入了消费主义的陷阱。技术不仅赋予人类认知世界和改造世界的能力，也提高了人的需求层次。这表明，人的很大一部分心理和情感需求也是被建构出来的，是物质生活条件和被大众传媒“塑造”的欲望的函数。从某种角度来看，人类依靠自己打造的世界 1 和世界 3 技术，将人自身从原生态的

“裸人”塑造成了具有更高知识水平、更高生活需求的现代人。

世界 3：客观知识世界

人类文明发展的最主要标志就是“世界 3：客观知识世界”从无到有再到巨大增长。借助媒介工具的辅助，人类共同拥有的客观知识的数量从近于 0，发展到今天这个纷繁复杂的知识体系。卡尔·波普尔曾提出两个思想实验。实验 1 假定，世界毁灭了，但图书馆还在，人类很容易重建文明世界。实验 2 假定，世界毁灭了，图书馆也没有了，文明在几千年内不可能重新出现，人类就会回到原始人的状态。[①] 这两个思想实验以及图7-1的比较告诉我们，人类并没有创造物质，但的确创造了语言、文化和知识，知识才是真正由人类创造出来的财富。

二　两种技术对人类文明发展的影响

按照波普尔的“三个世界”框架，人类发明的技术可以分为“世界 1”技术和“世界 3”技术两大类。从马克思主义唯物史观来看，这两种技术是推动人类文明发展的原动力。

1.“世界3”技术

“世界 3”技术是支持人类的表达、交流与协作的技术，它的主要作用是充当社会组织工具和人类认知工具。媒介技术并不直接产出人类生存必需的衣食住行等物质资料，它通过支持人类的有组织合作，间接地推动了物质资料的大规模工业化生产。

在媒介技术的影响下，人类合作的规模从原始部落发展到今天全球化时代的广土众民。“客观知识世界”的容量也从原始智人时代的近于 0，发展到今天的浩瀚、辉煌和复杂。

媒介技术作为智力技术，作为“元认知”工具，还影响了人类的认知

① 〔英〕卡尔·波普尔：《客观知识——一个进化论的研究》，舒炜光、卓如飞、周柏乔、曾聪明等译，上海译文出版社，1987，第 125 页。

和思维方式。从本书第二章至第六章的分析可以看出，孔德所谓的“神话阶段”的思维特征，就是卢利亚所说的口语思维的产物，哲学思想是文本思维的产物，科学思维则是印刷技术思维的产物。在数字媒介时代，随着互联网、大数据、人工智能技术的发展，人类思维又将进入一个数字思维和计算思维的新阶段。

2. “世界1”技术

“世界 1”技术指通过改变自然造物的物理、化学或生物属性，生产出衣食住行等人造物或释放出能源电力，改善人们的物质生活条件的技术。“世界 1”技术的发明和创新扩散都离不开“世界 3”技术所营造的传播生态环境。从这个角度看，“世界 3”的媒介技术才是推动人类社会发展的“第一技术”。

“世界 1”技术文献中通常包含大量的图形，是口头讲述无法准确表达的，需要“静默地阅读”才能学习和领会。因此，在印刷机发明以后，人类才迎来了“世界 1”技术的爆发式增长，涌现出包括伽利略、哈里森、瓦特、特斯拉和马可尼在内的一批改变人类历史的伟大工匠。特别是 1776 年瓦特发明的蒸汽机用矿物燃料煤这种“无生命的动力源”取代了人和牲畜等“有生命的动力源”以后，才打破了“农业生产—动力再生产”之间的死循环。这项“世界 1”技术终结了数千年来利用奴隶提供“动力”的落后生产方式，极大地提高了劳动生产率，改善了人类的物质生活条件。

自工业革命以来 200 多年的时间内，人类社会进入“世界 1”技术快速发展、人口快速增加、生活水平不断提高的时代。在 200 多年的时间里，人类已经在自然世界中改造出一个人造物理空间——所谓“人类纪”。今天人类居住的房屋就是一个连接着自来水、电力、网络、道路等公共设施的人造物理空间。人的生存技能也从奔跑、采摘和狩猎变成了“好好学习”。

“世界 1”技术为人类赋予了改造自然造物的伟力，人仿佛取代了神成为世界的主宰。所以，像尼采这样的诗人和哲学家高呼“上帝死了！”但是，牛顿、爱因斯坦等物理学家却从没说过这样的话，因为他们深知，离开了造物主的“自然造物”，人类不可能凭空制造出“一粒尘埃”。即使科学发展到今天，对“世界1”的起源——地球和宇宙的起源，人类仍然所知甚少，甚至近乎无知。

三　对人类知识分类的反思

本书第一章从人类认知的本源出发，提出了人类认知的两个约束条件：第一，认知客体都是“不能言说的”，对真实世界的表征是人类认知的起点。第二，人类个体的神经感知系统对外界的直接感知范围有限。人类认知的两个天然约束条件表明，人类并非仅仅依靠“赤裸裸的脑力”来认知世界，而是借助媒介技术所提供的表征、数据汇集、分析和修辞表达工具来认知世界和生产知识。人类对世界本体的认知是借助媒介技术表征出来的“认识论中的‘本体论’”。

历史上，每当出现媒介技术变革的时候，人类知识体系就会发生一次系统性的变革。公元前9世纪至公元前4世纪，从口传到手工书写的技术变革中，苏格拉底提出了对书写的批判，柏拉图则将诗人逐出了哲学的“理想国”，引发了持续2000多年的“诗与哲学之争”；15世纪中叶印刷机发明，经历文艺复兴和科学革命之后，在17~18世纪的启蒙时期，在印刷技术带来的知识爆炸、科学革命和旧的经院哲学方法之间，爆发了一场知识危机和哲学危机。自20世纪上半叶以来，学科分化、学术部落化的危机日益加剧，胡塞尔的《欧洲科学的危机》、查尔斯·斯诺的《两种文化》和约翰·霍根的《科学的终结》的相继出版，以及20世纪末出现的“索卡尔事件”，标志着现代分科知识体系再次遭遇危机。2022年ChatGPT的横空出世，导致符号生产成本大幅降低，符号化的文本井喷式地增长，知识与现实的相互分离，导致知识泡沫和知识危机进一步恶化。

如何应对这一场知识危机？跨学科、交叉学科被认为是一种解决知识危机的途径。[①] 这是一种“自下而上”的学科整合的路径。从本书的梳理来

① 〔法〕阿卜杜勒-拉赫曼·马苏迪：《知识危机的挑战——跨学科性的回归与前景》，贺慧玲编译，《国外社会科学》2012年第6期，第55~58页。

看，人类知识体系从古希腊哲学，到中世纪“七艺”，再到19世纪以来形成的大学专业目录，知识从最初的浑然一体逐步分类、演化成了今天的上百个一级学科门类。如果自下而上将“知识之树”的“叶片”两两交叉或三三交叉，可能会出现更多、更复杂的学科门类。

学科重构的另一个途径是自上而下，即从“元认知”的角度重新审视、整合不同的学科门类。本书提出的媒介技术“元认知”工具，就是从“认识论中的‘本体论’”的视角自上而下审视和梳理人类知识体系的一种理论工具和方法。

按照基于扩展的“三个世界”的学科分类框架（见图7-2），现有学科可以分为以下几类。

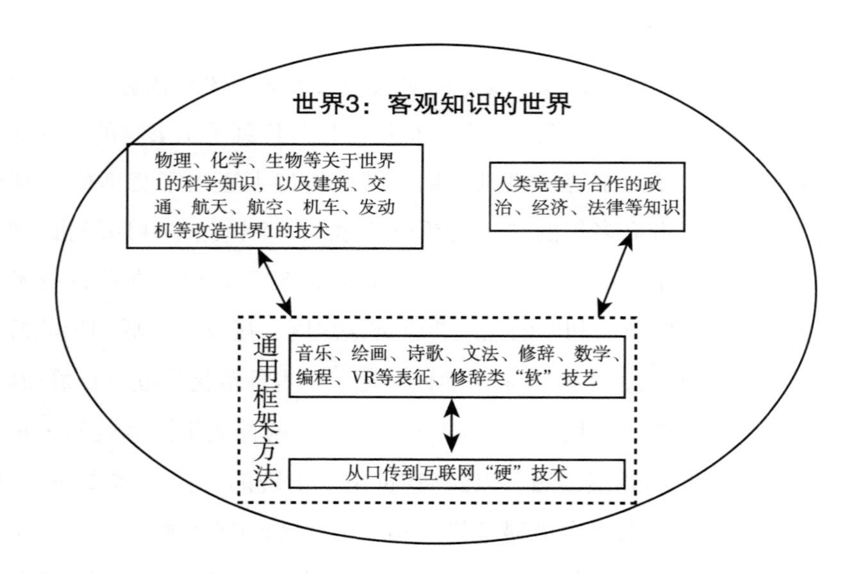

图7-2　基于扩展的“三个世界”的学科分类框架

1. 作为“世界3”通用框架方法的基础学科

从口传到互联网，在“硬”技术基础上出现的音乐、绘画、口语、数学、语言学、计算机、人工智能等学科，都具有表征认知客体、在“事实一符号”之间建立映射关系的作用，本质上都是一种为现实世界建模的工具，是人类探索世界的认知工具，属于人类探究知识的“软”技艺。从这个角度来看，科学与人文这两种文化都离不开“世界 3”的这套“软”技艺，它们的共性大于差异。20 世纪以来，研究者对科学知识不确定性的批判是对 17 世纪以来形成的“科学”迷信观念的一种矫正。

对于互联网、大数据、人工智能带来的这一轮学科“范式”革命，大多数研究者重视方法论层面上的“计算”，而忽视了本体论意义上对现实世界的重新建模。如同古希腊哲学家为事物下定义、造词；如同 15~16 世纪，数学和解析几何为天文学、物理学提供了新的语言和建模工具；在这一轮数字化变革中，研究者不应该把注意力过多集中在 ChatGPT 这样的生成性智能工具上（它更多的是对过去形成的知识符号的分拆、统计和重新输出），而应该关注数字技术带来的新表征功能，以及如何利用数字工具重新对自然、社会建模，只有这样，才能突破印刷技术时代知识体系的桎梏，拓展人类的认知边界。

2. 与“世界1”相关的科学知识和技术知识

由于大自然“从不言说”，“不言明事实”，人类对自然的探索离不开媒介技术的表征功能。在口头语言（声音流）、手工书写文字、印刷技术、电子媒介和数字媒介等不同表征技术的影响下，人类对自然界的探索从最初的命名，到苏格拉底式的定义；到印刷技术时代精准的、可观察/可测量的物理变量和公式；到电子媒介时代超越人类直接观察的分子、电子和基因层次的表征；现在又发展到数字媒介时代的人类基因组、大数据等超大规模的表征。从口传到互联网的媒介技术“长时段”变革来看，人类对大自然的探索从最初的表象观察进入今天微观化、精细化、动态化和复杂性的研究范式。

现代科学起始于哥白尼革命，至今仅有 400 多年的历史。早期科学知识涉及的是直接与人类感官有关的自然现象。随后，科学向人类不能直接观察到的领域发展。科学日益依赖于仪器的使用，而技术也不能再通过经验试凑法来谋求进步，它必须借助科学知识来安排试验内容的次序和模式。今天，若没有仪器、计算机等技术设备，（符号化的）科学理论就无法与自然世界相“接触”，就无法验证科学理论的正确性。同样，若没有科学基础，技术也将寸步难行。①

需要注意的是，人工智能的技术突破不等于“世界1”范畴的科学和技术的重大突破。2023年，在ChatGPT大奏凯歌的时候，5月21日，在北京大学英杰交流中心举办的“20世纪中国科学重大创新成果”主题会上，韩启德、田刚、潘建伟、饶毅等几位院士和著名教授，讨论了20世纪50年代以来物理学、生物学等领域颠覆性的科学成果明显下降的趋势。② 这表明，如果没有观测技术和实验工具的突破性进展，仅依靠人工智能，不可能带来又一次新的科学“范式”的革命。

由于大自然“从不言说”，再加上现代科学已经进入人类不能直接观察的领域，现代科学知识可能存在两方面的偏差：第一，观察工具带来的偏差；第二，在观测数据基础上建构的理论模型的偏差。维柯所谓的“神的真实”和“人的真实”之间的偏差是永恒存在的，自然科学知识只能无限接近但永远不等于那个“从不言说”的“神的真实”。

3. 与“世界2”有关的社会科学

社会科学是依赖媒介技术建构的知识体系。这里的“建构”有两重含义。第一，人与人的交往和协作离不开媒介技术，媒介技术是社会建构工具。第二，媒介技术作为“元认知”工具，是社会科学知识的生产工具。随着媒介技术的不断发展，社会交流网络以及社会科学知识都逐渐演变成了一个复杂系统。社会科学的建构性本质决定了社会科学知识无法像自然科学

① 杨玉琴：《科学研究的最终停滞——知识危机?》，《未来与发展》1987年第1期，第58~59页。

② 2023年5月21日，在北京大学英杰交流中心举办的“20世纪中国科学重大创新成果”主题对谈会上，韩启德院士提出了颠覆性科学创新的话题，https：//zhuanlan. zhihu. com/p/632351398？utm_ id=0。

知识那样被“证伪”。

近代以来，受到自然科学成功“范式”的影响，社会科学大量采用量化模型，导致知识与实践相互脱离，这是“知识泡沫”的重灾区。社会科学各分支领域的研究方法基本相同，早期由于聚焦的研究对象不同，建构形成了不同的概念框架（建模）。随着各“学术部落”的不断扩张，相互交叉、重复的研究领域日益增加，但概念体系并没有统一，出现了大量本质上重复、冗余的理论创新，造成了概念意义上的虚假繁荣。从“长时段”的知识变革视角来看，社会科学存在的早期和晚期、相邻学科之间的大量“泡沫”，将是这一轮知识体系“瘦身”的重要目标。近年来，美国出现的关停某些学院、某些学科的现象，已经显现出社会科学知识遭遇危机的苗头。

数字媒介也给社会科学研究带来了“范式”重构的重大机遇。人类社会是一个动态变化的系统，数字媒介的交互性特征，游戏、VR 等新修辞表达工具，提供了一种新的动态建模工具；大数据的自动记录又为社会科学研究带来了多维、多模态的新数据；大数据分析工具带来了新方法，给社会科学的范式创新提供了充足的技术支持。今天，社会科学研究最重要的学术创新，就是重新对社会现实“建模”，就像第六章介绍的远读、历史动力学一样，一旦新的模型建立起来，数据采集和计算都可以依靠互联网、人工智能自动完成。建立新模型、新范式是未来一段时间衡量社会科学理论创新最重要的指标。

4. 教育学：具有“元学科”的性质

教育学的研究对象是人，确切地说，是人的成长和发展。人关涉整个“三个世界”框架。人的生物体是“世界 1”的一种自然存在，是生物学、医学的研究对象。人作为社会的基本构成单元，属于“世界 2”的范畴，其社会行为和成就需求又属于社会科学的研究范畴。“世界 3”则汇集了从古至今人类积累的对世界的所见所思所想，是直接感知之外，人类知识的另一个主要的来源。由此可见，教育学研究跟世界 1、世界 2、世界 3 都有关联。

从本书对“长时段”媒介与教育演变历史的梳理来看，媒介技术变革一方面从认知论（或知识论）的角度，重新构建人类知识体系，形成了新的知识版图。另一方面，改变了人类教育的生态环境和教学方法。因此，在面临教育数字化转型的挑战时，必须突破近代以来形成的“窄”教育学的视野，回到柏拉图的时代，回到16世纪现代学校制度的起源，从“元学科”的高度重新认知和规划教育的数字化变革。

四　关于人工智能

人工智能是21世纪上半叶最受瞩目的前沿技术。关于人工智能的展望、憧憬和担忧，既包括睿智而冷静的思考，也混杂着科幻电影所营造的神话想象，以及创业公司提供的营销宣传故事。“智能”一词总让人担心这项技术会超越人类、主宰人类。本书对从口传到互联网的“长时段”人类知识演变过程的分析表明，人工智能处于“通用框架方法”内，是在01二进制符号、芯片和互联网等“硬”技术层之上出现的一种处理和操作知识的“软”技艺。

1. 人工智能：一种“世界3”技术

人工智能不是“智能”，它本质上是一种“世界3”技术，跟人的智能属于不同的范畴。

人的智能有两个来源：第一，人的感知运动系统对外界的直接感知；第二，通过广义阅读获得的“世界3”的客观知识。人工智能则是一种“世界3”技术，是在数字媒介“硬”技术的基础上出现的一种表征、组织和传播内容的“软”技艺。它本质上与Liberal Arts属于同一类，是一种从事内容创作、知识劳动和学习必须掌握的“软”技艺。

人工智能是“数字修辞”的组成部分。数字修辞提供了一种对世界建模的新工具。由数字媒介“硬”技术和数字修辞（含人工智能）“软”技艺构成的“通用框架方法”，不仅是人类探究知识的工具，而且是人类学习的工具，是数字时代一个人终身学习必须具备的数字素养能力。

2. 人工智能产业:“世界1”技术+“世界3”技术

在电子技术出现以前,“世界 3”的知识不能直接作用于“世界 1”的自然造物,机械技术、蒸汽轮机等“世界 1”技术,都需要借助人手来操作。数字可编程电路出现以后,出现了自动控制技术,可以按照固定的流程来操纵机械设备。人工智能技术的出现使“世界 3”的知识可以直接驱动“世界 1”技术,形成了“世界 1”技术和“世界 3”技术的混合体。

以无人机为例,如果用系统化思维把无人机拆开,其技术组件包括飞行系统、炸药、摄像头和人脸识别技术。飞行系统、炸药、摄像头等都属于传统的“世界 1”技术,只有人脸识别属于人工智能技术。这种“世界 3”技术与传统“世界 1”技术的组合,带来了一种无人操控的、迷你智能化杀伤性武器。

这种“世界 1”+“世界 3”的技术混合体,首先将导致传统产业的转型升级。例如,在传统的洗衣机、冰箱等产品中嵌入一块能够进行语音识别、人脸识别等功能的人工智能芯片,就产生了一种类似与人对话的智能效果,可以控制室温、湿度、定时等。其次,这种技术混合体将改变传统制造业的成本结构。现在汽车制造已经开始大量使用机器人劳动者,“黑灯工厂”将改变原有的制造业成本结构,可能会给世界制造业带来又一轮流程重构,引发新一轮全球制造业的大转移。

3. 人工智能伦理

从人工智能技术的本质特性出发,应该根据“世界 1”+“世界 3”技术以及“世界 3”技术的影响,来建立人工智能应用的伦理边界。

第一,应该严格审查人工智能与“世界 1”技术的混合体。换句话说,不能把核武器、生化武器等一切危险的“世界 1”技术的控制权直接交给人工智能。否则,可能给人类带来灭顶之灾。

第二,纯人工智能技术是一种“世界 3”技术。纯人工智能技术主要通过获取情报、编造故事等影响人的思想、选择和决策，从而通过影响人的行为来影响世界。在这个范畴内，人工智能可能带来的伦理挑战包括：数字鸿沟带来的社会公平问题、人工智能诈骗，利用人工智能诱导、挑唆、操纵他人的思想和行为等。

第三，警惕“生成性人工智能”对信息环境的污染。ChatGPT 这类生成性人工智能应用是在人类积累的知识、虚构故事、演讲宣传词等内容的基础上，通过对语词的标注、统计分析，从而按照用户的提示，生成的多模态内容。生成性人工智能应用的大批量出现，大大降低了内容的生产成本。如果让这类生成性内容不经审核地流入互联网，无疑会严重污染、恶化互联网的信息环境。

第二节　媒介技术作为一种长时段历史分析框架——重新思考“李约瑟难题”

媒介技术长时段变革框架还为解决一些跨学科的、长时段历史问题的研究，如“李约瑟难题”，提供了新的理论分析框架。

李约瑟绘制的欧洲近代科学对于中国传统科学的超越与融合曲线①显示，在公元纪元以前，东西方科学发展没有差异；0~16 世纪，中国科学技术的发展水平高于欧洲；16 世纪以后，欧洲的科技水平超越了中国。因此，他提出了著名的“李约瑟难题”：为何古代中国人在科学和技术方面的发达程度远远超过同时期的欧洲？为何近代科学没有产生在中国而是产生在 17 世纪的西方，特别是文艺复兴之后的欧洲？

“李约瑟难题”提出至今，已经演变成一个跨越科学史、东西文化比较、经济学、社会学、文化史等多学科的经典研究问题，不同专业的学者尝试从各种不同的角度来解答这一问题。目前已经形成了几种主要的解释路

① 李约瑟：《世界科学的演进》，载潘吉星主编《李约瑟文集》，陈养正等译，辽宁科学技术出版社，1986，第 194~216 页。

径：第一，从制度角度来解释[①]。认为中国强大的封建官僚制度遏制了技术发明的获利空间，因而扼杀了创造力。林毅夫的研究认为，中国"学而优则仕"的科举制度把人才的注意力都吸引到"四书五经"上，扼杀了人的创造力。[②] 第二，从经济学角度来解释。从亚细亚生产方式来解答"李约瑟难题"。澳大利亚汉学家马克·埃尔文提出的"高水平均衡陷阱"理论认为，中国农业技术发达，人口密度高，劳动力便宜，任何节省人力的技术发明都显得没什么价值，这反过来也阻碍了科技的发展。[③] 第三，从东西方文字[④]、出版业态[⑤]和思维方式[⑥]角度来解答"李约瑟难题"。认为文字对人的内在思维方式的影响是导致中国近代落后的主要原因。

还有一些东西方学者对"李约瑟难题"提出质疑，认为这是一个"伪问题"。有趣的是，东西方学者质疑的立场正好相反。中国科学史家吴国盛和江晓原[⑦]质疑"李约瑟难题"的第一问，认为科学技术的源头是希腊哲学，中国古代只有经验性技术，不存在科学技术。其次，他们认为李约瑟混淆了科学和技术这两个不同的概念，因此得出结论，"15 世纪以前中国科学和技术发达程度超过欧洲"是不可能的，"李约瑟难题"是一个伪问题。美国汉学家、历史学家内森·席文（Nathan Sivin）则反对"李约瑟难题"的第二问，认为这是以"西方中心论"为标准，对其

---

① 张兴国、张兴祥：《"李约瑟难题"与王亚南的中国官僚政治研究》，《广东社会科学》2003 年第 2 期，第 119~124 页。

② 林毅夫：《制度、技术与中国农业发展》，上海三联书店、上海人民出版社，1994，第 271~272 页。

③ 姚洋：《高水平陷阱——李约瑟之谜再考察》，《经济研究》2003 年第 1 期，第 71~79+94 页。

④ 宋礼庭：《论李约瑟难题——基于中国文字的视角》，《武汉科技大学学报》（社会科学版）2012 年第 3 期，第 243~247 页。

⑤ 肖三、王德胜：《从传播技术视角解读文化的发展——兼论李约瑟难题》，《科学技术与辩证法》2005 年第 2 期，第 88~90+112 页。

⑥ 陈炎：《儒家与道家对中国古代科学的制约——兼答"李约瑟难题"》，《清华大学学报》（哲学社会科学版）2009 年第 1 期，第 116~126+160 页；帅建华、黄岳钧：《思维路向的差异是东西方文明差异的根源——兼论韦伯论断与李约瑟难题》，《东莞理工学院学报》2014 年第 2 期，第 20~28 页。

⑦ 江晓原：《被中国人误读的李约瑟》，《自然辩证法通讯》2001 年第 1 期，第55~64 页。

他文明的不适当评价。席文反对“中国古代没有科学的说法”，认为不能因为17~18世纪欧洲出现了现代科学革命，就认为中国也必须出现类似的变革。[①]

剑桥大学李约瑟研究所所长梅建军教授撰写了《“李约瑟之问”不是伪问题》[②] 一文，对“伪问题”这一说法进行了批评。他回应说，李约瑟和他的《中国的科学与文明》对世界的主要贡献就是对“西方中心主义”或“欧洲中心主义”的挑战，提醒世界应当公正评价非西方文明的价值和意义，揭示了包括中国在内的非西方文明对近代科学在欧洲兴起的巨大贡献。他还强调，在21世纪的互联网时代，应当从文明交流、互鉴的独特视角和宏大格局，重新思考“李约瑟难题”的历史价值及其对未来的意义。

笔者认为，中国学者对“李约瑟难题”是一个“伪问题”的批评是站不住脚的。首先，本书第四章的分析表明，科学是在印刷技术时代出现的、以现代数学和几何学为科学“语言”、以观测和实验数据为基础建构起来的一套对自然世界的理论解释，不仅中国古代没有科学，[③] 西方古代也没有科学。“科学技术的源头是希腊哲学”的说法，不恰当地夸大了古希腊哲学的作用。

在此，本节借鉴媒介技术长时段变革的理论框架，通过对15世纪前后中西方媒介生态环境的对比，重新解答“李约瑟难题”。

一 15世纪前中国、欧洲的媒介生态环境

1. 中国、欧洲媒介生态环境的差异

15世纪前，中国采用象形文字，人造纸和雕版印刷等作为社会、经济、

① 张祖林：《从“李约瑟难题”到席文的中国17世纪科学革命说》，《华中师范大学学报》（自然科学版）2003年第3期，第436~440页。

② 梅建军：《“李约瑟之问”不是伪问题》，《社会科学报》（上海）2020年12月3日。

③ 吴国盛：《说中国古代有无科学》，《科学》2015年第3期，第3~8页。

文化发展的传播基础设施。欧洲则采用拉丁字母文字、莎草纸/羊皮书、手工抄写作为社会发展的传播基础设施，如表 7-1 所示。

表 7-1　15 世纪前中国、欧洲媒介技术的比较

媒介技术	中国	欧洲
符号	象形文字，字符数上万	拉丁字母、希腊字母、西里尔字母等
载体	人造纸，数量充足	莎草纸、羊皮纸，数量稀缺（1056 年，西班牙第一家造纸厂成立）
出版	雕版印刷	手工抄写

（1）中国、欧洲文字表达符号的比较。

中国的象形文字字符数上万个，再造一套书写符号的成本很高。因此，中国历史上虽然多次遭遇过外族入侵、朝代更迭，一直没有放弃汉字这套书写系统。这套统一的汉语言文字在各地不同的方言之上建立起了一个“文字的信息传播系统”，将广袤疆域内的多民族连接在一起，形成了一个大的信息通信网络，促进了中国当时政治、经济、文化的发展，以及技术的创新扩散。

欧洲采用的拉丁字母文字只有 26 个字符，再造一套符号的成本很低，“所有独立的语言都有可能以极低的成本，创造自己的文字。”① 因此，在希腊字母的基础上，罗马人创造了拉丁字母，拜占庭教士西里尔又为东欧的斯拉夫语言创造了西里尔字母。结果，面积与中国差不多的欧洲被不同的语言文字“切割”成了大大小小的“子信息系统”。相互读不懂对方的文字，听不懂对方的语言，不仅导致了希腊、罗马典籍的流失，还阻碍了欧洲范围内的经济贸易交流以及创新扩散。

（2）中国、欧洲书写载体供应的比较。

公元 105 年，中国人蔡伦就发明了人造纸。蔡伦造纸术使用草根、树皮、旧棉布等为原材料，供应充足。人造纸作为一种轻便、易携带、优质的

① 刘军卫导演《汉字五千年》第 1 集，2009。

书写材料，为社会治理和文明发展提供了优良的书写工具。在汉唐时期，中国就出现了公文——邸报[1]，作为政令上传下达的社会治理工具。纸张还为图书出版、教育、科举等提供了便利的技术条件。

相比之下，在历史同期，欧洲人还在以莎草纸、羊皮纸等为书写载体。莎草纸、羊皮纸的产量依赖大自然的恩赐，数量稀缺。由于书写材料匮乏，中世纪欧洲被迫回收“二手”羊皮纸，重复使用。阿基米德的羊皮手稿也变成了“二手”羊皮纸材料，被抄写成了一本祈祷书。[2]

（3）图书出版的差别。

公元868年，中国出现了第一本雕版印刷书《金刚般若波罗蜜经》。雕版印刷为中文图书的大批量、精准印制提供了技术保障。雕版印刷不仅可以印文字的书，还可以大批量、精准地印刷《齐民要术》《农书》等带有插图的技术手册，为教育、科举考试的教材、技术文献的扩散等提供了大批量传播的途径。

反观欧洲，在15世纪古登堡印刷机发明之前，图书出版主要依靠抄书匠手工抄写。手工抄写不仅速度慢，而且很容易出现笔误，在复制地图、植物图等插图时更是错漏百出。因此，欧洲图书数量稀少，中世纪书籍的流传非常缓慢，书籍根本不是为了供人阅读，精美的手抄本成了奢侈品[3]，这些严重影响了欧洲当时教育、文化的发展，以及技术的创新扩散。

由于媒介技术的特征不同，当时的中国和欧洲形成了两种完全不同的社会媒介生态环境，对中国、欧洲的社会发展、知识生产和创新扩散等产生了完全不同的影响。

2. 中国的媒介生态环境和社会发展水平

在汉字、人造纸，特别是雕版印刷技术的基础上，15世纪前的中国拥

---

① 刘文奎：《论政务信息纸质载体的起源——兼谈中国最早的报纸》，《办公室业务》2005年第2期，第21~23页。

② 网易公开课，TED：《揭秘阿基米德失落的手抄本》，https://open.163.com/newview/movie/free?pid=M94TS37K6&mid=undefined。

③ 〔法〕雅克·勒戈夫：《中世纪的知识分子》，张弘译，商务印书馆，1996，第6页。

有世界上最先进的媒介传播系统，推动了中国教育、经济、技术和文化等多方面的发展。

（1）中国："书同文"和"官话"[1]构成的大一统信息系统。

秦统一六国之后，用小篆统一了汉字。以汉字为基础，培养了一支能熟练使用标准文字交流国家大事的专业的"官"和"吏"的队伍，形成了一个"书写共同体"。

官话构成了（口头）语言共同体。中国疆域广袤，地形复杂、交通不便，在农耕时代形成了非常复杂的口语方言系统，甚至翻一座山、过一条河，语言就不通了，给国家治理带来了很大的难题。中国依靠官办的"太学"、退休官员回乡办私塾、教师的高声朗诵、戏剧和诗词歌赋的合辙押韵等，在政治文化精英中建立起一个"最低限的语言共同体"——官话，这是一种有别于任何地方方言的口头交流通用语言，使官员相互之间能够交流"官事"或公务。自古以来，中国诗歌韵文一直很发达，这不仅是一种文学样式，也是一种学习官话的实用教育技术。

中国2世纪发明了人造纸、9世纪出现了雕版印刷技术，为科举的大发展提供了充足的技术条件。如果没有批量印刷的、标准化的教科书，没有邸报作为科举选拔的组织工具，要想在幅员辽阔的国土范围内组织国家统一考试，是一项不可能完成的任务。第一本雕版印刷的《金刚般若波罗蜜经》出版100多年以后，太平兴国二年（公元977年），宋太宗扩大进士录取名额，这是唐宋科举制度变化的转折点，[2]推动了中国教育和科举制度的发展。

在"书同文"和官话的基础上，朝廷还对科举选拔出来的精英人才实行"异地为官"制度，在中国广袤的国土上建立起一个文官体系。这个文官体系不仅保证了政令的上传下达，还为文化、技术的创新扩散提供了一个信息传播网络。

---

① 对于这个话题的详细讨论，见苏力《大国宪制：历史中国的制度构成》，北京大学出版社，2018，第344~392页。

② 李裕民：《寻找唐宋科举制度变革的转折点》，《北京大学学报》（哲学社会科学版）2013年第2期，第95~103页。

“书同文”还带来了政治治理的变革——深思熟虑的政治，或者马克斯·韦伯所谓的理性政治（rational）。文字交流的增多，必然促使各层级官员逐渐形成精细表达、阅读和琢磨的习惯，迫使人的注意力持续高度集中，反复思考和琢磨文字，重视准确交流和细细体味，培养出精细入微的文字表达能力以及与之相伴的文字理解力。

（2）雕版印刷技术时代中国科学、技术、文化发展的成就。

随着雕版印刷的成熟，官方、商业和私人出版纷纷涌现，藏品的规模和数量不断增长。私人图书馆藏书1万~2万卷已司空见惯。宋朝自建国起，就开始建设昭文馆、历史馆、集贤馆等皇家图书馆，除此之外，还在各地建立了八座宫廷图书馆。到了11世纪，书籍的价格下降到之前的1/10①，政府机关纷纷用印刷版本代替了早期的手稿。

雕版印刷的大批量生产降低了图书的价格，推动了宋朝教育事业的发展。1076年，39岁的苏轼的一段话反映了当时图书大量增加的状况，大意如下。

> 我记得很久以前见过一些老学者，他们说他们年轻时很难得到一本《史记》或《汉书》。如果他们有幸得到一本，他们会毫不犹豫地将整个文本抄下来，以便日夜背诵。近年来商人刻印百家书籍，日产万页。书籍如此唾手可得，你会认为学生的写作和学术水平会比前几代人好很多倍。然而，年轻人和考生却恰恰相反，把书本捆起来，不看，而以闲话自娱。②

雕版不仅可以大批量印刷“四书五经”等文字典籍，还可以精准地印刷技术文献，加快了技术的创新扩散。例如，元代王祯“搜辑旧闻”编写的《农书》、黄道婆的纺织技术等借助信息网络传播开来，规模性地提高了

① Wilkinson, Endymion (2012), Chinese History: A New Manual, Harvard University Asia Center for the Harvard-Yenching Institute, pp. 910 - 911. 转引自 Wikipedia, Woodblock Printing, https://en.wikipedia.org/wiki/Woodblock_printing。

② Wikipedia, Woodblock Printing, https://en.wikipedia.org/wiki/Woodblock_printing.

各地的劳动生产率，推动了经济和社会的发展。因此，李约瑟说中国“古代和中世纪，展现基于观察和实验的归纳性科学，也包括手动操作。成就常领先于西方”[①]，是符合逻辑的结论。李约瑟对阴阳五行、数学、天文学、气象学、地质学、矿物学、地理学、物理学、植物学、炼丹术和化学等早期科学探索，以及对指南针、火药、矿冶、机械、制药、农业和航海等早期技术发明资料的搜集和整理，是了解雕版印刷对中国早期科学、技术发展贡献的宝贵资料。

3. 欧洲：大大小小的“信息孤岛”

由于字母文字的特殊性质，欧洲一直存在多种不同的文字体系，仅在1~4世纪，依靠罗马帝国的扩张，形成了一个以拉丁文为基础的语言共同体。公元476年西罗马帝国灭亡以后，“拉丁语共同体”分崩离析。几百年后，在地中海沿岸各地，拉丁口语演变出很多本地化的方言，书面语言也发生了变化，各地的字母拼写方式随语音改变，还出现了很多手写的花体字母，难以辨认。于是，罗马帝国时代统一的“拉丁语共同体”被分割成了若干小的“信息孤岛”。[②] 再加上莎草纸、羊皮纸稀缺，手工抄写出版图书效率低、易出现笔误等，给欧洲文明的发展带来了重重困难，“创新扩散”阻力重重。

这种多种文字构成的“信息孤岛”与中国15世纪以前的出版环境形成了鲜明的对比。在9世纪的加洛林文艺复兴、12世纪文艺复兴运动中，欧洲学者在一本本地寻找古希腊、古罗马典籍，并把《几何原本》《天文学大成》等一本本手工抄写、翻译成拉丁文的时候，中国的沈括已经撰写了《梦溪笔谈》、数学家杨辉已经提出了“杨辉三角形”。在王祯《农书》出版30多年后，1345年，彼特拉克在维罗纳大教堂图书馆偶然发现了一本不为人知的西塞罗《信件集》的残破莎草卷，由此开启了14世纪的文艺复兴

① 梅建军：《再看李约瑟——浅谈李约瑟在当代的意义》，https://hstm.pku.edu.cn/info/1183/1929.htm。

② 苏力：《大国宪制：历史中国的制度构成》，北京大学出版社，2018，第356~357页。

运动。在《永乐大典》完成9年以后，1417年，波吉奥·布拉乔里尼幸运地在德国的一座修道院中发现了不为人知的卢克莱修的《物性论》。

欧洲分立的一个个“信息孤岛”还制约了当时的教育和社会发展。中世纪欧洲识字人口比例很低，能够阅读拉丁文的人“只不过是在广大的文盲之海上露出的数点识字者的小岩礁罢了”①。由于大多数人是文盲，社会治理主要还是依赖面对面的口语交流。教会依靠教堂和神父以口头语言的方式向信众传播天主教教义。马克西米利安一世、查理四世等有作为的皇帝都得学习好几种语言，并四处游历，与臣民进行面对面的交流②。“在中世纪的西欧，拉丁文从未与一个普遍的政治体系相重合。这点和帝制时期的中国那种文人官僚系统与汉字圈的延伸范围大致吻合的情形形成对比。”③

如上文所述，在15世纪以前，中国依靠“人造纸+雕版印刷+科举文官”建立起一个大一统信息传播系统，为社会治理、新技术的创新扩散创造了有利条件。相反，欧洲当时依赖“半口传+半书写”的交流媒介，形成了一个个“信息孤岛”，导致识字人口比例极低，给社会治理、创新扩散带来了重重阻碍。中、欧不同的社会传播生态环境导致“中国文明在获取自然知识并将其应用于人的实际需要方面，要比西方文明有成效得多”④。

二　15世纪后，中、欧媒介生态环境的变化

15世纪中叶，古登堡发明了铅活字的印刷机，不仅可以大批量地印刷标准化的图书，还可以支持报纸、期刊等连续出版物的快速出版，极大地改变了欧洲中世纪的社会传播结构，中国、欧洲社会赖以运转的“媒介技术基础设施”的优势出现了逆转。

---

① 〔美〕本尼迪克特·安德森：《想象的共同体——民族主义的起源与散布（增订版）》，吴叡人译，上海人民出版社，2016，第14页。

② 在纪录片《德国人》、影视剧《权力的游戏》中，皇帝骑马带随员游历的镜头比比皆是。

③ 〔美〕本尼迪克特·安德森：《想象的共同体——民族主义的起源与散布（增订版）》，吴叡人译，上海人民出版社，2016，第41页。

④ 梅建军：《再看李约瑟——浅谈李约瑟在当代的意义》，https：//hstm. pku. edu. cn/info/1183/1929. htm。

1. 中、欧信息媒介生态环境的逆转

1812年，伦敦传道会派米怜到中国传教。米怜来到中国后，首要的任务就是印刷中文《圣经》。他遍寻中国本土和东南亚，没有找到一家活字印刷厂。经过多方考察后，米怜得出一个结论：对于象形文字来说，活字印刷是一种“不经济”的出版模式。表7-2从铸字成本、排字效率、排字工的培养、排字工的收入等方面，分析了象形文字、字母文字活字印刷的成本[①]。

表7-2　活字印刷的成本：象形文字与字母文字

	象形文字活字印刷成本	字母文字活字印刷成本
铸字成本	字模数多,铸字成本高	26个字母,铸字成本低
排字效率	数万选1,劳动效率低	26选1,劳动效率高
排字工的培养	分辨数万个符号,约10年教育	分辨26个符号,半文盲
排字工的收入	简单重复劳动,收入不高	简单重复劳动,收入不高

与字母文字相比，汉字字模数量多，排字效率低。一个人必须接受长达数年的教育，才能分辨（掌握）上万个汉字。这样的人一定会去参加科举考试，而不是做排字工。综合来看，在汉字的环境下，活字印刷的铸字成本高、排字效率低、排字工的培训成本高，收入低，当时确实是一种“不经济”的出版方式。

相比之下，字母文字活字印刷极大地改善了欧洲的图书出版和信息传播环境。据西方学者赫伯尔·贾尔斯（Herber Giles）等人研究，1500年以前，中国著作出版的数量比当时整个欧洲的总和还多。但到了16世纪末，西方的图书产量后来居上，世界科技文明的中心也逐渐从中国转移到西方。[②]

---

① 郭文革：《中国网络教育政策变迁：从现代远程教育试点到MOOC》，北京大学出版社，2004，第238页。

② 叶再生：《中国近代现代出版通史》，华文出版社，2002，第35、42页。

2. 欧洲识字阶层的出现

汉字和字母文字还有着不同的“学习成本”。汉字的字符数量达数万个，掌握上万个字符至少需要学习十几年时间。[①] 另外，汉字是一种表意文字，与读音无关，文字和口语分属于两套符号系统，需要分别学习和掌握。因此，汉字的学习成本非常高。相比之下，拉丁字母只有 26 个字母，易学易记。字母文字属于表音文字，文字和口语密切关联，能说就能写，学习成本低。

由于字母文字学习成本低的优势，15 世纪古登堡印刷机发明以后，印刷教材的大批量供应，推动了欧洲教育的发展，欧洲识字人口比例迅速超过了中国。以英国为例，17 世纪英国平均识字率达 30%，伦敦男子识字率更是达到了 80%。[②] 反观中国，一直到 1949 年新中国成立的时候，中国的文盲率还在 80%左右。[③]

3. 近代科学在欧洲出现的条件

从全球知识流通史的角度来看，现代科学是欧洲人以铅活字印刷机和“大航海”作为工具，搜集了全人类积累的哲学思想、数学、占星术、地理学、植物学、炼金术、农业技术、医学等知识“原材料”，采用新的观察和分析方法，推动的一次人类知识生产的“核聚变”。这次知识“核聚变”凝聚了全人类此前的所有知识积累，其中也包括中国早期的技术、科学、医学和哲学思想。

在此之前，世界上没有一个民族或国家能够搜集到如此全面、完整的人类早期知识“原材料”，也没有任何人或机构能够组织这么大规模的人类知识探究活动。“大航海”推动的全球知识流通并非单向的，但一项特定的知

---

① 李裕民：《寻找唐宋科举制度变革的转折点》，《北京大学学报》（哲学社会科学版）2013 年第 2 期，第 95~103 页。

② 焦绪华：《英国早期报纸诞生的历史背景探析》，《山东理工大学学报》（社会科学版）2008 年第 1 期，第 94~96 页。

③ 刘军卫导演《汉字五千年》第 7 集，2009。

识“落地”到不同媒介生态环境后，其命运和影响却是完全不同的。

（1）“大航海”带来的全球知识大交换：以佛陀思想的西传和《几何原本》的东传为例。

伯克利大学儿童心理学家艾莉森·高普尼克（Alison Gopnik）教授遭遇中年危机时重读了休谟的《人性论》，她在阅读的时候产生了一个疑问：休谟的思想会不会受到了亚洲佛教文化的影响？但是，休谟从哪里接触到佛教思想呢？在1730年代的欧洲，可以肯定几乎没人知道佛教哲学。①

她从这个疑问出发，开始了大海捞针一般的求索。经过几年、多地、几次陷入困境又几次柳暗花明的探究，最终找到了休谟和佛陀思想的联结点——法国拉夫雷切小镇的耶稣会皇家学院。17世纪，这所皇家学院是一个传教士的学术中心，为派往世界各地的传教士提供服务，是一个具有全球化特征的文化交流中心。

高普尼克教授发现，在1730年前后，欧洲至少有2位传教士熟悉西藏佛学。一位是伊波利托·德斯德里（Ippolito Desideri），他曾在西藏居住多年，对佛教进行过深入的研究。1727年，德斯德里途经法国回罗马，曾在拉夫雷切的皇家学院小住。其间，他遇到了另一位曾在印度传教、熟悉佛教哲学的查尔斯·弗朗索瓦·都吕（Charles François Dolu）神父，二人成为无话不谈的好友。德斯德里离开拉夫雷切8年以后，1735年，休谟来到拉夫雷切小住，并撰写《人性论》。在这里，他遇到了都吕神父，还在皇家学院的图书馆看到了佛教思想的文献记录。拉夫雷切的皇家学院就这样在休谟与东方的佛陀思想之间编织了一条纽带。东方的佛陀思想借由休谟之手被介绍到西方，成为启蒙思想的源泉之一。

反观中国，1606年，意大利传教士利玛窦和中国明朝文轩阁大学士徐光启合作，把欧几里得《几何原本》的前6卷翻译成中文，1607年在北京印刷发行。之后，这本书被束之高阁，少人问津，就像故宫里的自鸣钟一

① A. Gopnik, How an 18th-Century Philosopher Helped Solve My Midlife Crisis: David Hume, the Buddha, and a Search for the Eastern Roots of the Western Enlightenment. *The Atlantic*, 2015（10）. 转引自澎拜新闻App，2018年11月11日访问。

样，普通人难得一见。1857 年，英国人伟烈亚力（Alexander Wyile）和清朝学者李善兰才合作，翻译完成了《几何原本》的后 9 卷，至此，《几何原本》被完整地翻译成了中文。

（2）狄德罗《百科全书》与中国的《四库全书》。

18 世纪末，在法国和中国编纂的两套百科全书的发行量，清晰地展现了当时欧洲、中国文化生态环境的差别。

18 世纪末，狄德罗主持编纂了《百科全书》。他带领一群漂在巴黎的外省青年投入这项生产新知识的伟大事业。《百科全书》第一卷于 1751 年出版，最后一卷于 1772 年出版，历时 20 多年。① 之后，在不到 21 年的时间里，就印刷出版了 8000 多套。②

1772~1781 年，乾隆主持编修《四库全书》，《几何原本》前 6 卷也被收录其中。这套耗费大量资金、时间和人力编纂的《四库全书》，仅抄写了 7 部，被藏在中国的七大藏书阁里，能见到的人少之又少。

8000 多套与 7 部！因此，佛陀思想西传后，就融进了一个知识的海洋，成为现代知识体系“核聚变”的重要元素；而《几何原本》东传之后，被摆在了皇家藏书阁里，束之高阁。难怪法国大作家雨果说：“像印刷、大炮、气球和麻醉药这些发明，中国人都比我们早。可是有一个区别，在欧洲，发明一旦出现，马上就生气勃勃地发展成为一种奇妙的东西，而在中国却依旧停滞在胚胎状态，无声无息。”③

不仅中国，当时世界其他区域也同样如此。就这样，欧洲的印刷生态环境就如同一个“吸水机”一样，将世界各地的知识“原材料”吸收、汇集到欧洲，为现代科学的诞生提供了营养丰富的土壤。环顾 15 世纪以后的世界，还有其他地方更适合发生“科学革命”吗？

---

① 应年、兆福：《关于狄德罗主编的〈百科全书〉》，《哲学研究》1979 年第 1 期，第 80~64 页。

② 罗伯特·达恩顿：《启蒙运动的生意：〈百科全书〉出版史（1775-1800）》，叶桐、顾航译，生活·读书·新知三联书店，2005，第 518 页。

③ 刘则渊：《“李约瑟悖论”的理论内涵与经济背景》，《科学文化评论》2017 年第 4 期，第 51 页。

4. 多元主体构成的新型创新市场

15 世纪前后，人类科学技术创新的模式发生了根本变化。15 世纪以前，在“口传+书写”的媒介生态环境下，形成了以政府为主导的、间隔性的、个案式的创新。亚历山大图书馆、蔡伦发明造纸术、阿拉伯智慧宫和郑和下西洋等都是依靠君主的支持，出现的间隔性的、个案式的、不能持续发展的创新案例。

15 世纪以后，印刷出版环境的变化改变了创新扩散的交易成本，在欧洲创造出一个全新的创新市场，创新者通过分担创新失败的成本，接力地持续改进，推动了技术的持续创新。古登堡的创新在商业上失败了，被迫出局；舍费尔继续探索，创办了法兰克福书展；15 世纪初，威尼斯的阿尔丁出版社又创造了斜体字和便于携带的小版书；16 世纪，荷兰地图学派登场，不断改进地图绘制技术和印刷技术，并持续搜集地理信息，让阿姆斯特丹成了大航海时代的世界地理信息中心。

与手工抄写相比，图书批量印刷带来的“长尾效应”，让哥白尼、维萨里、开普勒的“滞销书”遇到了合适的读者，把欧洲各地的科学家连接在一起，形成了一个隐形的学术共同体，通过接力式创新和发展，推动了近代科学革命的诞生。

综上所述，古登堡印刷机的发明在欧洲创造出一个全新的印刷技术媒介生态环境，不仅提高了欧洲识字人口的比例，还依靠“大航海运动”，将此前世界各地积累的知识“原材料”汇集到欧洲；形成了“多元主体持续创新”的新型“创新市场”，催生了人类历史上最重要的一次知识“核聚变”，推动了近代科学技术和思想文化的创新发展。这是“李约瑟难题”中所说的“现代科学只在欧洲文明中发展”的主要成因。

三　15世纪以前，那些“遥遥领先”的中国技术

1. 15世纪以前中国拥有的领先技术和文化成果

根据以上分析，15 世纪以前，中国依靠“人造纸+雕版印刷+科举文

官”建立起一个大一统信息传播系统，为社会治理、新技术的创新扩散创造了有利条件。15 世纪以前，中国有多项技术、文化成果领先于欧洲。

公元 105 年，蔡伦发明了人造纸。这项创新先扩散到韩国、日本，8 世纪传到中亚，1056 年传到西班牙。15 世纪中叶古登堡印刷机发明以后，中国人造纸技术就像 21 世纪的芯片一样，成为欧洲社会发展和文化发展不可或缺的“技术基础”，在 2000 多年的历史进程中，为人类文明的传播与交流、为 15 世纪以来欧洲社会和文化发展，做出了不可替代的贡献。

1076 年，宋朝政府规定，禁止向外国人出售硝石。这比通常认为的西方发明火药的时间早了 2 个世纪。[①]

1088 年，沈括出版了《梦溪笔谈》，这是一部早期的百科全书，其中，科技知识占了全书 1/3 以上的篇幅，内容包括天文、数学、物理、地理、医药和乐律等方面的知识，也介绍了气象、化学、冶金、兵器、水利、建筑、动植物等技术领域。《梦溪笔谈》第一个描述了用于导航的磁针罗盘，而到 1187 年，欧洲人亚历山大·内卡姆（Alexander Neckam）书中才出现了对罗盘的描述，比沈括的记录晚了近 100 年。《梦溪笔谈》还介绍了中国人毕昇在 1040 年前后发明了黏土活字，比古登堡发明铅活字早了 400 多年。[②]

1261 年，中国数学家、数学教育家杨辉创作了《详解九章算法》，其中提出了“杨辉三角形”。1654 年，欧洲数学家帕斯卡才发现了“帕斯卡三角形”这一规律，比中国晚了 393 年。[③]

1313 年，王祯《农书》出版，全书约 13 万字，概述了中国各种科学、技术和农业实践应用。为了印制《农书》，王祯革新了毕昇的活字印刷术，发明了木活字和转轮排字架。《农书》中包含大量雕版图片，介绍了从水力

---

① 蒲实：《李约瑟之问：诞生与命运》，《三联生活周刊》2020 年第 46 期，https：//www.lifeweek.com.cn/article/119064。

② Wikipedia，Shen Kuo，https：//en.wikipedia.org/wiki/Shen_Kuo；Wikipedia，Dream Pool Essays，https：//en.wikipedia.org/wiki/Dream_Pool_Essays.

③ Wikipedia，Yang Hui，https：//en.wikipedia.org/wiki/Yang_Hui.

风箱、干船坞到活字印刷等多种技术，是一部非常重要的介绍中国早期技术的中世纪文献。①

1403~1408 年，在永乐皇帝的授意下，明朝先后组织了 2169 名学者，在中国各地寻找书籍，编选和撰写《永乐大典》，于 1408 年在南京国子监完成。全书共 11095 卷，使用了 3.7 亿汉字，是 18 世纪以前世界上规模最大的百科全书。②

1405~1433 年，受永乐皇帝和宣德皇帝的委托，郑和七次下西洋，船上有航海家、探险家、水手、医生、工人和士兵，还有翻译家和作家，航程经过了南海、印度洋、阿拉伯海、红海以及非洲东海岸。这是早期全球化的一次伟大的探索工程，比哥伦布航海早了 80 多年。③

明朝、清朝的闭关锁国，把中国变成了一个自我封闭的局域网，未能及时了解和吸收世界前沿文化和科技发展成果，这是中国 15 世纪以来科技水平、社会发展落后于西方的一个重要因素。

2. 中华文明的复兴

清朝末年，一代代中国仁人志士觉醒了，他们废科举、兴新学，开展新文化运动、扫盲运动，不断追赶世界前沿科学技术的发展。机器印刷、广播、电视、计算机、互联网等几代媒介技术，都是在 20 世纪这 100 年时间，在中国得到推广、普及和应用的。其中，电视、计算机和互联网主要是在改革开放以后才陆续进入中国普通家庭，形成了一种特殊的媒介技术“叠加”效应，与世界其他国家和地区的媒介技术发展史形成了鲜明的对照。

在 20~21 世纪的转折时期，依靠以王选为代表的中国科学家的努力，汉字这种古老的象形文字终于跨越重重障碍进入了信息技术时代，为中国改

① Wikipedia, Wang Zhen (inventor), https://en.wikipedia.org/wiki/Wang_Zhen_(inventor).

② Wikipedia, Yongle Encyclopedia, https://en.wikipedia.org/wiki/Yongle_Encyclopedia; Wikipedia, Leishu, https://en.wikipedia.org/wiki/Leishu.

③ Wikipedia, Zheng He, https://en.wikipedia.org/wiki/Zheng_He.

革开放以来创造的经济奇迹、为数字中国建设，奠定了坚实的技术基础。这一技术突破对中华文明复兴和未来发展的意义，不亚于100多年前的“新文化运动”。

20世纪80年代以来，中国抓住了互联网变革的时代机遇，传统制造业、零售业、金融业、教育业、旅游业、餐饮业、娱乐业等经历了一轮数字化的转型升级，使中国成为世界上数字化生活水平最发达的国家之一。在中国，人们能做到一机（手机）在手，就可以完成出行、餐饮、购物、学习等各项生活事务。在中国打磨、成长起来的便捷“数字化生活”模式，代表着世界数字化发展的先进水平。

现在，数字技术和人工智能正在绘制人类文明交流互鉴的新版图。矗立在时代最前沿的中国人，将以全人类文明为“原材料”，在吸收世界各种文明的优点的基础上，将再次迎来中国文明的辉煌发展，为推动人类文明发展做出更大的贡献。

第三节　教育的未来：新规则、新认知和新契约

历史上的每一次媒介技术革命都让原本相互隔离的族群有了交流的机会，扩大了人类交往的范围和人类合作的规模，同时也打破了原有的利益格局，导致了利益和文明的冲突。公元前4世纪，在口传到手工抄写的技术变革中，希腊人和波斯人之间爆发了一系列战争；16世纪，印刷技术变革带来的宗教矛盾、新旧社会机制的冲突等，在欧洲引发了一系列的战争，特别是1618~1648年爆发的“三十年宗教战争”，是历史上第一次全欧洲大战。19~20世纪，电子媒介技术的出现将世界变成了一个“地球村”，导致了更大范围的合作和冲突，20世纪上半叶先后爆发了第一次世界大战和第二次世界大战，全球主要国家都被卷入了战争的硝烟。今天，在互联网发明30多年后，世界正面临着全球贸易战、反全球化等多重矛盾。

冲突不是目的，其结果将是建立一套新的世界规则。1648年，“三十年宗教战争”结束时，欧洲签署了《威斯特伐利亚和约》，是欧洲从中世纪迈

进近代社会的标志。第二次世界大战结束后，1945 年召开的雅尔塔会议确立了战后世界新秩序。按照历史变革的规律，这场百年未有之大变局也在呼唤数字和人工智能时代全球治理和合作的新规则。

教育关乎人类的未来，教育要培养适应世界未来发展的人才。面对百年未有之大变局，教育变革必须直面人类生存和发展面临的问题和挑战，推动人类的可持续发展。

一　面临的问题和挑战

1. 以环境为代价的增长模式

从大航海时代开始，欧洲人以“发现”的姿态将世界“装进”了同一张地图，塑造了现代人对地球的完整认知。以欧洲为出发点，“地理大发现”不断扩大欧洲人乃至全人类的生存和发展空间。

18 世纪下半叶开始的工业革命又开启了另一种“增量”发展模式——向自然索取财富。煤炭、石油等矿物能源取代了人力，成为工业生产的动力来源。抗生素的发明大大提高了人类的平均寿命。世界人口也从 1800 年的 10 亿人增长到了 2022 年 11 月的 80 亿人。

现在，人口增长与地球自然资源供给之间的矛盾越来越尖锐。对地球资源的过度使用、气候变化、环境污染问题、生物多样性减少等问题，正在挑战 200 多年来形成的不断追求增长的发展模式，也要求人类重新构想生存与发展的新模式。

2. 不断扩大的不平等

随着民族国家的崛起和工业革命的兴起，世界上出现了农业社会与工业社会之间、发达国家与发展中国家之间在政治、经济、社会和文化等方面发展的不平等。进入互联网时代以来，国家与国家之间经济发展的不平等、文化和意识形态冲突进一步加剧。互联网使人类交往的物理隔阂消失了，频繁而密集的贸易往来和交流沟通，将世界各国编织成了一个相互密切依存的共同体，同时也增加了不同族群之间文化和意识形态的碰撞。

随着全球产业结构调整，发达国家内部各阶层之间的不平等加大，高收入和高学历人群与低收入和低学历人群的政治诉求出现了尖锐的对立，形成了“全球主义党”（Globalists）和“本土主义党”（Nativist）的分化。[①] 在纽约、上海、东京、香港、新加坡、伦敦、柏林等金融中心，高收入和高学历的精英消费相同的奢侈品、看相同的电影、追相同的电视剧，同样热衷于健身和跑马；而在世界各地的边远地区，贫困人群则承受着污染、贫困甚至战乱的代价。低收入和低学历的“本土主义党”成为民粹主义兴起的中坚力量。

这是一种不同于以往的新的不平等现象，它与互联网带来的全球互通互联、产业一体化的新媒介生态环境有着密切的关系。互联网新生态要求世界各国平等协商，建立互联网时代的全球治理新规则，以解决这种新的不平等现象。

3. 互联网带来的“代际”冲突

“全球主义党”和“本土主义党”之间的不平等，本质上是受教育水平的不平等。高学历的“全球主义党”能够熟练地利用数字技术带来的机会，投身互联网带来的全球化变革，获得超额收益；而低学历的“本土主义党”，由于缺乏必要的数字技能，无法融入互联网生态，无法获取全球化发展的红利，收益水平和生活水平双双下降。

互联网带来的“数字差异”将人分成了能够熟练使用数字技术的“数字原住民”和无能力适应数字化变革的“数字移民”。就像印刷技术把人分成“能听会说”的文盲和“能读会写”的文化人一样，互联网再一次把人分成了不具备数字素养的“数字文盲”和具备数字素养的新文化人。这意味着，为不同群体提供公平的受教育机会、提高普遍的数字素养是提高贫困人口生活质量、改善社会不平等的根本途径。

---

① 这是《21 世纪资本论》的作者、法国经济学家皮凯蒂（Thomas Piketty）对 2016 年美国总统大选投票数据的分析结果。见 T. Piketty Brahmin Left Vs. Merchant Right：Rising Inequality & the Changing Structure of Political Conflict，http：//piketty. pse. ens. fr/files/Piketty2018. pdf。

二 建立与互联网时代相适应的新认知体系

凯恩斯在《就业、利息和货币通论》的最后一页，写下了这样一段话："经济学家和政治哲学家的思想，无论对错，其影响力都比人们通常想象的要大得多……那些认为自己完全不受任何理论知识影响的实践者，往往是某个已故经济学家思想的奴隶。"[①] 后来的经济学家经常调侃，现在那个"已故经济学家"就是凯恩斯本人。

其实，不只个人，一代人的思潮总是与他们接受的知识和教育有着密不可分的关系。在互联网时代，人们的思想和认知还停留在16世纪以来形成的分科知识体系的基础上。这种相互割裂的知识体系，一方面忽视了两种技术对人类文明发展的影响，人为制造了"两种文化"之间的长期争论；另一方面，忽视了由"丝绸之路"、"乳香之路"、中国造纸术、阿拉伯数字、南美的土豆和玉米等构成的人类互通互联、交流与合作的文明史。

互联网时代的全球一体化发展，呼唤一套与之相适应的、新的知识体系和认知体系。重新构建知识和课程体系意味着要从"自上而下"的元认知视角、从人类命运共同体的立场，去构建一套新的知识和课程体系，支持人类休戚与共、相互依存的可持续发展。

在人类面临的这场数字化转型过程中，教育发挥着基础性的作用。2021年，联合国教科文组织发布了《一起重新构想我们的未来：为教育打造新的社会契约》，指出教育贯穿人类历史，贯穿人的一生，长期以来在人类社会变革中发挥着根本性的作用。教育将人与世界、人与人之间紧密相连，为我们拓展新的可能性，并增强我们开展对话和行动的能力。但要塑造和平、公正和可持续的未来，教育本身必须变革。

1. 建设"大历史"课程，涵养新人文主义观念

在面临环境污染、气候变化的挑战时，要求人类将环境要素纳入人类可

---

① 〔英〕约翰·梅纳德·凯恩斯：《就业、利息和货币通论》（重译本），高鸿业译，商务印书馆，2021。

持续发展的理论框架中，以“三个世界”框架为基础，整合自然科学和人文、社会科学等多学科知识，开发“新人文主义”课程，为全球应对未来发展，开展对话、交流与合作，奠定认识论和知识基础。

从“三个世界”的框架来看，人类文明的发展离不开两种技术的支持。“世界3”技术为人类的大规模合作和社会组织提供支持，人的发展和人类的发展都离不开“世界3”技术；“世界1”技术则为人类提供了将“自然造物”改造成“人造物”或释放出能源电力的“伟大力量”。

为了把自然科学和人类文明史整合在一起，澳大利亚麦考瑞大学的世界史教授大卫·克里斯蒂安（David Christian）领衔开发了“大历史”（Big History）课程。“大历史”不再局限于民族、地区、国家的历史，而是将人类文明史置于地球及宇宙演化的大背景下，讲述从宇宙大爆炸至今，宇宙、地球、生命、人类长达130亿年的发展历程。大历史以一种高屋建瓴的气势，俯瞰人类历史发展全貌，系统地回答了“我是谁、我从哪里来、要去哪里”三大哲学基本问题。这是一个超越了学科专业壁垒、融合了多学科方法和知识的“新人文主义”课程。

2. 从知识流通史的角度认识人类文明

本书对媒介技术“长时段”演变历史的梳理显示，世界上每一个民族都经历了各自不同的信息交流生态演进过程，经由不同的社会发展路径才走到今天的，有着各自独特的发展历史，因而形成了不同的文明理念和世界观。一种文明的现状是其所具有的“世界1”技术的发展水平，以及该文明所经历的口传文化、手工抄写、印刷技术、电子媒介、互联网等文化发展的积累，共同影响的结果。对本书第一章提出的“一个人的受教育公式”稍做修改，就形成了如下的一种文明的发展公式：

$$C = f_1(\text{“世界 1” 技术}) + \sum f_{2(\text{口传}-\text{互联网})}(\text{时间长度},\text{文化遗产})$$

其中，C 代表一种文明的现状；f_1 是“世界1”技术影响文明发展的函数；f_2 指一种文明从口传到互联网的历史阶段和文化遗产。

今天，互联网把世界联在一起，带着前现代、现代、后现代色彩的复杂文化观念，人类一起走进了互联网时代，在这里相互争吵、碰撞、竞争。挪威电影《人言可畏》就描述了同一个世界中，不同文化观念、人生观、价值观之间的冲突。电影描述了一个居住在挪威的、来自巴基斯坦的伊斯兰移民家庭中父亲和女儿两代人的观念冲突造成女儿的悲惨命运。“人言可畏”是一种成文法出现之前的社会规范，带有强烈的口传文化色彩。与其说电影描述了挪威的基督教文化与巴基斯坦的伊斯兰文化之间的冲突，不如说是一种受到印刷技术、电子媒介和现代工业文明洗礼的社会治理规则，与停滞的口传治理规则之间的冲突。亨廷顿把现代社会复杂的文明形态看作平行的9种文明，按照本书基于马克思主义唯物史观，对媒介技术的“长时段”变革的分析来看，这9种文明都是两种技术综合作用的结果，是一种文明处于某一种媒介技术生态环境下的时间长度、文化遗产的叠加影响的结果。

从亚历山大东征、蒙古人西进、郑和下西洋、大航海到今天的全球化时代，人类文明一直朝着寻找、相遇、交流和融合的方向发展，每一种文明都是在人类文明交流互鉴的大背景下，形成的区域性的文化交流系统。今天，当人类再次站在数字文明新起点上，教育需要从人类知识流通、交融的视角，重新认识人类文明发展史，在统摄考察人类文明发展的基础上，为重建世界秩序建立共同的交流、对话基础。

3. 培养数字素养与批判性思维

通过对教育的历史变革和个人成长的观察可以发现，一个人的成长过程与认知工具的发明，具有相似的路径和轨迹。从幼年开始，一个人循序渐进、逐步掌握口头语言、文字书写和媒体素养、信息技术能力。借助历代“认知工具”的支持，人类从一个纯生物的个体一步一步成长为具有口语素养（Oracy）、读写素养（Literacy）和数字素养（Digital Literacy）的现代人。在人工智能时代，人的发展也不可能脱离这个步骤。

无论学习口头语言、文字，还是数字、人工智能，都需要从哲学意义上审视“符号—事实”之间的关系，将批判性思维的培养嵌入各门课程。可以预见，随着生成性人工智能技术的快速发展，符号生产的成本将大幅降低，要在这样的符号环境中辨别真伪、判断真理变得更为复杂和困难。苏格拉底在人类文明早期围绕“符号—事实”关系展开的层层追问，在人工智能时代变得比以往任何时候都更为重要，这是批判性思维的核心。就像美国理论物理学家费曼（Richard Feynman）说的那样，知道事物的符号表达（Knowing the Name of Somethings）和理解事物（knowing something）[①] 是两个完全不同的概念。

数字技术正在重塑全球知识流通和教育的新版图。2021 年，联合国教科文组织发布了《一起重新构想我们的未来：为教育打造新的社会契约》的报告。报告针对当下人类和自然面临的挑战，提出必须坚持“确保终身接受优质教育的权利”“加强作为一项公共事业和共同利益的教育”两个原则，呼吁为了全球人类和环境的可持续发展，建立新的教育社会契约。[②] 这是数字化时代人类教育变革的出发点。

---

① 费曼访谈：《“知道”与“理解”的区别》，https：//www. bilibili. com/video/BV1Mp4y1k7pr/? spm_ id_ from=333. 337. search-card. all. click&vd_ source=f1ef6cdd1e3bbe57305b44f2ecb90291。

② 联合国教科文组织：《一起重新构想我们的未来：为教育打造新的社会契约》，教育科学出版社，2022。

后记
穿越知识的丛林

从动笔开始算，这本书写了3年多。从2003年初次接触媒介分析学派算起，这项研究已经有了20多年的积累。从我报考北京大学计算机科学技术系软件专业算起，这个问题在我的脑海中已经萦绕了40多年的时间。那是1983年，我在父亲带回家的《经济日报》的一篇200~300字的“豆腐块”里，读到了这句话：软件是21世纪的朝阳产业！于是，我就在大学志愿表上填报了“计算机软件”。当年，我以山西省临汾市理科第一名的成绩考上北京大学计算机科学技术系软件专业，临汾古城里所有认识我、认识我父母的人，都跑来问：什么是软件？

40多年来，软件对世界的影响愈演愈烈。2011年，世界上第一个浏览器Netscape Browser的开发者、硅谷著名的风险投资人马克·安德森（Marc Andreessen）在《华尔街日报》上撰文称“软件正在吞噬世界”（Software is eating the world）。之后，又发展到“软件定义世界”（Software defined anything）。2022年11月30日，ChatGPT横空出世，一种特殊的软件——人工智能仿佛要接管整个人类世界。

一　伴随我的求学、工作和研究生活的问题

“什么是软件？”这个问题一直伴随我的求学、工作和研究生活。我的职业生涯正好经历了软件对物质资料生产的影响、软件与人的认知和知识再

生产的关系两个阶段。

1990 年，从北京大学信息中心硕士毕业后，我在审计署计算中心担任了 8 年多的软件工程师，有幸参与了中国信息网络起步阶段的建设；近距离观察了中国制造业利用 MRPII、ERP 系统进行的流程重构。我还用十多年时间，跟踪观察了中国电子商务的发展，以及第三方支付、数字银行的生态式生长和扩张。总的来看，信息技术给物质产品制造和流通带来的变革，可以用科斯的交易成本理论来解释（见本书第六章）。

1999 年，我回到北京大学从事计算机辅助教学（CAI）的研究工作。2000 年，北京大学成立教育学院，我进入教育技术系从事教育技术和在线教育的研究，这一次我面对一个新的更难回答的问题：软件怎样影响知识探究和人的认知再生产？交易成本解释不了这个问题，我再一次陷入“软件到底是什么”的困惑之中。

就这样，“什么是软件”这个问题以不同的面目一次一次跳出来，成了我命中注定必须面对、必须回答的一个问题。

二　穿越知识丛林的艰难求索

“什么是软件”不是一个简单的技术问题，这个问题仅依靠计算机专业知识无法回答，这是一个跨学科（Inter - discipline）和超学科（Meta - discipline）的问题。在这个问题的引领下，我一次次走出专业知识的“舒适区”，在知识丛林的陌生领域上下求索。在跨越多学科的知识河流后，我又溯源而上，从超学科的视角寻访到古希腊哲学时，才在修辞学和《工具论》里找到了解释“什么是软件”的灵感。这场穿越知识丛林的艰难求索，一走就是 20 多年，中间经历了两个主要的阶段。

1. 横向的“跨学科”探索

我在北京大学接受的本科、硕士和博士教育跨越了计算机软件、地图学与遥感和教育学三个不同的学科方向。在多年的教学和科研历程中，我又接触和学习了经济学、公共政策学、传播学、口头传统、印刷技术史、阅读史、人类学、社会学、教育心理学、技术哲学等多学科的知识。

从2003年开始，我系统地阅读了媒介环境学派的经典著作。为了挖掘哈罗德·伊尼斯、马歇尔·麦克卢汉、沃尔特·翁、伊丽莎白·爱森斯坦、尼尔·波兹曼、约书亚·梅罗维茨、保罗·莱文森、杰克·谷迪等媒介环境学经典名著中的素材，我不仅自己反复阅读，还设计了“共读一本书”的小组学习活动，组织北京大学的研究生、本科生一起，共同挖掘这些经典著作中的素材。在阅读、挖掘和思考的基础上，我先后发表了《教育的“技术”发展史》、《教育变革的动因：媒介技术影响》以及《媒介技术：一种“长时段”的教育史研究框架》等代表性论文，为本专著的理论框架打下基础。

2018年初，在经历了15年的积累后，我觉得这部分跨学科的研究已经初步成形，开发制作了《解密教育的技术变革史》MOOC课程，在华文慕课和中国大学慕课两个平台上线，累计有超过1万人次学习了这门课程。2018年下半年，我申请到柏林自由大学访学，计划利用这个学术休假完成本专著的写作。在德国访学的半年，我实地访问了古登堡博物馆、马丁·路德博物馆和大英博物馆等，还到雅典、罗马、梵蒂冈、塞维利亚、格拉纳达、特洛伊、以弗所和伊斯坦布尔等处实地考察，为我理解媒介技术与社会、文化的变革提供了直观的观察体验，激发了我对古希腊哲学的兴趣，也让我深刻认识到自己的积累还存在很大的局限，于是，推迟了专著的写作计划。

2. 纵向的“超学科”探索

2019年初回国后，我进一步从哲学认识论的层面上开始了第二阶段“超学科”的探索。从知识之树的分支向树的源头和根源攀爬，从“元学科”的视角俯视整个人类知识生产的“长时段”变革，从哲学“元认知”的高度检视媒介技术与人类认知和知识生产的关系。

2019~2022年，应张斌贤教授邀请，我为《教育学报》撰写了一篇关于16世纪法国人文主义哲学家、印刷技术时代的教育改革先锋彼得·拉米斯的论文。相关研究资料涉及印刷技术、人文主义哲学、文法、修辞学、逻辑、亚里士多德的《工具论》、拉米斯主义方法、教材范式、笛卡尔方法等多学科领域。我发现，500多年来，大学的学科门类发生了巨大变化。在今天的分科体系下，很多概念的含义已经发生了微妙的变化，很难像500年前那样无缝地拼接在一起。如何精准解读材料中那些跨时代、跨学科的概念，把它们拼接在一起，复盘500年前那场印刷技术带来的教育变革，我认为，我们必须要以一种变化的视角来看待知识史上那些概念和知识体系本身，否则，就会陷入一种思想上的懒惰。这是整个研究中最艰难的一个环节。在论文《彼得·拉米斯与印刷技术时代的教育变革——媒介技术作为一种“元认知”框架》中，我介绍了这一阶段的研究过程。

> 本研究采取了“维基百科式研究方法”。以沃尔特·翁、彼得·沙拉特、大卫·汉密尔顿、厄兰·塞尔伯格和小威廉·E. 多尔等人的经典研究为切入点，把这几篇研究中出现的每一个陌生概念、人名和事件都看作是一个关键词，通过网络搜索和图书阅读，解析这些陌生概念，然后再回到这几篇经典文本，进入第二轮阅读。在两年多的时间里，在一轮又一轮的迭代式阅读、研究的过程中，研究者遍历地阅读了彼得·拉米斯研究中涉及的柏拉图对话集、亚里士多德《工具论》和《形而上学》、笛卡尔的《谈谈方法》、维吉尔的诗歌，以及陈康、王太庆、苗力田、吴寿彭、杨周翰等中国翻译家的前言后记，还精读了几篇修辞学、诠释学的论文。另外，通过“多模态阅读”的方式，通过多个网络平台收听收看了关于维特根斯坦、海德格尔、福柯、波普尔、科学哲学、技术哲学等主题的网络课程，在纵横交织的学术知识网络中寻找拉米斯的方法和实践体系的真实含义。

经过艰苦的“硬啃”和思考之后，我建构了本书第一章介绍的媒介技术作为“元认知”工具的理论模型。这一理论模型不仅完美地解答了困扰我半生的“什么是软件”的问题，还为解释人工智能的定位和作用提供了一个清晰的理论框架，为本书奠定了扎实的理论基础。

三 回应互联网和人工智能的时代之问

现在，每学期开学的第一课，我都会把我曾经的困惑——什么是软件？什么是互联网？离开了互联网，人类将会怎样？——抛给千禧年后出生的研究生和本科生，学生们一脸茫然，奇怪地看着提出这些“傻问题”的老师。今天，打车购物订票点外卖，生活中哪一件事能离开互联网？离开互联网，人类怎么生存？

人类真是一种善于遗忘的动物！亲历人类历史上第一次信息技术变革的苏格拉底，曾批判书写让人懒惰，不再认真记忆。柏拉图则反过来，把口传文化的代表诗人驱逐出哲学的“理想国”！在苏格拉底去世 15 年后出生的亚里士多德，作为手工抄写时代的第一代“原住民”，则欣然将“形而上学”置于哲学之首，完全忽视了书写技术与希腊哲学的关系。与亚里士多德类似，40 年前困扰我们这一代人的那些问题，40 年后对于作为数字时代“原住民”的学生们来说，已经不复存在。他们被“什么是软件?”的新形式——“什么是人工智能?”困扰。

可见，媒介技术与人类发展的问题是一个在历史上反复出现然后一次次被遗忘、始终没有得到解决的问题。作为数字时代的“原住民”，我的学生们不会再有我的困惑。回答这个问题，就变成了我们这一代有幸亲历互联网变革的人必须承担的一个学术使命。谨以此书的上下求索，献给我们这一代亲历信息技术变革的人！献给我们的互联网时代！

四 致谢

在这个追求数字化绩效管理的时代，选择这样一个长时段、跨学科的研究，对研究者本人来说是一件得不偿失的事情。由于偏离了单一学科的轨道，在获取研究资助、取得同行认可方面无疑会面临各种不利的条件，以至于让我常常陷入自我怀疑的沮丧中。在这样的时刻，来自师长、朋友的勉励和支持，就成了我坚持这项研究的动力。

本书的完成，第一，感谢北京大学原常务副校长迟惠生教授。在我读硕士期间，迟老师担任北京大学信息中心副主任，主管学生工作。我曾数次聆听先生的教诲。1999 年我回北京大学工作时，迟老师正好担任北京大学常务副校长。我一直自觉地把完成这项研究看作迟先生交给我的一项任务。如今终于能够成书出版，感谢迟老师的教诲和支持。

第二，感谢北京师范大学教育史专家张斌贤教授。教育技术学领域一直聚焦研究“带电”的广播、电视、互联网等媒介，没有人会把口头语言看作一种技术。2011 年，我的《教育的“技术”发展史》在《北京大学教育研究》发表，2013 年，在张斌贤教授的大力举荐下，该论文获得了北京市第六届教育科学研究一等奖、论文奖的第一名，这一奖励给我带来了莫大的鼓舞。这篇论文的发表也得到了李春萍老师和陈洪捷教授的支持。后续研究成果还发表在《教育研究》、《教育学报》和《教育学术月刊》上，感谢高宝立主编、邓友超主编、李涛主任、吴重涵主编和肖第郁老师的支持。

第三，感谢这么多年来选修我的研究生、本科生课程的北京大学学生们。北京大学拥有世界一流的学生资源，我一直把学生看作学习和研究的合作者，每学期都精心设计学习任务，并努力把作业变成了一项对前沿问题的共同研究。学生们不仅参与了对经典图书材料的挖掘，还用他们的多学科知识纠正了这项研究早期存在的一些错误，例如莎草纸的“莎”字的正确发音，阿拉伯伍麦叶王朝在西班牙的发展等。在一年又一年的教学工作中，让本书涉及的复杂的、多学科的知识素材得到了初步的检查和验证。本书第六章引用了我的学生王梦倩博士、硕士研究生高洁、卓晗、孙博凡、唐曼云和姚智超学位论文的部分研究成果，她们在“数字化阅读”在线教学项目的课程设计、教学和学习分析中的卓越创造，让我真正体会到了“教学相长”的幸福感。

感谢北京大学教育学院宽松的学术氛围，让我能够比较安心地完成这项耗费 20 多年时间、长期坐“冷板凳”的研究。感谢北京大学人事部赵鹏沄博士、柏林自由大学国际合作部 Stefan Rummel 博士和 Sabine Erler 女士。在他们的支持和帮助下，2018 年下半年我在欧洲的实地考察取得了丰硕的成果，为我理解媒介技术与社会、文化的变革提供了直观的观察体验。感谢苏州教育评测中心的罗强主任和苏州十中原校长柳袁照先生，这两位杰出的教育家对数字阅读和我的研究的毫不吝啬的褒奖，让我有一种遇到知音的快乐。2015~2018 年在苏州十中开展的“数字化阅读”在线教学实验，为国家社科基金“十三五”规划 2016 年度教育学国家一般课题“通过数字化阅读，培养学生的数字素养”（BCA160056）的研究，提供了重要的实践基础，那三年跟老师和学生的密切接触，是我的研究生涯中最幸福的日子。

感谢北京大学原校长、北京大学未来教育管理研究中心创始主任林建华教授，中国教育学会教育史分会理事长、长江学者特聘教授、北京师范大学张斌贤教授，原北大中文系系主任、南方科技大学人文社会科学学院院长，讲席教授陈跃红先生为本书作序。感谢社会科学文献出版社郭峰老师和各位编辑的支持和帮助。感谢我的学生贾艺琛、张心怡、孙晓炎在文献梳理、书稿校对方面提供的支持，感谢孙誉琦同学为本书设计了封面。感谢郝丹、魏晋对第一版图书的校对。

最后，感谢我的家人，特别是我弟弟郭向东帮我承担了更多照顾父母的责任。在写书的 3 年中，我沉迷其中，享受历史研究带给我的一次次开悟，却怠慢了我的家人和朋友。而今，本书终于要出版了，虽然有点依依不舍，但想到那些期待已久的行程和聚会，仿佛快乐正一步一步地向我走来。

郭文茗
于领秀慧谷书斋
2024 年 8 月

图书在版编目（CIP）数据

从口传到互联网：技术怎样改变了人类认知与教育 / 郭文茗著. -- 北京：社会科学文献出版社，2024.5（2024.11 重印）
ISBN 978-7-5228-3634-8

Ⅰ.①从… Ⅱ.①郭… Ⅲ.①数字技术-应用 Ⅳ.①TP391.9

中国国家版本馆 CIP 数据核字（2024）第 092174 号

从口传到互联网：技术怎样改变了人类认知与教育

著　　者 / 郭文茗

出 版 人 / 冀祥德
组稿编辑 / 任文武
责任编辑 / 郭　峰　谭紫倩
责任印制 / 王京美

出　　版 / 社会科学文献出版社 · 生态文明分社（010）59367143
地址：北京市北三环中路甲 29 号院华龙大厦　邮编：100029
网址：www.ssap.com.cn
发　　行 / 社会科学文献出版社（010）59367028
印　　装 / 三河市东方印刷有限公司

规　　格 / 开 本：787mm × 1092mm　1/16
印 张：25.25　字 数：386 千字
版　　次 / 2024 年 5 月第 1 版　2024 年 11 月第 3 次印刷
书　　号 / ISBN 978-7-5228-3634-8
定　　价 / 98.00 元

读者服务电话：4008918866